U0431159

计算机组装与维护

（第3版）

主　编　严圣华　吴建华

副主编　孙振楠　彭文华　陈　新　周　娟

北京理工大学出版社
BEIJING INSTITUTE OF TECHNOLOGY PRESS

内 容 简 介

本书以计算机的组装与维护为主线，按照项目教学的要求来安排内容，系统地介绍了计算机系统的基本知识、计算机各个配件的选购和组装、软件系统的安装、计算机的其他外部设备、计算机系统的日常维护及计算机故障的解决方法等内容。

通过本书的学习，读者不仅可以自己动手组装计算机，还可以自己处理计算机的常见故障。本书既可作为高职高专院校及计算机培训学校的教材，也适合 DIY 爱好者、计算机发烧友、装机人员、计算机维修人员、IT 从业人员参考使用。

图书在版编目（CIP）数据

计算机组装与维护 / 严圣华，吴建华主编. —3版. —北京：北京理工大学出版社，2019.11（2023.8 重印）

ISBN 978-7-5682-7846-1

Ⅰ.①计… Ⅱ.①严… ②吴… Ⅲ.①电子计算机-组装-教材②计算机维护-教材 Ⅳ.①TP30

中国版本图书馆CIP数据核字（2019）第243529号

出版发行 / 北京理工大学出版社有限责任公司
社　　址 / 北京市海淀区中关村南大街5号
邮　　编 / 100081
电　　话 / （010）68914775（总编室）
82562903（教材售后服务热线）
68944723（其他图书服务热线）
网　　址 / http://www.bitpress.com.cn
经　　销 / 全国各地新华书店
印　　刷 / 三河市天利华印刷装订有限公司
开　　本 / 787毫米 × 1092毫米　1/16
印　　张 / 18
字　　数 / 425千字
版　　次 / 2019年11月第3版　2023年 8 月第 8 次印刷
定　　价 / 49.80元

责任编辑 / 封　雪
文案编辑 / 封　雪
责任校对 / 周瑞红
责任印制 / 李志强

图书出现印装质量问题，请拨打售后服务热线，本社负责调换

前　言

随着计算机技术的发展和应用的普及，特别是随着计算机硬件价格的不断下降，个人计算机的组装越来越成为计算机爱好者追求高性能计算机的途径，对于计算机专业人员，组装一台计算机不仅意味着 Do It Yourself（DIY，自己动手制作），更意味着 DIY 的计算机日后的使用和维护都可以依靠自己完成。所以，目前计算机组装与维护技术已经成为职业院校计算机及应用专业学生必须掌握的基本技能，成为各职业院校的必修课。作为培养学生基本技能和动手能力的课程，必须强化技能训练，使用一套比较完善的训练方法提高学生的动手能力。

由于计算机硬件发展较快，本教材第 3 版对第 2 版中的旧知识进行了全面更新，便于跟上时代的步伐。参加编写的老师长期从事计算机组装与维护的教学，并且是江苏省技能大赛计算机组装与维修项目的主教练，有着丰富的理论知识和很强的实践动手能力。

全书共有 7 个项目，每个项目又分不同的任务，通过这些任务引导学生边学习相关的理论知识边动手实践，掌握计算机硬件的相关知识与技能。书中有关原理性知识作为知识点附加在各项目后面，主要让读者学会如何组装、维护、维修计算机。项目一“计算机系统组成”是计算机入门知识，让读者对计算机有一个简单的了解；项目二“安装常用的计算机硬件设备”主要介绍 CPU、内存、主板等基础知识；项目三“软件系统安装”主要介绍计算机启动、BIOS 的设置方法、操作系统的安装、虚拟机的安装等；项目四“计算机的其他外部设备”主要介绍计算机常用外设的硬件及软件安装、常用外设的故障及排除等；项目五“计算机系统的日常维护”主要介绍计算机系统的基本维护、常用系统工具软件的使用等内容；项目六“解决计算机故障”主要介绍引起计算机故障的原因及计算机病毒与系统安全等内容；项目七“计算机整机组装综合实训”主要介绍计算机硬件组装的设计并讲评装机方案、如何进行计算机配件的采购与检测以及整机性能的优化与测试等内容。

这里要特别感谢江苏联合职业学院和北京理工大学出版社的同仁在百忙之中参与教材的整体规划和设计，组织江苏省兄弟院校进行讨论、交流和学习，提出了许多宝贵意见。

由于计算机技术的发展日新月异，新产品、新技术、新知识不断涌现，加之作者水平有限，书中不妥之处在所难免，敬请读者批评指正。

编　者

目 录

项目一　计算机系统组成

计算机系统是一个整体的概念，无论是大型计算机、小型计算机还是微型计算机，都是由计算机硬件系统和计算机软件系统两大部分组成。计算机硬件是指计算机系统中由电子、机械和光电元件等组成的各种物理装置的总称，而计算机软件是指计算机系统中的程序及其文档。

【项目描述】

（1）认识计算机硬件；

（2）了解计算机软件。

【项目需求】

提供一台能正常运行的计算机及投影仪。

【相关知识点】

从整体上了解计算机硬件系统及软件系统的组成、定义、分类等。

【项目分析】

计算机系统的整体划分（图 1–1）。

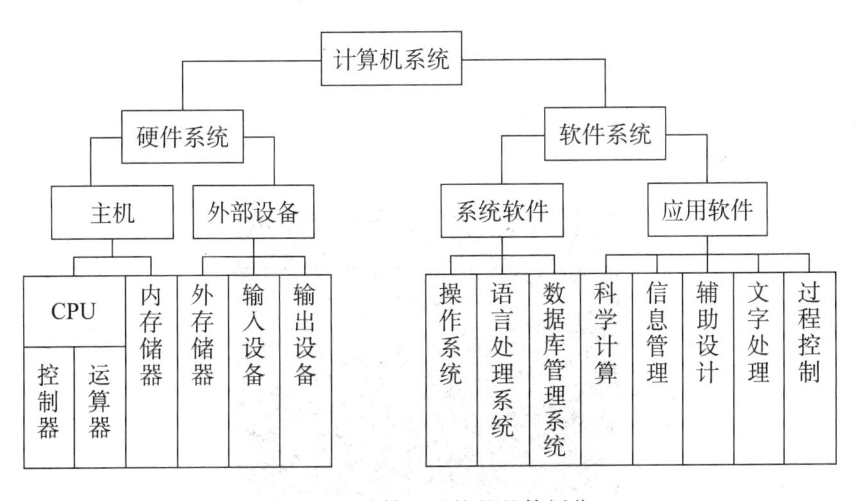

图 1–1　计算机系统的整体划分

任务一　认识计算机硬件

计算机硬件系统是指组成计算机的任何机械的、磁性的、电子的装置或部件，它包括机箱、电源、主板、CPU、内存、软盘驱动器、硬盘驱动器、显示器、显卡、声卡、CD-ROM、键盘、鼠标、打印机等一些硬件设备。系统采用总线结构，各部件之间通过总线相连，组成一个有机的整体。

【任务描述】

1. 机箱（图 1-2）

机箱作为计算机主机的外壳，它既是计算机系统部件安装架，同时也是整个系统的散热和保护设施。机箱按其外形可分为卧式机箱和立式机箱。

图 1-2　机箱

2. 电源（图 1-3）

电源是计算机主机的动力核心，它担负着向计算机中所有部件提供电能的重任。目前，计算机中所使用的电源均为开关电源。

图 1-3　电源

3. 主板（图 1–4）

主板也称为主机板、系统板（System Board）或母板等，是安装在机箱内最大的一块多层印刷电路板。主板上一般安装有 CPU、内存、各种板卡的扩展插槽，以及相关的控制芯片组，它将计算机的各主要部件紧密联系在一起，是整个系统的枢纽。

图 1–4　主板

4. CPU（图 1–5）

中央处理器 CPU 也称为微处理器，是整个计算机系统的核心。随着超大规模集成电路制造技术的发展，CPU 的主频越来越高（Intel 酷睿 i7–8086K，CPU 主频 4GHz，最大睿频 5GHz），所集成的电子元件越来越多，功能也越来越强大。

图 1–5　CPU

5. 内存（图 1–6）

内存是指中央处理器能够直接访问的存储器，又称为主存储器或主存。由于内存直接与 CPU 进行数据交换，因此内存都采用速度较快的半导体存储器作为存储介质。

图 1–6　DDR4 内存条

6. 硬盘驱动器（图 1–7）

硬盘驱动器简称硬盘，它是计算机最重要的外部存贮部件，操作系统及安装在计算机中的各种软件和数据都保存在硬盘上。随着计算机技术的发展，无论是硬盘的速度还是硬盘的容量都有了飞速的发展。如今，大容量、高速硬盘已成为计算机的基本配置。

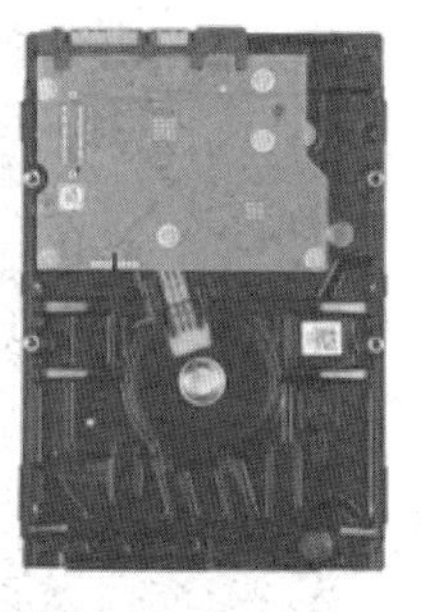

图 1–7　硬盘

7. 显示器（图 1–8）

显示器是计算机的重要输出设备，也是人机对话的主要工具。显示器的功能是将计算机输出的信号转化为字符和图像，并向用户显示，用户可以由此知道计算机的工作状态，并进行正确操作。

图 1–8　显示器

8. 显卡（图 1–9）

显示适配卡简称显卡，它是显示器同主机通信的控制电路和接口。显卡接收由主机发出的控制显示系统工作的指令和显示内容，并转化成显示信号，控制显示器显示各种字符和图像。

图 1–9　显卡

9. 声卡（图 1-10）

声卡也称之为声音卡、音频卡、音效卡等。声卡是微型机系统中用于声音媒体的输入、输出、编辑处理的专用扩展卡。

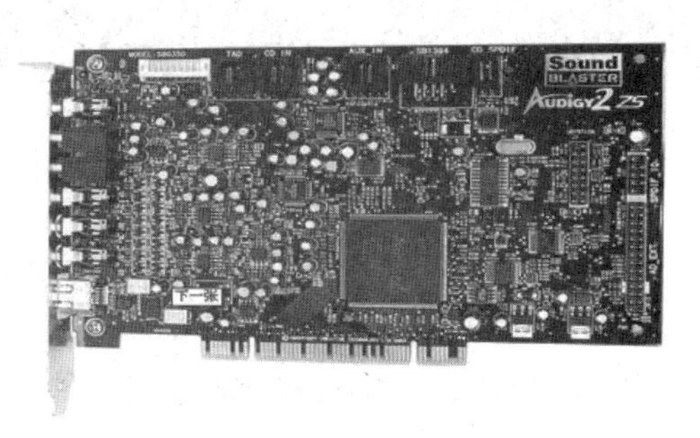

图 1-10　声卡

10. 网卡（图 1-11）

网卡也称为网络卡或网络接口卡，主要作用是发送和接收数据。网卡是局域网中最基本的、必备的部件之一。

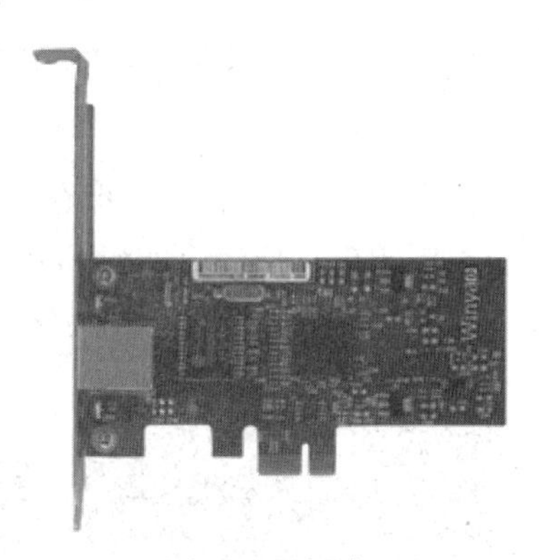

图 1-11　网卡

11. CD-ROM（图 1-12）

CD-ROM 是一种只读光盘驱动设备，简称光驱。它是采用光学方式的读出装置，其存贮信息的光盘具有标准化、大容量、检索方便、信息保存时间长、价格低廉的特点。光驱已成为计算机不可缺少的配置。

图 1-12　CD-ROM

12. 键盘（图 1-13）

键盘是计算机最重要的外部输入设备之一。最初的键盘为 84 键，后来出现了 101、104 和 108 键的键盘。

图 1-13 键盘

13. 鼠标（图 1-14）

鼠标是计算机的一种输入设备，它可增强或代替键盘上的光标移动键和其他键（如回车键）的功能。使用鼠标可在屏幕上更快速、更准确地移动和定位光标，并可点击相应的命令使其执行。目前使用的鼠标主要有机械式、光机式和光电式三种。

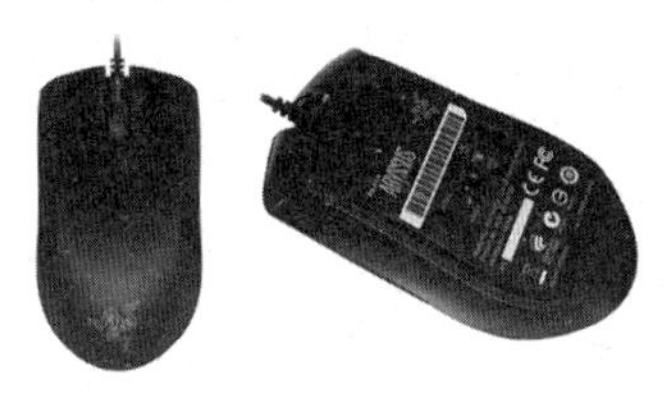

图 1-14 鼠标

14. 打印机（图 1-15）

打印机是计算机的重要外围输出设备之一，它可以把在计算机上设计的文档打印成印刷品。目前常用的打印机类型有：针式打印机、喷墨打印机和激光打印机。

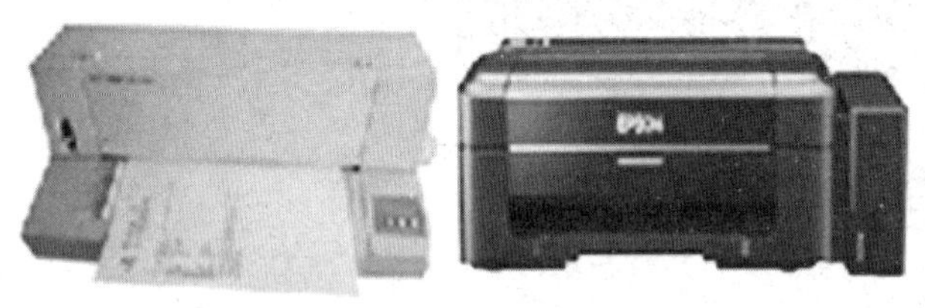

图 1-15 打印机

【任务需求】

为了展示硬件，需要一台完整的计算机和“十”字螺丝刀一把（打开机箱用）。

【相关知识点】

计算机硬件（Computer Hardware）是指计算机系统中由电子、机械和光电元件等组成的各种物理装置的总称。这些物理装置按系统结构的要求构成一个有机整体，为计算机软件运行提供物质基础。简言之，计算机硬件的功能是输入并存储程序和数据，以及执行程序把数据加工成可以利用的形式。

计算机硬件系统由运算器、控制器、存储器、输入设备和输出设备五个物理部件组成。

从外观上来看，计算机由主机箱和外部设备组成。主机箱内主要包括 CPU、内存、主板、硬盘驱动器、光盘驱动器、各种扩展卡、连接线、电源等；外部设备包括鼠标、键盘、显示器、音箱等。这些设备通过接口和连接线与主机相连。

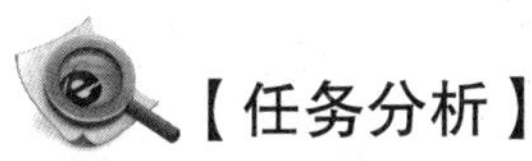

【任务分析】

首先，从整体上介绍计算机，主要包括主机箱和显示器。然后，打开机箱（注意一边打开一边讲解），向学生展示机箱内部。最后，逐一向学生介绍机箱中的各个部件。

子任务一　认识机箱

【任务描述】

让学生对机箱的外观有个直观的认识。机箱分解图如图 1–16 所示。

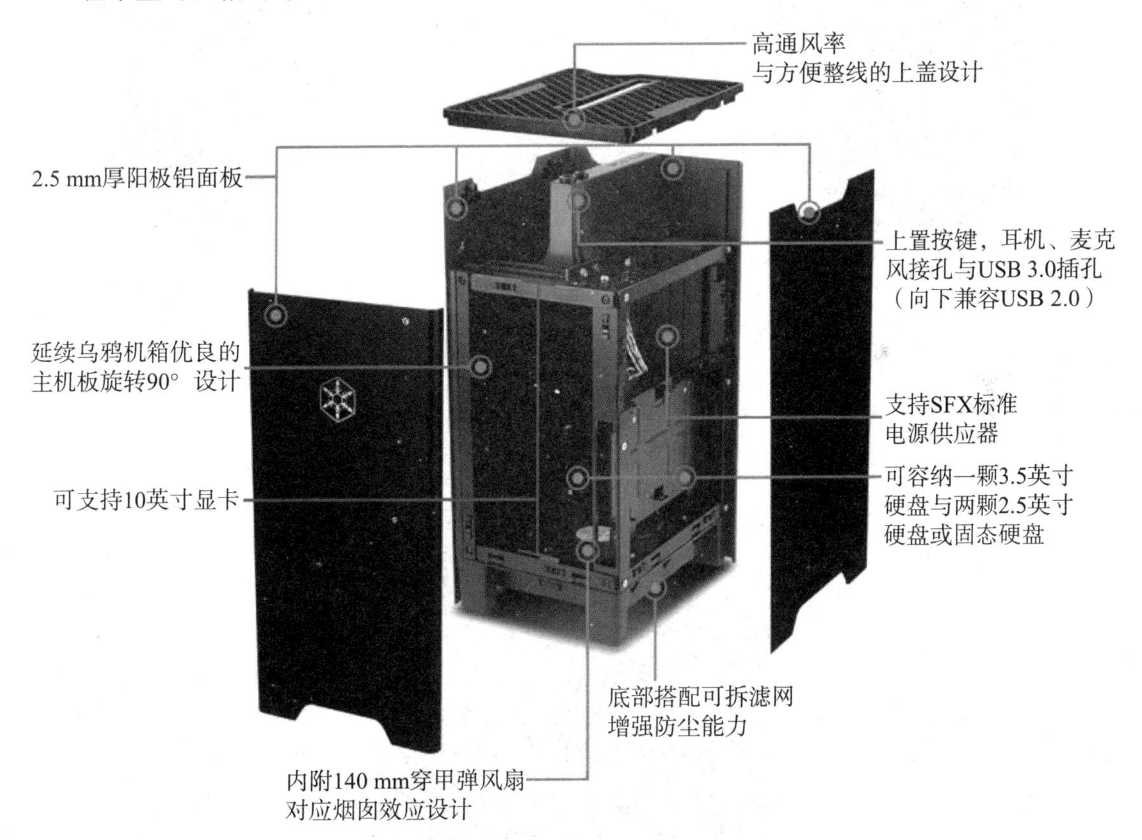

图 1–16　机箱分解图

常用机箱类型展示如图 1–17~ 图 1–20 所示。

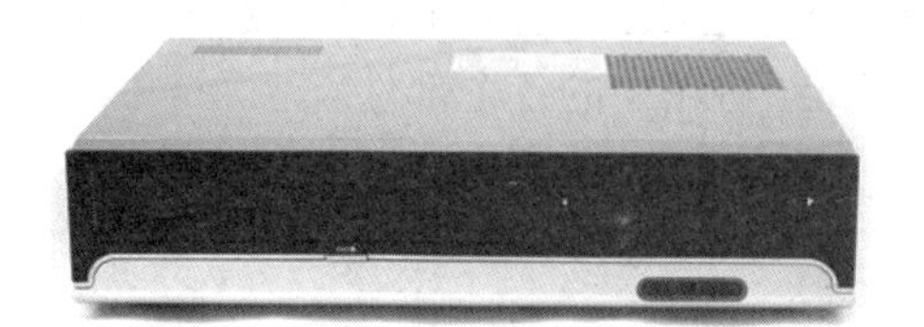

图 1-17　卧式机箱

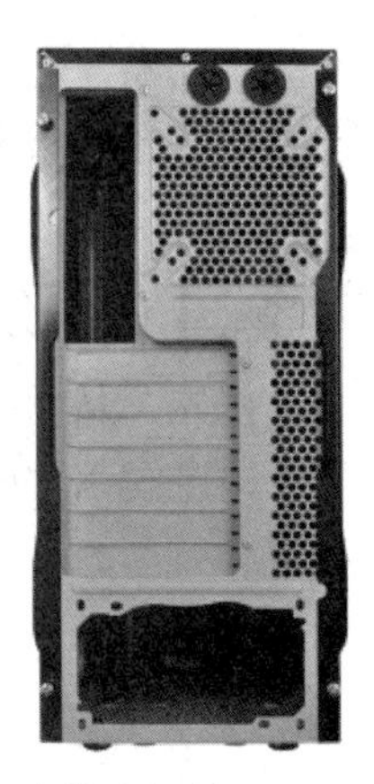

图 1-18　全塔式机箱

图 1-19　中塔式机箱

图 1-20　迷你机箱

【任务实施】

用螺丝刀打开机箱。

图 1-21 是一个电脑机箱打开后的样子，内部有很多配件。

图 1-21　机箱内部

【理论知识】

一、机箱作用

· 放置和固定各电脑配件；

· 屏蔽电磁波；

· 防止外界的电磁波对内部电路的干扰；

· 减少灰尘对主机内部配件的侵害；

· 美化作用。

二、机箱类型

机箱从结构上可以分为 AT、ATX、MicroATX、NLX、WTX（也称 Flex-ATX）等，而市面上常见的是 ATX、MicroATX 两种，也就是俗称的大机箱与小机箱。大机箱可以容纳更多的配件，一般拥有两个硬件位与三个光驱位以上，内部结构较宽敞；而小机箱则一般只提供一个光驱位和一个硬盘位，内部结构紧凑，但占用空间较小，比较适合一些家庭用户。

如果用户采用标准的 ATX 板型的主板，那最好采用大机箱，一些小机箱是装不下的，另外用户也要考虑自己的配件数量问题，一般来说，如果配件较多，最好是采用大机箱，而且大机箱的内部较为宽敞，内部空气流通会比较好，有利于散热，小机箱则通常需要借助机箱风扇来帮助散热。价格方面，一般情况下，小机箱的价格反而要比大机箱高。

AT、Baby-AT

· 老机箱（486、586）结构，现已淘汰。

LPX、NLX、Flex ATX

· 多见于外国的品牌机。

EATX、WATX

· 多用于服务器 / 工作站机箱。

ATX

· 由 Intel 设计；

· 目前最常见、应用最广泛；

· 扩展槽多达 7 个，3.5 英寸 /5.25 英寸驱动器仓位分别至少达 3 个。

Micro ATX

· 迷你机箱，ATX 结构的简化版；

· 扩展槽通常在 4 个或更少，3.5 英寸与 5.25 英寸驱动器仓位分别只有 2 个或更少。

BTX (Balanced Technology Extended)

· 下一代的机箱架构；

· 支持 Low-profile，即窄版设计；

· 针对散热和气流的运动；

· 主板的安装将更简便；

· 可分为标准 BTX、Micro BTX、Pico BTX。

三、箱体的用料

机箱材质最常见的为ABS工程塑料和普通塑料，ABS工程塑料具有抗冲击、韧性强、无毒害，不易褪色可长久保持外观颜色的特点。而普通塑料使用时间一长就会泛黄，老化甚至开裂。价格方面当然是ABS工程塑料较贵。辨别这两种塑料的方法也比较简单，一般来说，经过认证的ABS材料会在塑料上印有“ABS”字样。

机箱的金属件用料就包括了镀锌钢板、喷漆钢板和镁铝合金三类，其中镀锌钢板又分为电镀锌钢板（SECC）、热浸锌钢板（SGCC）、镀铝锌钢板（SGLD）和冷轧板（SPCC）四种。

四、机箱选购注意事项

机箱对电脑硬件的散热至关重要，需要注意以下两点：a. 风道设计，包括冷风道与热风道设计，如硕一“重金属”机箱产品散热采用直吹式通道设计，将冷风进道和热风排道进行分离，使散热流道通透不乱，达到最佳的散热效果；b. 直吹显卡，这种散热设计硬盘会有较好的散热效果。

电脑配件积尘严重会影响电脑性能和寿命，也需重点考虑：a. 比如在机箱的进风口设置有足够效果的防尘网，防尘网可以在不需要螺丝的情况下安装并拆卸；b. 合理地设计风道，在保证散热性能的情况下尽可能增加机箱的封闭性，比如硕一F125和G612系列机箱在设计上实现气压的“正压差”结构，即配置机箱的进风扇风量略大于出风扇风量，使机箱内压强略大于机箱外压强。

噪声也是机箱选配时的一个重要参考点，选购机箱时需要注意：a. 是否采用足够大和优质的脚垫以保证消除箱体振动；b. 是否设计了有效防止硬盘共振的硬盘架；c. 是否有足够良好的做工保证硬盘架的牢固、机箱板材之间的接合以避免部件振动噪声；d. 在中高端的机箱中，是否在箱体的方便位置布置吸引棉以有效吸收振动噪声。

五、目前常用的三种机箱类型

塔式机箱，即通常说的立式机箱。塔式机箱按照大小可分为全塔式、中塔式和迷你塔式三类，不过业界并没有在大小方面就此形成统一的分类标准。通常，全塔式机箱拥有4个以上的光驱位，中塔式机箱拥有3~4个光驱位，而迷你塔式机箱仅有1~2个光驱位。普通家庭使用一定要考虑主机的安放位置，如果是放在电脑桌的下面，那么哪种设计的中塔式机箱都会比较大，建议买迷你塔式；如果是放在桌上，或者其他位置，为了美观可以考虑中塔式，中塔式的内部空间也比较充足；不建议一般用户选择全塔式，因为全塔式太大了。有的全塔式有7个光驱位，是否有必要买这么大的空间看实际需求，一般用户基本用不上。其优点就是内部走线非常方便，各个部件之间的空间很充足，布置比较容易。表1–1所示为部分机箱类型技术参数。

表1–1　机箱类型技术参数

品　牌	型　号	类　型	板材厚度/mm	主板兼容	尺寸/（mm×mm×mm）	质量/kg	显卡限长/cm
安钛克	P280	全塔式机箱	0.8	XL-ATX/ATX/Micro-ATX/Mini-ITX	231×526×562mm	10.2	≤33

续表

品　牌	型　号	类　型	板材厚度/mm	主板兼容	尺寸/(mm×mm×mm)	质量/kg	显卡限长/cm
安钛克	GX900	中塔式机箱	0.6	ATX/M-ATX	450×210×482mm	6.0	≤ 33
启航者	S3/CA-1D2-00S1WN-00	迷你机箱	0.5	M-ATX/U-ATX	375×182×375mm	3.2	≤ 29

子任务二　认识电源

计算机电源是把 220V 交流电转换成直流电，并专门为计算机配件如主板、驱动器、显卡等供电的设备，是计算机各部件供电的枢纽，是计算机的重要组成部分。目前个人计算机电源大都是开关电源。

【任务描述】

让学生对电源有个直观的认识。

【任务实施】

用螺丝刀打开电源。

常用电源外形展示和内部结构如图 1–22 和图 1–23 所示。

图 1–22　电源外观

图 1–23　电源内部结构

【理论知识】

电源是计算机的最重要部件之一，也是最容易被忽略的部件。人们可以花几小时讨论处理器速度、内存容量、硬盘大小与速度、视频适配器的性能、显示器的型号，等等，却几乎没有提及或考虑过电源。对于大多数人来说，电源都是装在系统中的金属盒子，外形都差不多，他们根本没有注意过它。就算有极少数人注意到电源，也只是关心电源上标明的输出功率，而无法判定电源产生的是稳定的直流电还是充满噪声、干扰、脉冲尖峰和波动的不稳定信号。

其实，电源在计算机系统中是非常重要的部件。电源是如此的重要，是因为它为系统的每个部件提供电能。以往的经验告诉人们，电源也是计算机系统中容易出现故障的部件，不正常的电源不仅会引起其他部件的不正常，还会因为产生的不适当或不稳定的电压而损害计算机中其他部件。对于一个正常可靠的系统，电源是非常重要的，所以不但要了解电源的功能、限制条件，还要了解它的潜在问题和解决方法。

ATX 电源规范的版本演变过程大致如下：

ATX1.01 是早期版本，采用吹风方式散热。

ATX2.0 采用排风散热。

ATX2.01 与 ATX2.0 的区别是 +5VSB 输出电流从 100mA 改为 720mA。

ATX2.02 与 ATX2.01 相比增加了一个 ATX+5V/+3.3V 辅助连接器，此外对 –5V 和 –12V 的输出电压偏差进行了调整。

ATX2.03 与 ATX2.02 相比，实质上并没有多大的区别，主要是将 ATX2.02 中的 Micro ATX 改为 Mini–ATX，以区别于 Intel 提出的另一个标准 Micro–ATX。另外，建议在电源顶端增加新的通风窗口以改善 CPU 的散热条件。

ATX12V 1.1 是人们常说的 P4 电源规范的早期版本。与 ATX2.03 的区别是：加强了 +12V 的电流输出能力；对 +12V 的电流输出、涌浪电流峰值、滤波电容的容量、保护等做出了新的规定；增加了 ATX12V 连接器；加强了 +5VSB 的电流输出能力。

ATX12V 1.2 没有大变化，只是提高了电流的输出能力。

ATX12V 1.3 取消了 –5V 电压。随着 ISA 插槽的淘汰，–5V 电压已经用不上了，因此 ATX12V 1.3 正式取消了 –5V 电压的供给。ATX12V 1.3 还新增了 SATA 电源接口。

ATX12V 2.0 由单路 +12V 输出改为双路 +12V 输出，其中一路 +12V2 专门为 CPU 供电，另一路 +12V1 则为主板、显卡等其他设备供电；主电源连接器由 20 针增加到 24 针；取消了 ATX+5V/+3.3V 辅助连接器。

ATX12V 2.2 依然沿用 2.0 版本中的双路 +12V 输出设计，只是在 2.0 版本的基础上进行了修改及强化：将最大输出标准提升至 450W；加强了 +3.3V 与 +5V 的输出能力，削弱了 +12V 的持续供电能力，增强了 +12V 的峰值电流，以适应双核处理器在启动时对大峰值电流的要求；对电源的转换效率提出了更高要求。

ATX12V 2.3 最主要的变化是将 +12V1 输出能力提升而将 +12V2 输出能力下调，同时还首次规定了采用单路 +12V 的 180W、220W、270W 三个功率级。为了贴近能源之星 4.0 版本的规范，Intel 在 ATX12V 2.3 规范里推荐，一款电源不论何种状态下转换效率都应可以达到 80% 或以上，而且功率因数需要大于或等于 0.9。

子任务三 认识主板

主板是计算机最基本的也是最重要的部件之一，安装在机箱内。主板一般为矩形电路板，上面安装了组成计算机的主要电路系统，一般有 BIOS 芯片、I/O 控制芯片、键盘和面板控制开关接口、指示灯接插件、扩充插槽、主板及插卡的直流电源供电接插件等元件。

【任务描述】

让学生对主板的外观有个直观的认识。

【任务实施】

用螺丝刀打开机箱。

主板外形展示如图 1-24。

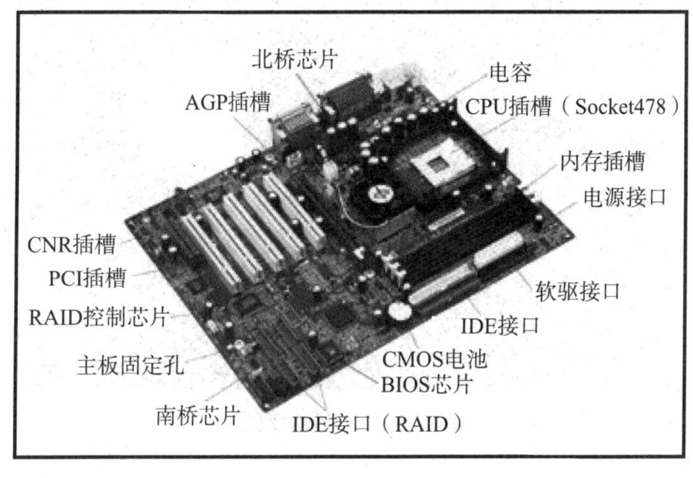

图 1-24 主板外形

【理论知识】

主板，又叫主机板（Main Board）、系统板（System Board）和母板（Mother Board），它安装在机箱内，是计算机最基本的也是最重要的部件之一。主板一般为矩形电路板，上面安装了组成计算机的主要电路系统，一般有 BIOS 芯片、I/O 控制芯片、键盘和面板控制开关接口、指示灯接插件、扩充插槽、主板及插卡的直流电源供电接插件等元件。主板的特点是采用了开放式结构。主板上大都有 6~15 个扩展插槽，供计算机外围设备的控制卡（适配器）插接。通过更换这些插卡，可以对计算机的相应子系统进行局部升级，使厂家和用户在配置机型方面有更大的灵活性。总之，主板在整个计算机系统中扮演着举足轻重的角色。可以说，主板的类型和档次决定着整个计算机系统的类型和档次，主板的性能影响着整个计算机系统的性能。

【知识拓展】

认识主板上的主要部件。主板示意图如图 1-25 所示。

图 1-25 主板示意图

子任务四 认识 CPU

CPU 是一块超大规模集成电路，它由运算器、控制器、寄存器等组成，主要负责对数据的加工和处理。计算机求解问题是通过执行程序来实现的。程序是由指令构成的序列，执行程序就是按指令序列逐条执行指令。一旦把程序装入主存储器（简称主存）中，就可以由 CPU 自动地完成从主存取指令、分析指令和执行指令的任务。

【任务描述】

让学生对 CPU 的外观有个直观的认识。

【任务实施】

用螺丝刀打开机箱。

常用 CPU 外形展示如图 1-26 所示。

图 1-26 CPU

【理论知识】

CPU 发展阶段：

第 1 阶段（1971—1973 年）是 4 位和 8 位低档 CPU 时代，通常称为第 1 代。典型产品是 Intel4004 和 Intel8008 及分别由它们组成的 MCS-4 和 MCS-8 微机。基本特点是采用 PMOS 工艺，集成度低（4000 个晶体管 / 片），系统结构和指令系统都比较简单，主要采用机器语言或简单的汇编语言，指令数目较少（20 多条指令），基本指令周期为 20~50 μs，用于简单的控制场合。

第 2 阶段（1974—1977 年）是 8 位中高档 CPU 时代，通常称为第 2 代。典型产品是 Intel 公司的 8080/8085，Motorola 公司的 M68000、Zilog 公司的 Z80 等。它们的特点是采用 NMOS 工艺，集成度提高约 4 倍，运算速度提高 10~15 倍（基本指令执行时间 1~2 μ s）。指令系统比较完善，具有典型的计算机体系结构和中断、DMA 等控制功能。软件方面除了汇编语言外，还有 BASIC、FORTRAN 等高级语言和相应的解释程序和编译程序，在后期还出现了操作系统。

第 3 阶段（1978—1984 年）是 16 位 CPU 时代，通常称为第 3 代。典型产品是 Intel 公司的 8086/8088、Motorola 公司的 M68000、Zilog 公司的 Z8000 等。其特点是采用 HMOS 工艺，集成度（20 000~70 000 晶体管 / 片）和运算速度（基本指令执行时间是 0.5 μ s）都比第 2 代提高了一个数量级。指令系统更加丰富、完善，采用多级中断、多种寻址方式、段式存储机构、硬件乘除部件，并配置了软件系统。这一时期著名微型计算机产品有 IBM 公司的个人计算机。1981 年 IBM 公司推出的个人计算机采用 8088CPU。紧接着 1982 年又推出了扩展型的个人计算机 IBM PC/XT，它对内存进行了扩充，并增加了一个硬磁盘驱动器。

第 4 阶段（1985—1992 年）是 32 位 CPU 时代，又称为第 4 代。典型产品是 Intel 公司的 80386/80486、Motorola 公司的 M69030/68040 等。其特点是采用 HMOS 或 CMOS 工艺，集成度高达 100 万个晶体管 / 片，具有 32 位地址线和 32 位数据总线。每秒可完成 600 万条指令。微型计算机的功能已经达到甚至超过超级小型计算机，完全可以胜任多任务、多用户的作业。同期，其他一些 CPU 生产厂商（如 AMD、TEXAS 等）也推出了 80386/80486 系列的芯片。

第 5 阶段（1993—2005 年）是奔腾（Pentium）系列 CPU 时代，通常称为第 5 代。典型产品是 Intel 公司的奔腾系列芯片及与之兼容的 AMD 的 K6、K7 系列芯片。内部采用了超标量指令流水线结构，并具有相互独立的指令和数据高速缓存。随着 MMX（Multi Media Extended）CPU 的出现，计算机的发展在网络化、多媒体化和智能化等方面跨上了更高的台阶。

第 6 阶段（2005 年至今）是酷睿（Core）系列 CPU 时代，通常称为第 6 代。“酷睿”是一款领先节能的新型微架构，设计的出发点是提供卓然出众的性能和能效，提高每瓦特性能，也就是所谓的能效比。早期的酷睿是基于笔记本处理器的。酷睿 2，英文名称为 Core 2 Duo，是 Intel 在 2006 年推出的新一代基于 Core 微架构的产品体系统称，于 2006 年 7 月 27 日发布。酷睿 2 是一个跨平台的架构体系，包括服务器版、桌面版和移动版三大领域。

其中，服务器版的开发代号为 Woodcrest，桌面版的开发代号为 Conroe，移动版的开发代号为 Merom。

2010 年 6 月，Intel 再次发布革命性的处理器——第 2 代 Core i3/i5/i7。第 2 代 Core i3/i5/i7 隶属于第 2 代智能酷睿家族，全部基于全新的 Sandy Bridge 微架构，相比第 1 代产品主要带来 5 点重要革新：①采用全新 32nm 的 Sandy Bridge 微架构，更低功耗，更强性能。②内置高性能 GPU（核芯显卡），视频编码、图形性能更强。③睿频加速技术 2.0，更智能、更高效能。④引入全新环形架构，带来更高带宽与更低延迟。⑤全新的 AVX、AES 指令集，加强浮点运算与加密、解密运算。

2013 年 6 月 4 日 Intel 发表第 4 代 CPU——Haswell，第 4 代 CPU 脚位（CPU 接槽）称为“Intel LGA1150”，主板的晶片组有 Z87、H87、Q87 等 8 系列晶片组，Z87 针对超频玩家及高阶客户群，H87 针对中低阶一般等级，Q87 为企业用。「Haswell」CPU 将会用于笔记本型计算机、桌上型 CEO 套装计算机以及 DIY 零组件 CPU，陆续替换现行的第 3 代「Ivy Bridge」。

子任务五　认识内存

内存是计算机中重要的部件之一，它是与 CPU 进行沟通的桥梁。计算机中所有程序的运行都是在内存中进行的，因此内存的性能对计算机的影响非常大。内存（Memory）也被称为内存储器，其作用是用于暂时存放 CPU 中的运算数据，以及与硬盘等外部存储器交换的数据。只要计算机在运行中，CPU 就会把需要运算的数据调到内存中进行运算，当运算完成后 CPU 再将结果传送出来，内存的运行也决定了计算机的稳定运行。内存是由内存芯片、电路板、金手指等部分组成的。

【任务描述】

让学生对内存的外观有个直观的认识。

【任务实施】

用螺丝刀打开机箱。

常用内存外形展示如图 1-27 所示。

图 1-27　内存条

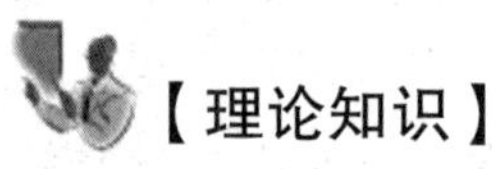

【理论知识】

在计算机的组成结构中，有一个很重要的部分，就是存储器。存储器是用来存储程序和数据的部件，对于计算机来说，有了存储器，才有记忆功能，才能保证正常工作。存储器的种类很多，按其用途可分为主存储器和辅助存储器，主存储器又称内存储器（简称内存，港台地区称之为记忆体）。

内存又称主存，是 CPU 能直接寻址的存储空间，由半导体器件制成。内存的特点是存取速率快。内存是计算机中的主要部件，它是相对于外存而言的。平常使用的程序，如 Windows 操作系统、打字软件、游戏软件等，一般都是安装在硬盘等外存上的，但仅此是不能使用其功能的，必须把它们调入内存中运行，才能真正使用其功能，平时输入一段文字，或玩一个游戏，其实都是在内存中进行的。就好比在一个书房里，存放书籍的书架和书柜相当于计算机的外存，而工作的办公桌就是内存。通常把要永久保存的、大量的数据存储在外存上，而把一些临时的或少量的数据和程序放在内存上，当然内存的好坏会直接影响计算机的运行速度。

子任务六　认识U盘

U 盘，全称 USB 闪存盘，英文名“USB flash disk”。它是一种使用 USB 接口的无须物理驱动器的微型高容量移动存储产品，通过 USB 接口与计算机连接，实现即插即用。U 盘的称呼最早来源于朗科科技生产的一种新型存储设备，名曰“优盘”，使用 USB 接口进行连接。U 盘连接到计算机的 USB 接口后，U 盘的资料可与计算机交换。而之后生产的类似技术的设备由于朗科已进行专利注册，而不能再称为“优盘”，而改称谐音的“U 盘”。后来，U 盘这个称呼因简单易记而广为人知。U 盘是移动存储设备之一。现在市面上出现了许多支持多种端口的 U 盘，即三通 U 盘（USB 电脑端口、iOS 苹果接口、安卓接口）

【任务描述】

让学生对U盘的外观有个直观的认识。

【任务实施】

常用 U 盘外形展示如图 1-28 所示。

图 1-28　U 盘外形

【理论知识】

一、使用 U 盘

在一台计算机上第一次使用 U 盘时系统会发出一声提示音，然后报告“发现新硬件”。稍候，会提示“新硬件已经安装并可以使用了”。这时打开“我的电脑”，可以看到新增一个硬盘图标，名称一般是 U 盘的品牌名，例如金士顿，名称就为 KINGSTON。经过这一步，以后再使用 U 盘时，只要直接插入 U 盘，就可以在“我的电脑”中找到可移动磁盘。此时注意，在任务栏最右边，会有一个小图标（一个灰色长方块上配有一个绿色箭头），是安全删除 USB 硬件设备的图标。接下来，就可以像操作硬盘文件一样，在 U 盘上保存、删除文件，或将文件通过鼠标右键直接发送到 U 盘中。但是要注意，U 盘使用完毕后要关闭所有关于 U 盘的窗口。拔下 U 盘前，要用鼠标左键双击右下角的安全删除 USB 硬件设备图标，当右下角出现“USB设备现在可安全地从系统移除了”的提示后，才能将U盘从机箱上拔下。

二、U盘的发展

1998年至2000年，有很多公司声称自己第一个发明了USB闪存盘。但是真正获得U盘基础性发明专利的是中国朗科公司。2002年7月，朗科公司“用于数据处理系统的快闪电子式外存储方法及其装置”（专利号：ZL99117225.6）获得国家知识产权局正式授权。该专利填补了中国计算机存储领域20年来发明专利的空白。该专利权的获得引起了整个存储界的极大震动。2004年12月7日，朗科获得美国国家专利局正式授权的闪存盘基础发明专利，美国专利号US6829672。这一专利权的获得，最终结束了这场争夺。中国朗科公司才是U盘的全球第一个发明者。美国时间2006年2月10日，朗科委托美国摩根路易斯律师向美国得克萨斯州东区联邦法院递交诉状，控告美国PNY公司侵犯了朗科的美国专利（美国专利号US6829672）。2008年2月，朗科与PNY达成庭外和解。朗科向PNY签订专利许可协议，PNY向朗科公司缴纳专利许可费用1000万美元。这是中国企业第一次在美国本土收到巨额专利许可费用，也进一步证明了朗科是U盘的全球发明者。

大多数闪存盘支持USB2.0标准；然而，因为NAND闪存技术上的限制，它们的读写速度目前还无法达到标准所支持的最高传输速度480Mb/s。目前最快的闪存盘已使用了四通道甚至更多通道的控制器，但是比起硬盘，仍然差上一截。相比较之下，USB3.0速度更快，可以击败普通机械硬盘，目前最高的传输速度大约为220Mb/s，而一般的极小文件传输速度大约为10Mb/s。较旧型的设备传输速度最大只有1Mb/s。

三、U盘的优点

U盘最大的优点是：小巧便于携带、存储容量大、价格便宜、性能可靠。U盘体积很小，仅大拇指般大小，重量极轻，一般在15g左右，特别适合随身携带，我们可以把它吊在钥匙串上、放进钱包里。一般的U盘容量有2GB、4GB、8GB、16GB、32GB、64GB等（1GB因容量过小而不再生产了），价格上，最常见的8GB的U盘30~50元就能买到，16GB的70元左右。金士顿发布了一款512GB的USB3.0闪存盘，并且宣称能够保存数据10年。闪存盘中无任何机械式装置，抗震性能极强。另外，闪存盘还具有防潮防磁、耐高低温等特性，安全可靠性很好。

四、U盘自启动的制作

系统文件一般有两种格式：ISO格式和GHO格式。ISO格式又分为原版系统和GHOST封装系统两种。只要用解压软件WinRAR解压后有大于600MB（Windows 7一般2GB）以上的GHO文件的就是GHOST封装系统，PE（Windows预安装环境）里的大白菜智能装机PE版软件可以直接支持还原安装。如果解压后没有大于600M以上的GHO文件的是原版ISO格式系统，要用安装原版Windows XP和Windows 7的方法安装，详细步骤请看相关教程。下文的教程主要针对GHOST封装版的系统，即GHO系统或者ISO内含系统GHO的情况。

详细步骤：

第一步：制作前的软件、硬件准备。

（1）U盘一个（建议使用2GB以上U盘）。

（2）在大白菜U盘装系统工具下载主页：下载大白菜U盘装系统软件。

（3）下载您需要安装的 GHOST 系统。

第二步：用大白菜 U 盘装系统软件作启动盘。

（1）下载并且安装好大白菜装机版，打开安装好的大白菜装机版，插入 U 盘等待软件成功读取到 U 盘之后，单击“一键制作启动 U 盘”进入下一步操作，如图 1–29 所示。

图 1–29　大白菜超级 U 盘启动盘制作工具

（2）在弹出的信息提示窗口中，单击“确定”按钮进入下一步操作，如图 1–30 所示。

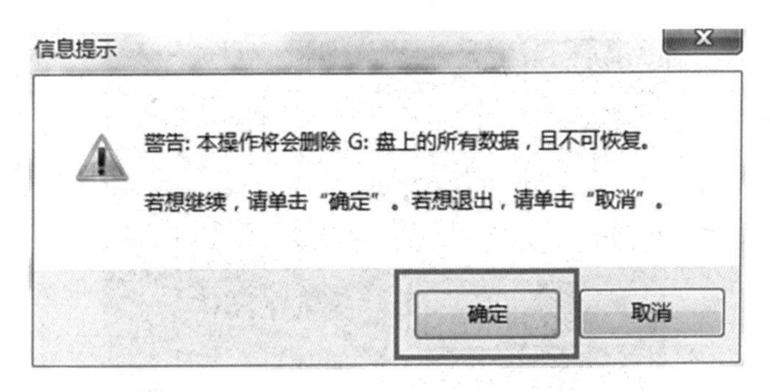

图 1–30　信息提示

耐心等待大白菜装机版 U 盘制作工具对 U 盘写入大白菜相关数据的过程。完成写入之后，在弹出的信息提示窗口中，单击“是（Y）”进入模拟电脑。模拟计算机成功启动说明大白菜 U 盘启动盘已经制作成功，按住“Ctrl+Alt”组合键释放鼠标，单击关闭窗口完成操作，如图 1–31 所示。

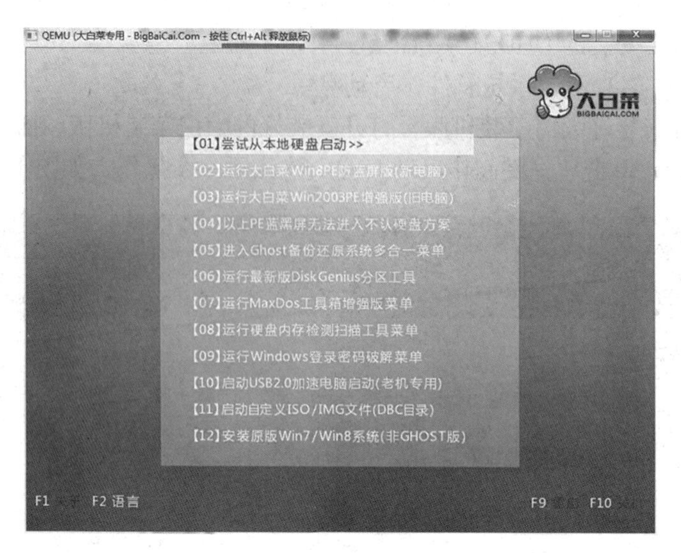

图 1–31　U 盘启动制作成功

第三步：下载需要的 GHO 系统文件并复制到 U 盘中。

将下载的 GHO 文件或 GHOST 系统的 ISO 系统文件复制到 U 盘“GHO”的文件夹中，如果只是重装系统盘不需要格式化计算机上的其他分区，也可以把 GHO 或者 ISO 放在硬盘系统盘之外的分区中。

第四步：进入 BIOS 设置 U 盘启动顺序。

计算机启动时按“Del”“Esc”或“F8”键进入 BIOS 设置，如图 1–32 所示，具体设置请参阅《大白菜 U 盘装系统设置 U 盘启动教程》。

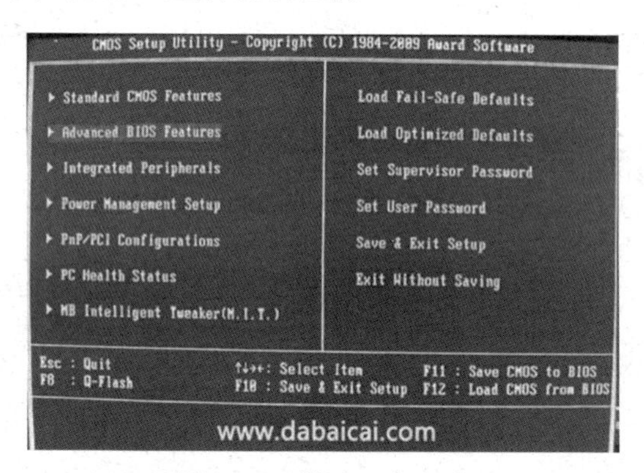

图 1–32　设置 U 盘启动

第五步：用 U 盘启动快速安装系统。

第一种方法——进 PE 用智能装机工具安装。界面如图 1–33~ 图 1–36 所示。

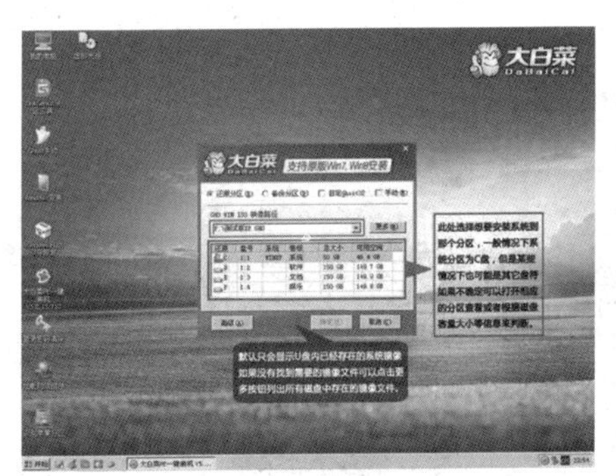

图 1–33　选择安装分区

图 1–34　选择是否进行还原

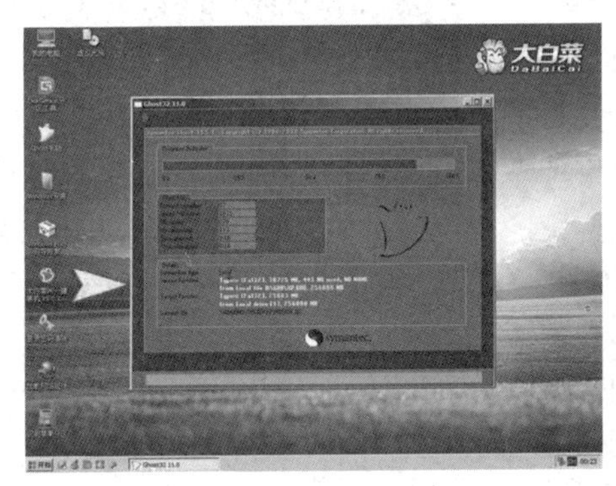

图 1–35　GHOST 进行中

图 1–36　还原成功

第二种方法不进 PE 安装。

把 U 盘 GHO 文件夹中希望默认安装的 GHO 系统文件重命名为“dbc.gho”。插入 U 盘启动后单击“不进 PE 安装系统 GHO 到硬盘第一分区”即可进入安装系统状态，如图 1–37 所示。

选择“[01] 不进 PE 安装系统 GHO 到硬盘第一分区”，如图 1–38 所示。

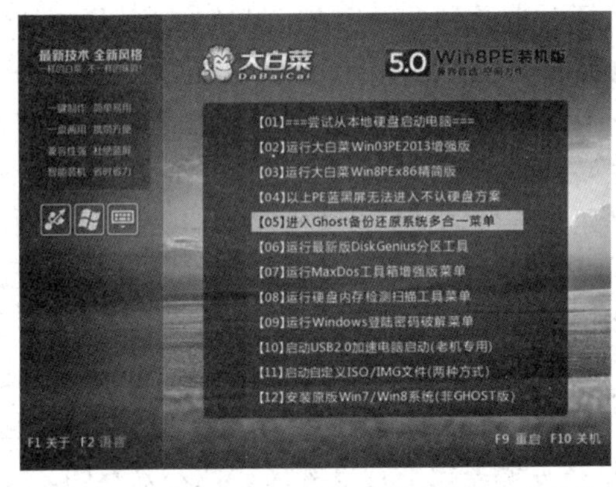

图 1–37　进入 GHOST 备份还原系统多合一菜单

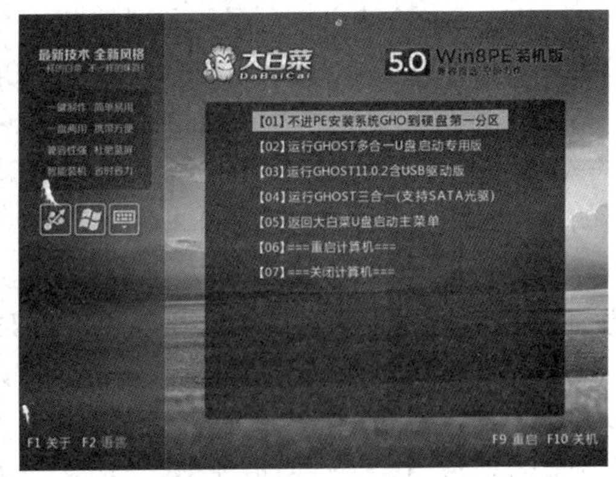

图 1–38　不进 PE 安装系统 GHO 到硬盘第一分区

这样进行手动 GHOST 安装，同前 GHOST 还原。

子任务七 认识硬盘驱动器

硬盘（Hard Disk Drive，HDD，全名为温彻斯特式硬盘）是计算机主要的存储媒介之一，由一个或者多个铝制或者玻璃制的碟片组成。这些碟片外覆盖有铁磁性材料。绝大多数硬盘都是固定硬盘，被永久性地密封固定在硬盘驱动器中。

【任务描述】

让学生对硬盘的外观有个直观的认识。

【任务实施】

常用硬盘外形展示如图 1-39 所示。

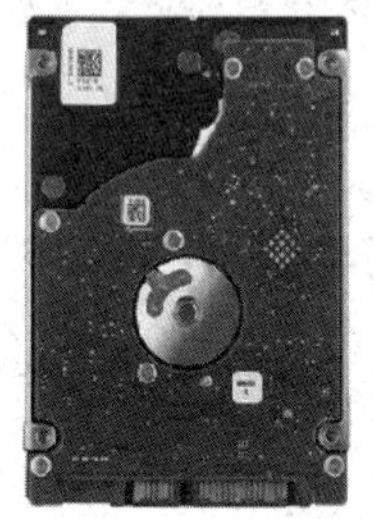

图 1-39 常用硬盘外形

【理论知识】

一、硬盘接口

（1）ATA 的英文全称为“Advanced Technology Attachment”，是用传统的 40-pin 并口数据线连接主板与硬盘的，外部接口速度最大为 133Mb/s。因为并口数据线的抗干扰性太差，且排线占空间，不利于计算机散热，将逐渐被 SATA 所取代。

（2）IDE 的英文全称为“Integrated Drive Electronics”，即“电子集成驱动器”，俗称 PATA 并口。

（3）SATA（Serial ATA）口的硬盘又叫串口硬盘，是未来计算机硬盘的趋势。

（4）SATA Ⅱ是芯片巨头 Intel（英特尔）与硬盘巨头 Seagate（希捷）在 SATA 的基础上发展起来的。其主要特征是外部传输率从 SATA 的 150Mb/s 进一步提高到了 300Mb/s，此外还包括 NCQ（Native Command Queuing，原生命令队列）、端口多路器（Port Multiplier）、交错启动（Staggered Spin-up）等一系列的技术特征。但是并非所有的 SATA 硬盘都可以使用 NCQ 技术，除了硬盘本身要支持 NCQ 之外，也要求主板芯片组的 SATA 控制器支持 NCQ。

（5）SCSI 的英文全称为“Small Computer System Interface”（小型计算机系统接口），是同 IDE、ATA 完全不同的接口。IDE 接口是普通计算机的标准接口，而 SCSI 并不是专门为硬盘设计的接口，而是一种广泛应用于小型机上的高速数据传输接口。SCSI 接口具有应用范围广、多任务、带宽大、CPU 占用率低以及热插拔等优点，但较高的价格使得它很难如 IDE 般普及，因此 SCSI 主要应用于中、高端服务器和高档工作站中。

（6）光纤通道的英文是 Fibre Channel。和 SCSI 接口一样，光纤通道最初也不是为硬盘设计开发的接口技术，是专门为网络系统设计的，随着存储系统对更快速度的需求，才逐渐应用到硬盘系统中。光纤通道硬盘是为提高多硬盘存储系统的速度和灵活性才开发的，它的出现大大提高了多硬盘系统的通信速度。光纤通道的主要特性有：热插拔性、高速带宽、远程连接、连接设备数量大等。

（7）SAS（Serial Attached SCSI）即串行连接 SCSI，是新一代的 SCSI 技术，和现在流行的 Serial ATA（SATA）相同，都是采用串行技术以获得更高的传输速度，并通过缩短连接线改善内部空间等。

二、硬盘维护 13 招

（1）保持计算机工作环境清洁；

（2）养成正确关机的习惯；

（3）正确移动硬盘，注意防震；

（4）用户不自行拆开硬盘盖；

（5）注意防高温、防潮、防电磁干扰；

（6）定期整理硬盘；

（7）注意预防病毒和特洛伊木马程序；

（8）让硬盘智能休息；

（9）轻易不要进行低级格式化操作；

（10）避免频繁的高级格式化操作；

（11）善用硬盘工具；

（12）建立 Rescue Disk（急救盘）；

（13）尽量不要使用硬盘压缩技术。

三、固态硬盘

固态硬盘（简称 SSD）是一种永久性存储器的计算机存储设备。虽然 SSD 不是使用“碟”，而是使用 NAND Flash 来记存数据，但是人们依照命名习惯，仍然称之为固态硬盘（Solid-State Disk）或固态驱动器（Solid-State Drive）。当然，SSD 内也没有用来驱动（Drive）旋转的电动机。

由于固态硬盘技术与传统硬盘技术不同，因此产生了不少新兴的存储器厂商。厂商只需购买 NAND 存储器，再配合适当的控制芯片，就可以制造固态硬盘了。新一代的固态硬盘普遍采用 SATA-2 接口、SATA-3 接口、SAS 接口、MSATA 接口、PCI-E 接口、NGFF 接口、CFast 接口、SFF-8639 接口和 M.2NVME/SATA 协议。

目前有众多存储厂商推出融合 SSD/HDD 优点的固态混合硬盘，如 OCZ RevoDrive Hybrid、Seagate Momentus XT 750GB 等。其他主板厂商也有使用多个 SATA 连接端口将 SSD/HDD 同时使用的，如 ASUS 的 SSD Caching 功能。还有磁盘阵列厂商的高速缓存加速卡，如 HighPoint RocketCache 3240 × 8 等。

固态硬盘的接口规范和定义、功能及使用方法上与普通硬盘几近相同，外形和尺寸也基本与普通的 2.5 英寸硬盘一致。

固态硬盘具有传统机械硬盘不具备的读写快速、质量小、能耗低、体积小等优点，同时其劣势也较为明显。尽管 IDC 认为固态硬盘已经进入存储市场的主流行列，但其价格仍较为昂贵，容量较低，一旦硬件损坏，数据较难恢复等；并且也有人认为固态硬盘的耐用性（寿命）相对较短。

影响固态硬盘性能的几个因素主要是：主控芯片、NAND 闪存介质和固件。在上述条件相同的情况下，采用何种接口也可能会影响固态硬盘的性能。

主流的接口是 SATA（包括 SATA 1.5Gb/s、SATA 3Gb/s 和 SATA 6Gb/s 三种规格）接口，也有 PCI-E 3.0 接口的固态硬盘问世。

由于固态硬盘与普通磁盘的设计及数据读写原理不同，使得其内部的构造也有很大的不同。一般而言，固态硬盘的构造较为简单，并且可拆开。

而反观普通的机械磁盘，其数据读写是靠盘片的高速旋转所产生的气流来托起磁头，使得磁头无限接近盘片，而又不相互接触，并由步进电机来推动磁头进行换道数据读取，所以其内部构造相对较为复杂，也较为精密，一般情况下不允许拆卸。一旦人为拆卸，极有可能造成损害，使磁盘无法正常工作。

子任务八　认识显示器

显示器（Display）通常也被称为监视器。显示器是属于计算机的 I/O 设备，即输入 / 输出设备。它可以分为 CRT、LCD 等多种。它是一种将一定的电子文件通过特定的传输设备显示到屏幕上再反射到人眼的显示工具。

【任务描述】

让学生对显示器的外观有个直观的认识。

【任务实施】

常用显示器外形展示如图 1-40 所示。

图 1-40　常用显示器外形

【理论知识】

从早期的黑白世界到色彩世界，显示器走过了漫长而艰辛的历程。随着显示器技术的不断发展，显示器的分类也越来越详细。中国的 LED 显示屏的工厂主要分布在深圳，有 500 多家，其中 40% 主要是提供加工服务，还有小作坊式生产厂家，也有一批以品质和研发为主的生产企业。

一、CRT 显示器

CRT 显示器是一种使用阴极射线管（Cathode Ray Tube）的显示器。阴极射线管主要由五部分组成：电子枪（Electron Gun）、偏转线圈（Deflection Coils）、荫罩（Shadow Mask）、荧光粉层（Phosphor）及玻璃外壳。CRT 显示器是应用最广泛的显示器之一。CRT 纯平显示器具有可视角度大、无坏点、色彩还原度高、色度均匀、分辨率模式可调节、响应时间极短等 LCD 显示器难以超越的优点。按照不同的标准，CRT 显示器可划分为不同的类型。

1. 按大小分类

从十几年前的 12 英寸黑白显示器到 19 英寸、21 英寸大屏彩色显示器（简称彩显），CRT 经历了由小到大的过程，市场上以 14 英寸、15 英寸、17 英寸为主。1999 年，14 英寸显示器逐步淡出市场，15 英寸成为主流。进入 1999 年第三季度后，由于各厂商不断降低 17 英寸彩显的价格，使得 17 英寸的市场销量急剧上升。另外，有不少厂家已成功推出 19 英寸、21 英寸大屏幕彩显。但这类产品除少量专业人士外，极少有人采用，市场普及率还很低。

显像管的尺寸一般指的是显像管的对角线的尺寸，是指显像管的大小，不是它的显示面积。但对于用户来说，关心的还是它的可视面积，就是我们所能够看到的显像管的实际大小。

2. 按调控方式分类

CRT 显示器的调控方式从早期的模拟调节到数字调节，再到 OSD 调节，走过了一条极其漫长的道路。

模拟调节是在显示器外部设置一排调节按钮，来手动调节亮度、对比度等一些技术参数。此调节所能达到的功效有限，不具备视频模式功能。另外，此调节因为需要的模拟器件较多，出现故障的概率较大，而且可调节的内容极少，所以已销声匿迹。

数字调节是在显示器内部加入专用微处理器，操作更精确，能够记忆显示模式，而且其使用的多是微触式按钮，寿命长、故障率低，这种调节方式曾红极一时。

OSD 调节严格来说应算是数控方式的一种。它能以量化的方式将调节功能直观地反映到屏幕上，很容易上手。OSD 的出现，使显示器的调节方式有了一个新台阶。市场上的主流产品大多采用此调节方式。同样是 OSD 调节，有的产品采用单键飞梭，如美格的全系列产品，也有采用静电感应按键来实现调节的。

3. 按显像管分类

显像管是显示器生产技术变化最大的环节之一，同时也是衡量一款显示器档次高低的重要标准，按照显像管表面平坦度的不同可分为球面管、平面直角管、柱面管和纯平管。

二、LED 显示器

LED 显示器（LED Panel）：LED 就是 Light Emitting Diode，是发光二极管的英文缩写。它是一种通过控制半导体发光二极管的显示方式来显示文字、图形、图像、动画、行情、视频、录像信号等各种信息的显示屏幕。

LED 的技术进步是扩大市场需求及应用的最大推动力。最初，LED 只是作为微型指示灯，在计算机、音响和录像机等高档设备中应用。随着大规模集成电路和计算机技术的不断进步，LED 显示器迅速崛起，逐渐扩展到证券行情股票机、数码相机、PDA 以及手机领域。

LED 显示器集微电子技术、计算机技术、信息处理于一体，以其色彩鲜艳、动态范围广、亮度高、寿命长、工作稳定可靠等优点，成为最具优势的新一代显示媒体。LED 显示器已广泛应用于大型广场、商业广告、体育场馆、信息传播、新闻发布、证券交易等，可以满足不同环境的需要。

LED 显示器的尺寸是指液晶面板的对角线尺寸，以英寸为单位，主流的有 15 英寸、17 英寸、19 英寸、21.5 英寸、22.1 英寸、23 英寸、24 英寸、27 英寸等。

补充：主流笔记本尺寸为 10.1 英寸、12.2 英寸、13.3 英寸、14.1 英寸、15.4 英寸、17 英寸。

LED 显示器按不同标准有不同分类：

（1）按字高分：笔画显示器字高最小有 1mm（单片集成式多位数码管字高一般在 2~3mm），其他类型笔画显示器最高可达 12.7mm，甚至达数百毫米；

（2）按颜色分有红、橙、黄、绿等数种；

（3）按结构分有反射罩式、单条七段式及单片集成式三种；

（4）按各发光段电极连接方式分有共阳极和共阴极两种。

子任务九　认识显卡

显卡又称显示器适配卡，现在的显卡都是 3D 图形加速卡。它是连接主机与显示器的接口卡。其作用是将主机的输出信息转换成字符、图形和颜色等信息，传送到显示器上显示。显卡插在主板的 ISA、PCI、AGP 扩展插槽中，ISA 显卡现已基本淘汰。现在也有一些主板是集成显卡的。

【任务描述】

让学生对显卡的外观有个直观的认识。

【任务实施】

用螺丝刀打开机箱。

常用显卡展示如图 1–41 所示。

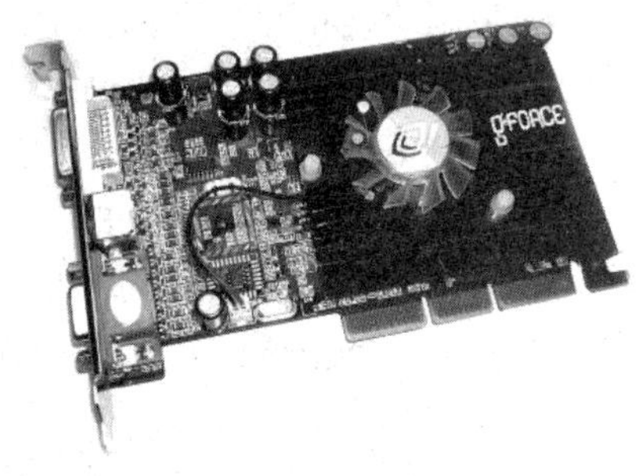

图 1–41　常用显卡

【理论知识】

显卡全称显示接口卡（Video Card，Graphics Card），又称为显示适配器（Video Adapter）、显示器配置卡，是个人计算机最基本的组成部分之一。显卡的用途是将计算机系统所需要的显示信息进行转换驱动，并向显示器提供行扫描信号，控制显示器的正确显示，是连接显示器和个人计算机主板的重要元件，是“人机对话”的重要设备之一。显卡作为计算机主机里的一个重要组成部分，承担输出显示图形的任务，对于从事专业图形设计的人来说显卡非常重要。民用显卡图形芯片供应商主要有 AMD（超威半导体）和 Nvidia（英伟达）两家。

每一块显卡基本上都是由“显示主芯片”“显示缓存”（简称显存）“BIOS”“数字模拟转换器（RAMDAC）”“显卡的接口”以及卡上的电容、电阻等组成。多功能显卡还配备了视频输出以及输入功能，以供特殊需求。随着技术的发展，目前大多数显卡都将 RAMDAC 集成到主芯片了。

显卡的主要部件有显示芯片、显示内存、BIOS 和 PCB 板（显卡电路板）。

显示芯片 GPU（Graphic Processing Unit，图形处理芯片）是显卡的“心脏”，也就相当于 CPU 在计算机中的作用，它决定了该显卡的档次和大部分性能，同时也是二维显卡和三维显卡的区别依据。二维显示芯片在处理三维图像和特效时主要依赖 CPU 的处理能力，称为“软加速”。三维显示芯片是将三维图像和特效处理功能集中在显示芯片内，也即所谓的“硬件加速”功能。

显示内存（显存）与主板上的内存功能一样，也是用于存放数据的，只不过它存放的是显示芯片处理后的数据。显存越大，显卡支持的最大分辨率越大，三维应用时的贴图精度就越高，带三维加速功能的显卡则要求用更多的显存来存放 Z-Buffer 数据或材质数据等。显存可以分为同步显存和非同步显存。显存的种类主要有 SDRAM、SGRAM、DDR SDRAM 等几种。显存的处理速度通常用纳秒数来表示，这个数字越小则说明显存的速度越快。

BIOS（VGA BIOS）主要用于存放显示芯片与驱动程序之间的控制程序，另外还存有显卡的型号、规格、生产厂家及出厂时间等信息。打开计算机时，通过显示 BIOS 内的一段控制程序，将这些信息显示到屏幕上。早期显示 BIOS 是固化在 ROM 中的，不可以修改，而现在的多数显卡则采用了大容量的 EPROM，即所谓的“快闪 BIOS”（Flash-BIOS），可以通过专用的程序进行改写或升级。你可别小看这一功能，很多显卡就是通过不断推出升级的驱动程序来修改原程序中的错误，适应新的规范，从而提升显卡的性能的。

RAMDAC（数模转换器）的作用是将显存中的数字信号转换为显示器能够显示出来的模拟信号。RAMDAC 的转换速率以 MHz 表示，它决定了刷新频率的高低。其工作速度越高，频带越宽，高分辨率时的画面质量越好。该数值决定了在足够的显存下，显卡最高支持的分辨率和刷新率。如果要在 1024×768 的分辨率下，刷新率达到 85Hz，RAMDAC 的速率至少是 1024×768×85×1.344（折算系数）÷106 ≈ 90MHz。

VGA 插座：计算机所处理的信息最终都要输出到显示器上，显卡的 VGA 插座就是计算机与显示器之间的桥梁，它负责向显示器输出相应的图像信号，也就是显卡与显示器相连的输出接口，通常是 15 针 CRT 显示器接口。不过有些显卡加上了用于接液晶显示器 LCD 的输出接口（用于接电视的视频输出）、S 端子输出接口等插座。

总线接口：显卡需要与主板进行数据交换才能正常工作，所以就必须有与之对应的总线接口。常见的总线接口有 AGP 接口和 PCI 接口两种。

PCI 接口以 1/2 或 1/3 的系统总线频率工作。如果要在处理图像数据的同时处理其他数据，那么流经 PCI 总线的全部数据就必须分别进行处理，这样势必存在数据滞留现象，在数据量大时，PCI 总线就显得很紧张。AGP 接口是为了解决这个问题而设计的，它是一种专用的显示接口，具有独占总线的特点，只有图像数据才能通过 AGP 端口。在 1997 年的秋季，Intel 为应付计算机处理三维图形中潜在的数据流瓶颈而提出了 AGP 解决方案。当时三维图形技术发展正值方兴未艾之时，快速更新换代的图形处理器开始越来越多地需要多边形和纹理数据来填饱它，然而问题是数据的流量最终受制于 PCI 总线的上限。那时的 PCI 显卡被强迫同系统内其他 PCI 设备一道分享 133Mb/s 的带宽。而 AGP 总线的出现解决了所有问题，它提供一个独占通道的方式来同系统芯片组打交道，完全脱离了 PCI 总线的束缚。AGP 技术又分为 AGP 8X、AGP 4X、AGP 2X 和 AGP 1X 等不同的标准。另外 AGP 使用了更高的总线频率，这样极大地提高了数据传输率。AGP 4X 的最大理论数据传输率将达到 1056Mb/s。区分 AGP 接口和 PCI 接口很容易，前者的引线上下宽度错开，俗称“金手指”；后者的引线上下平齐。

子任务十　认识声卡

声卡（Sound Card）也叫音频卡（港台地区称之为声效卡），是多媒体技术中最基本的组成部分，是实现声波 / 数字信号相互转换的一种硬件。

【任务描述】

让学生对声卡的外观有个直观的认识。

【任务实施】

常用声卡外形展示如图 1–42 所示。

图 1–42　常用声卡外形

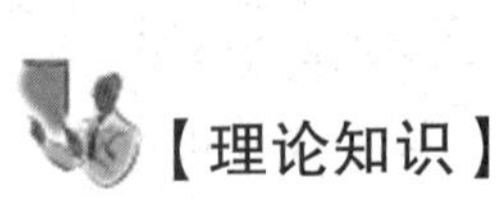

【理论知识】

世界上第一块声卡叫作 ADLIB 魔奇音效卡，于 1984 年诞生于英国的 ADLIB AUDIO 公司。可以说 ADLIB AVDLO 公司是名副其实的“声卡之父”。当然，那时的技术还很落后，在性能上存在着许多不足之处。就拿这块声卡来说，它是单声道的，而且音质现在看来简直是差到极点。但无疑它的诞生开创了计算机音频技术的先河。

真正把声卡带入个人计算机领域的，是由新加坡创新公司董事长沈望傅先生发明的 Sound Blaster“声霸卡”。这只声卡在当时引起了一场轰动。有的人认为，这是一个很好的开端，因为计算机终于可以“说话”了，并联想到将来多媒体计算机的模样。但另有一些人认为，这只是一场闹剧（因为当时的声卡根本不能够发出很真实的声音）。但是，10 年过后，正如前者所预料的，多媒体计算机成了现今的标准，每个人都能利用自己的计算机来听 CD、玩有声游戏、通过 Iphone 等网络电话来交谈，几乎每一样事情都和计算机音频发生关系。现在看起来，计算机如果没有了声卡，也就没有了缤纷多彩的多媒体世界。

就在人们对计算机音频满怀疑虑的时候，第一张“真正”的声卡出现了，它就是著名的 Soundblaster 16。这块声卡之所以名为 16，是因为它拥有 16 位的复音数（是指在回放 MIDI 时由声卡模拟出所能同时模拟发声的乐器数目）。该声卡能较为完美地合成音频效果，具有划时代的意义。

第二次重大变革是 Soundblaster 64 Gold，这是第一只让人发出惊叹的声卡，采用了 EMU8000 音频芯片的 SB 64 Gold，无论是其价格还是性能都让人大吃一惊，原来声卡也可以卖那么贵啊！原来声卡发出的声音也能如此动听！ EMU8000 芯片破天荒地支持 64 位复音数（32 个是硬件执行，另外 32 个由 Creative 开发的软件生成）、镀金的接线端子、120db 的动态范围、96db 的信噪比，音质可能比那时的一些国产 CD 机还要好，一切都是为了获得最高质量的音响效果而定做的。当然，现在看来，该声卡的缺点还是明显的：一是使用了 ISA 总线，限制了计算机音频系统的发挥，只能实现虚拟的 3D 音频技术，而且在播放中，由于使用了低带宽的 ISA 总线，因此在信噪比和保真度方面还有一定的问题；另外就是必须采用板载的“声存”（用来存放音色库的内存），而且这些声卡的内存异常昂贵（其实也就是普通的 DRAM），原来只带了 4MB，为了能获得更好的合成效果，许多专业的 MIDI 制作人士还是掏钱加上了更多的声存，以存放更好效果的音色库。通过这样的结合，Soundblaster 64 Gold 能回放出很悦耳的合成音乐，一度令许多计算机 MIDI 发烧友为之兴奋。

在这两个发展阶段里，Creative（创新）成了老大哥，其他的声卡产品相比起它来就像是绿叶和红花的关系，越发衬托出 Soundblaster 的伟大。当然，在其他的声卡中也出现了几个精品，像 Ess logic 的 ESS688F、Topstar 的 Als007 等，它们都是以极为低廉的价格提供了与 Soundblaster 16 相近的性能，当年很多兼容机装的都是这两种声卡。在声卡的发展历史上，有代表性的作品几乎都是 Creative 公司的产品，由此我们也可以看出该公司在这方面的领导作用。Creative 在声卡界的地位就和 CPU 界的 Intel 以及软件业的 Microsoft 一样，是行业中的标准。

对 3D 音效的渴求促使了第三次声卡大变革，Soundblaster 64 Gold 率先支持了模拟 3D 音效，但由于 ISA 总线带宽太窄了，限制了声卡的再度发展，因此 PCI 声卡是注定要诞生的。第一只 PCI 声卡是 S3 的 Sonics Vibes，它拥有一个 32 位复音的波表生成器，支持 Microsoft DirectSound 和 DirectMusic 加速，并且附带了 SRS 3D 音效和 Infinipatch downloadable 音色库下载标准。同时，它也带来了与 DOS 环境的极不兼容（那时还有相当一部分人使用 DOS 操作系统），音频回放时的爆音、回放 MIDI 时的噪声和相对拙劣的回放效果，这使得人们对 PCI 声卡产品产生了争议。

但随着 Soundblaster 推出了另一个划时代的巨作 Soundblaster Live！之后（在此之前发布的 PCI64、128 等声卡是收购了 Ensoniq 公司后采用它们开发的芯片制作的），人们对 PCI 声卡的优越性也深信不疑了。由于采用了 PCI 总线结构，声卡与系统的连接有了更大的带宽，一些在 ISA 声卡上没有能力实现的效果，如使用能够下载的音色库、更为逼真的 3D 音效、更好的音质和信噪比等，都把计算机音频推向了另一个高峰。计算机音频更新的周期没有 CPU 和显卡那么快，它只是一个循序渐进的过程，真的不够用了，才会对它进行改进和研发，出现它的替代产品。所以说，投资一个好的计算机音频系统是非常值得的，起码不会迅速地被淘汰。

当今计算机音频的进一步发展变化将主要体现在以下 4 个方面：

（1）ISA 声卡向 PCI 声卡过渡；

（2）更为逼真的回放效果；

（3）高质量的 3D 音效；

（4）转向 USB 音频设备。

子任务十一　认识网卡

计算机与外界局域网的连接是通过主机箱内插入一块网络接口板（或者是在笔记本计算

机中插入一块 PCMCIA 卡）来实现的。网络接口板又称为通信适配器或网络适配器（Network Adapter）或网络接口卡 NIC（Network Interface Card），但是现在更多的人愿意使用更为简单的名称“网卡”。

【任务描述】

让学生对网卡的外观有个直观的认识。

【任务实施】

常用网卡外形展示如图 1-43 所示。

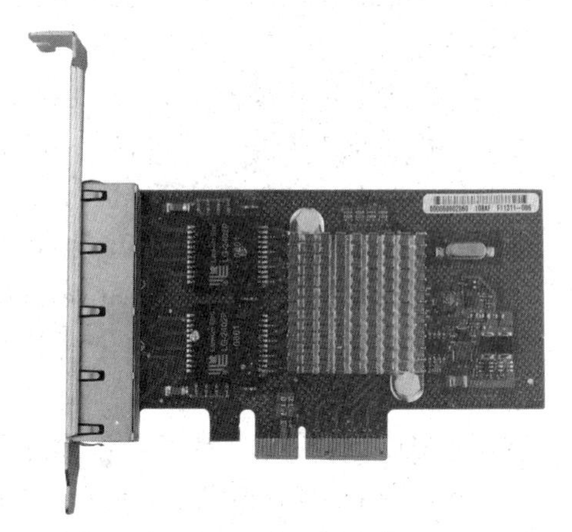

图 1-43 常用网卡外形

【理论知识】

网卡上面装有处理器和存储器（包括 RAM 和 ROM）。网卡和局域网之间的通信是通过电缆或双绞线以串行传输方式进行的；而网卡和计算机之间的通信则是通过计算机主板上的 I/O 总线以并行传输方式进行的。因此，网卡的一个重要功能就是要进行串行 / 并行转换。由于网络上的数据率和计算机总线上的数据率并不相同，因此在网卡中必须装有对数据进行缓存的存储芯片。

在安装网卡时必须将管理网卡的设备驱动程序安装在计算机系统中。这个驱动程序以后就会通知网卡，应该从存储器的什么位置将局域网传送过来的数据块存储下来。网卡还要实现以太网协议。

网卡并不是独立的自治单元，因为网卡本身不带电源而是必须使用所插入的计算机的电源，并受该计算机的控制。因此网卡可看成为一个半自治的单元。当网卡收到一个有差错的帧时，它就将这个帧丢弃而不必通知它所插入的计算机。当网卡收到一个正确的帧时，将使用中断来通知该计算机并交付给协议栈中的网络层。当计算机要发送一个 IP 数据包时，它就由协议栈向下交给网卡组装成帧后发送到局域网。

随着集成度的不断提高，网卡上的芯片的个数不断地减少。虽然各个厂家生产的网卡种类繁多，但其功能大同小异。

子任务十二　认识光驱

光驱是计算机用来读写光盘内容的机器，也是在台式机和笔记本便携式计算机里比较常见的一个部件。随着多媒体的应用越来越广泛，光驱在计算机诸多配件中已经成为标准配置。目前，光驱可分为 CD-ROM 驱动器、DVD 光驱（DVD-ROM）、康宝（COMBO）、蓝光光驱（BD-ROM）、刻录机等。

【任务描述】

让学生对光驱的外观有个直观的认识。

【任务实施】

常用光驱外形展示如图 1-44 所示。

图 1-44　常用光驱外形

【理论知识】

一、发展史

1. 第一代光驱：标准型

之所以把第一代光驱叫作标准型，是因为第一代光驱制定了很多光驱的标准，并且沿用至今。比如一张光盘的容量为 640MB，光驱的数据传输速度为 150Kb/s。这一标准也奠定了几倍速光驱这一光驱独特的叫法，比如 40 倍速光驱的传输速度为 150Kb/s × 40=6000Kb/s。

由于第一代光驱刚刚出现，制定了很多光驱的技术标准。作为软驱与硬盘交换数据的替代品，光驱增大了容量，提高了速度，极大地提高了效率。那时候国内品牌非常少，比较有代表性的品牌有 SONY、Philips 及新加坡的一些品牌。

2. 第二代光驱：提速型

光驱发展了一段时间，由于其相对于软盘极大的优越性逐渐普及起来，成为装机时的标准配置。上百兆字节的软件、游戏也渐渐多了起来。

此时提速成为各家厂商技术发展的主要目标，速度从 4 倍速、8 倍速，一直提高到 24 倍速、32 倍速。此时光驱的支持格式也有发展，1995 年夏，Multimdeia PC Working Group 公布第三代规格标准。兼容光盘格式包括：CD-Audio、CD-Mode1/2、CD-ROM/XA、photo-CD、CD-R、Video-CD、CD-I 等。

第二代光驱的特点是光驱逐渐普及，但速度慢的弱点也突出起来，提高速度成为各家制造厂商技术竞争的首要目标。光驱支持的格式也渐渐多了起来。

3. 第三代光驱：发展型

光驱速度提高，传输速度慢的问题已得到很好的解决，但速度提高后所带来的问题却渐渐显现出来。高速度的旋转会产生震动、热能和噪声。震动会使激光头难以定位，寻道时间加长，并容易与激光头发生碰撞，刮花激光头；产生的热能会影响光盘上的化学介质，影响激光头的准确定位，延长寻道时间；引起的噪声会使人精神上产生不愉快的效果，容易疲劳。

第三代光驱的特点是速度已不是各厂商发展技术的主要目标，大家纷纷推出新技术，使光驱读盘更稳定，发热量更低，工作起来更安静，寿命更长。同时国内厂商也发展起来，成为市场主流。

4. 第四代光驱：完美型

又经过几年的发展，光驱的技术已经趋于成熟，各家厂商的产品虽然可能采用的技术略有不同，但产品品质都臻于完善，甚至说完美，表现在纠错率更强，传输速度更快，工作起来更稳定、更安静、发热量更低。

二、蓝光光驱

蓝光（Blue-ray）或称蓝光盘（Blue-ray Disc，缩写为 BD）利用波长较短（405nm）的蓝色激光读取和写入数据，并因此而得名。而传统 DVD 需要光头发出红色激光（波长为 650nm）来读取和写入数据。通常来说激光波长越短，能够在单位面积上记录或读取越多的信息。因此，蓝光极大地提高了光盘的存储容量。对于光存储产品来说，蓝光提供了一个跳跃式发展的机会。

蓝光光盘拥有一个异常坚固的层面，可以保护光盘里面重要的记录层。飞利浦的蓝光光盘采用高级真空连接技术，形成了厚度统一的 100mm 的安全层。飞利浦蓝光光盘可以经受住频繁的使用、指纹、抓痕和污垢，以此保证蓝光产品的存储质量和数据安全。

在技术上，蓝光刻录机系统可以兼容此前出现的各种光盘产品。蓝光产品的巨大容量为高清电影、游戏和大容量数据存储带来了可能和方便，将在很大程度上促进高清娱乐的发展。目前，蓝光技术也得到了世界上 170 多家大的游戏公司、电影公司、消费电子和家用计算机制造商的支持，包括迪士尼、福克斯、派拉蒙、华纳、索尼等主要电影公司的支持。

三、从光驱启动的步骤

（1）计算机启动后首先按“Del”键进入 BIOS；

（2）通过键盘上的方向键选中“Advanced BIOS Features”；

（3）按回车键进入 BIOS 设置界面；

（4）用方向键选中“First Boot Device”或“1st Boot Device”后回车；

（5）用上下方向键选中“CDROM”；

（6）按“Esc”键返回 BIOS 设置界面，按“F10”键；

（7）按“Y”键后回车；

（8）重启计算机，放入光盘，在读光盘的时候按回车键（就是在黑屏上出现一排英文“Press any key to boot from CDROM”时，立即按回车键）。

需要注意的是，由于 BIOS 的不同，进入 BIOS 后设置按键也有可能不同。如果是 AMI BIOS，进入 BIOS 之后按右方向键，选择类似“First Boot Device”的选项，然后保存更改退出。如果是笔记本，可以按“F2”键进入 BIOS，后面的设置大同小异。

子任务十三　认识键盘

计算机键盘是从英文打字机键盘演变而来的，当它最早出现在计算机上的时候，是以一种叫作“电传打字机”的部件的形象出现的。它是把文字信息的控制信息输入计算机的通道。

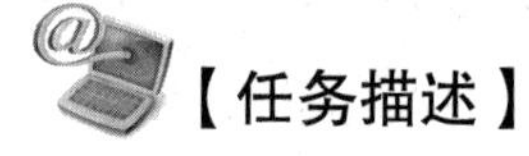

【任务描述】

让学生对键盘的外观有个直观的认识。

【任务实施】

常用键盘外形展示如图 1–45 所示。

图 1–45　常用键盘外形

【理论知识】

一、键盘种类

1. 机械式

顾名思义，组成机械式键盘的按键，为独立的微动开关，每个开关各控制不同的讯号。而依照微动开关不同，又可区分为单段式与两段式两种。机械式键盘是最早被采用的结构，一般类似金属接触式开关的原理使触点导通或断开，具有工艺简单、维修方便、手感一般、噪声大、易磨损的特性。大部分廉价的机械键盘采用铜片弹簧作为弹性材料，铜片易折、易失去弹性，使用时间一长故障率便升高，现在已基本被淘汰。

2. 薄膜式

薄膜式键盘内部是一片双层胶膜，胶膜中间夹有一条条的银粉线，胶膜与按键对应的位置会有一碳心接点。按下按键后，碳心接触特定的几条银粉线，即会产生不同的讯号。就如机械式键盘的按键一样，每个按键都可送出不同的讯号。

这种键盘的特点在于按键时噪声较低，每个按键下面的弹性硅胶可做防水处理，万一不小心将水倒在键盘上，较不易造成损坏，因此薄膜键盘又称为无声防水键盘。

3. 电容式

电容式键盘是基于电容式开关的键盘，原理是通过按键改变电极间的距离产生电容量的变化，暂时形成震荡脉冲允许通过的条件。这种开关是无触点非接触式的，磨损率极小甚至可以忽略不计，也没有接触不良的隐患，噪声小，容易控制手感，可以制造出高质量的键盘，但工艺比机械式键盘复杂。

4. 导电橡胶式

触点的结构是通过导电橡胶相连。键盘内部有一层凸起带电的导电橡胶，每个按键都对应一个凸起，按下时把下面的触点接通。这种类型被键盘制造厂商所普遍采用。

二、键盘清洁

第一步：拔出键盘接头。

关闭计算机，然后将键盘接头从主机上拔出。将键盘正面朝下，轻轻地拍打，以便灰尘和碎屑能够自动落下。

第二步：拆卸键盘外壳。

在键盘背面一般都是数量比较多的固定螺丝钉。将十字螺丝刀伸入固定螺丝钉位置，逆时针旋转就可以将螺丝拧开了。再将其他的固定螺丝钉一一拧开，并将螺丝钉统一放置好。

将键盘正面朝下，在键盘后面板的接缝处用平头螺丝刀拨开，就可以比较轻松地将外壳移开，这时就可以看到键盘的内部结构了。

第三步：清洁薄膜。

打开键盘的后面板后，就能看到嵌在底板上的三层薄膜。将薄膜从键盘上取出，用干布或刷子轻轻地刷去靠近按键一面的灰尘或脏物，也可以用清水擦拭后再加以风干处理。如果在薄膜的圆形金属触点中有氧化的现象，则需用橡皮擦拭干净。

第四步：清洁按键。

电触点按键键盘的所有按键都嵌在前面板上，在底板上三层薄膜和前面板按键之间有一层橡胶垫，橡胶垫上凸出部位与嵌在前面板上的按键相对应。按下按键后，橡胶垫上相应凸出部位向下凹，使薄膜上、下触点层的圆形金属触点通过中间隔离层的圆孔相接触，从而送出按键信号。

取出按键时要注意，先将橡胶垫取出，然后用螺丝刀或其他起子，将按键从底部上扳开。但是要注意，在有些大按键（如：Shift 键、空格键、回车键等）上，还会有一条金属条，这根金属条主要用于固定按键，所以取出这些按键的时候要格外小心。按键和橡胶垫全部取出后，就可以用湿布擦拭并加以风干处理。如果按键比较脏，也可以加点清洁剂进行擦洗。

第六步：清洁键盘内部、外部。

先将底座上的电路板取出，再使用刷子或湿布擦拭键盘前面板、后面板、底座。特别是在前面板以及按键的接缝中，聚集的脏物会比较多，用湿布可能不容易清洁干净，建议用清洁剂进行清洗。

第七步：安装键盘。

将按键、橡胶垫、薄膜、面板全面清洗干净并风干后，就可以进行安装了。首先将按键按照前面拆卸的相反顺序，全部安装完毕。然后将电路板放回底座中，并整理好连线。接着将橡胶垫一一与按键相对应，并放置到位。然后将三层薄膜放在橡胶垫上，并确定是否放置到位。通常在底座上会有一些突出的螺丝孔位置，只要将三层薄膜上的圆孔一一对准底座上的螺丝孔位置即可。最后将后面板盖上，并将所有的螺丝钉拧紧便完成键盘的拆卸、清洁、安装工作了。

子任务十四　认识鼠标

鼠标是计算机输入设备的一种，因形似老鼠而得名，是计算机显示系统纵横坐标定位的指示器。

【任务描述】

让学生对鼠标的外观有个直观的认识。

【任务实施】

常用鼠标外形展示如图 1–46 所示。

图 1–46　常用鼠标外形

【理论知识】

一、鼠标分类

1. 机械鼠标

装在辊柱端部的光栅信号传感器产生的光电脉冲信号反映出鼠标在垂直和水平方向的位移变化，再通过计算机程序的处理和转换来控制屏幕上光标箭头的移动。

原始鼠标只是作为一种技术验证品而存在，并没有被真正量产制造。在鼠标开始被正式引入计算机之后，相应的技术也得到革新。依靠电阻不同来定位的原理被彻底抛弃，取而代之的是纯数字技术的“机械鼠标”。

2. 光机鼠标

为了克服纯机械式鼠标精度不高、机械结构容易磨损的弊端，罗技公司在 1983 年成功设计出第一款光学机械式鼠标，一般简称为“光机鼠标”。光机鼠标在纯机械式鼠标基础上进行了改良，通过引入光学技术来提高鼠标的定位精度。与纯机械式鼠标一样，光机鼠标同样拥有一个胶质的小滚球，并连接着 *X*、*Y* 转轴。所不同的是光机鼠标不再有圆形的译码轮，取而代之的是两个带有栅缝的光栅码盘，并且增加了发光二极管和感光芯片。当鼠标在桌面上移动时，滚球会带动 *X*、*Y* 转轴的两只光栅码盘转动，而 *X*、*Y* 发光二极管发出的光便会照射在光栅码盘上。由于光栅码盘存在栅缝，在恰当时机二极管发射出的光便可透过栅缝直接照射在两颗感光芯片组成的检测头上。如果接收到光信号，感光芯片便会产生“1”信号；若无接收到光信号，则将之定为信号“0”。接下来，这些信号被送入专门的控制芯片内运算生成对应的坐标偏移量，确定光标在屏幕上的位置。

3. 光电鼠标

光电鼠标是通过检测鼠标的位移，将位移信号转换为电脉冲信号，再通过程序的处理和转换来控制屏幕上的光标箭头的移动。

在与光机鼠标发展的同一时代，出现一种完全没有机械结构的数字化光电鼠标。设计这种光电鼠标的初衷是将鼠标的精度提高到一个全新的水平，使之可充分满足专业应用的需求。这种光电鼠标没有传统的滚球、转轴等设计，其主要部件为两个发光二极管、感光芯片、控制芯片和一个带有网格的反射板（相当于专用的鼠标垫）。工作时光电鼠标必须在反射板上移动，*X* 发光二极管和 *Y* 发光二极管会分别发射出光线照射在反射板上。接着光线会被反射板反射回去，经过镜头组件传递后照射在感光芯片上。感光芯片将光信号转变为对应的数字信号后将之送到定位芯片中专门处理，进而产生 *X*–*Y* 坐标偏移数据。

4. 光学鼠标

光学鼠标器是微软公司设计的一款高级鼠标。它采用 NTELLIEYE 技术，在鼠标底部的小洞里有一个小型感光头，面对感光头的是一个发射红外线的发光管。这个发光管每秒钟向外发射 1500 次，然后感光头就将这 1500 次的反射回馈给鼠标的定位系统，以此来实现准确的定位。所以，这种鼠标可在任何地方无限制地移动。

5. 多键鼠标

鼠标还可按键数分为两键鼠标、三键鼠标、五键鼠标和新型的多键鼠标。两键鼠标和三键鼠标的左右按键功能完全一致。一般情况下，我们用不着三键鼠标的中间按键，但在使用某些特殊软件时（如 AutoCAD 等），这个键也会起一些作用。如：使用三键鼠标的中键在某些特殊程序中往往能起到事半功倍的效果，在 AutoCAD 软件中就可利用中键快速启动常用命令，成倍提高工作效率。五键鼠标多用于游戏，四键前进，五键后退，另外还可以设置为快捷键。多键鼠标是新一代的多功能鼠标，如有的鼠标上带有滚轮，大大方便了上下翻页；有的新型鼠标上除了有滚轮，还增加了拇指键等快速按键，进一步简化了操作程序。

6. 滚轴和感应鼠标

滚轴鼠标和感应鼠标在笔记本计算机上用得很普遍。往不同方向转动鼠标中间的小圆球，或在感应板上移动手指，光标就会向相应方向移动。当光标到达预定位置时，按一下鼠标或感应板，就可执行相应功能。

7. 无线和 3D 鼠标

新出现的无线鼠标和 3D 振动鼠标都是比较新颖的鼠标。

无线鼠标是为了适应大屏幕显示器而生产的。所谓“无线”，即没有电线连接，而是采用两节七号电池无线遥控。鼠标器有自动休眠功能，电池可用上一年，接收范围在 1.8m 以内。

8. 3D 振动鼠标

3D 振动鼠标是一种新型鼠标，它不仅可以当作普通的鼠标使用，而且具有以下几个特点：

（1）具有全方位立体控制能力。它具有前、后、左、右、上、下六个移动方向，而且可以组合出前右、左下等移动方向。

（2）外形和普通鼠标不同。一般由一个扇形的底座和一个能够活动的控制器构成。

（3）具有振动功能，即触觉回馈功能。玩某些游戏时，当你被敌人击中时，你会感觉到你的鼠标也振动了。

（4）是真正的三键式鼠标。无论是在 DOS 还是 Windows 环境下，鼠标的中键和右键都大派用场。

二、使用注意事项

使用鼠标进行操作时应小心谨慎，不正确的使用方法将损坏鼠标。使用鼠标时应注意以下几点：

（1）避免在衣物、报纸、地毯、糙木等光洁度不高的表面使用鼠标。

（2）禁止磕碰鼠标。

（3）鼠标不宜被放在盒中移动。

（4）禁止在高温强光下使用鼠标。

（5）禁止将鼠标放入液体中。

子任务十五　认识打印机

打印机（Printer）是计算机的输出设备之一，用于将计算机处理结果打印在相关介质上。

【任务描述】

让学生对打印机的外观有个直观的认识。

【任务实施】

常用打印机外形展示如图 1-47 所示。

图 1-47　常用打印机外形

【理论知识】

一、打印机分类

1. 按原理分类

按照打印机的工作原理，将打印机分为击打式和非击打式两大类。

2. 按工作方式分类

分为针式打印机、喷墨式打印机、激光打印机等。针式打印机通过打印机和纸张的物理接触来打印字符图形；而后两种是通过喷射墨粉来印刷字符图形。

3. 按用途分类

办公和事务通用打印机。在这一应用领域，针式打印机一直占主导地位。由于针式打印机具有中等分辨率和打印速度，耗材便宜，同时还具有高速跳行、多份拷贝打印、宽幅面打印、维修方便等特点，是办公和事务处理中打印报表、发票等的优选机种。

蓝牙打印机是一种小型打印机，通过蓝牙来实现数据的传输，可以随时随地打印各种小票、条形码。与常规的打印机的区别在于：蓝牙打印机可以对感应卡进行操作，可以读取感应卡的卡号和各扇区的数据，也可以对各扇区写数据。

家用打印机是指与家用计算机配套进入家庭的打印机。根据家庭使用打印机的特点，低档的彩色喷墨打印机逐渐成为主流产品。

便携式打印机一般用于与笔记本计算机配套，具有体积小、重量轻、可用电池驱动、便于携带等特点。

网络打印机用于网络系统，要为多数人提供打印服务，因此要求这种打印机具有打印速度快、能自动切换仿真模式和网络协议、便于网络管理员进行管理等特点。

二、打印机的应用

针式打印机在打印机历史的很长一段时间上曾经占有着重要的地位，从9针到24针，可以说针式打印机的历史贯穿着这几十年的始终。针式打印机之所以能在很长的一段时间内流行不衰，这与它极低的打印成本和很好的易用性，以及单据打印的特殊用途是分不开的。当然，它很低的打印质量、很大的工作噪声，也是它无法适应高质量、高速度的商用打印需要的根结。所以现在只有在银行、超市等用于票单打印的地方才可以看见它的踪迹。

彩色喷墨打印机因其有着良好的打印效果与较低价位的优点而占领了广大中低端市场。此外喷墨打印机还具有更为灵活的纸张处理能力。在打印介质的选择上，喷墨打印机也具有一定的优势：既可以打印信封、信纸等普通介质，也可以打印各种胶片、照片纸、光盘封面、卷纸、T恤转印纸等特殊介质。

激光打印机则是高科技发展的一种新产物，也是有望代替喷墨打印机的一种机型，分为黑白和彩色两种。它为我们提供了更高质量、更快速、更低成本的打印方式。其中低端黑白激光打印机的价格已经降到了几百元，达到了普通用户可以接受的水平。它的打印原理是利用光栅图像处理器产生要打印页面的位图，然后将其转换为电信号等一系列的脉冲送往激光发射器。在这一系列脉冲的控制下，激光被有规律地放出。与此同时，反射光束被接收的感光鼓所感光。激光发射时就产生一个点，激光不发射时就是空白，这样就在接收器上印出一行点来。然后接收器转动一小段固定的距离继续重复上述操作。当纸张经过感光鼓时，鼓上的着色剂就会转移到纸上，印成了页面的位图。最后当纸张经过一对加热辊后，着色剂被加热熔化，固定在了纸上，就完成了打印的全过程，这整个过程准确而且高效。虽然激光打印机的价格要比喷墨打印机昂贵得多，但从单页的打印成本上讲，激光打印机则要便宜很多。

除了以上三种最为常见的打印机外，还有热转印打印机和大幅面打印机等几种应用于专业方面的打印机机型。热转印打印机是利用透明染料进行打印的，它的优势在于专业高质量的图像打印方面，可以打印出接近于照片的连续色调的图片来，一般用于印前及专业图形输出。大幅面打印机，它的打印原理与喷墨打印机基本相同，但打印幅宽一般能达到24英寸（61cm）以上。它的主要用途集中在工程与建筑领域。但随着其墨水耐久性的提高和图形解析度的增加，大幅面打印机也开始被越来越多地应用于广告制作、大幅摄影、艺术写真和室内装潢等装饰宣传领域中，又成为打印机家族中重要的一员。

美国ZCorp是专业三维打印机生产商，生产全球最快的三维打印机，也是唯一的真彩色三维打印机，加之极低的耗材使用成本使其得到全球众多用户的青睐。以色列OBJET公司是现今世界上成型精度最高（层厚仅0.016mm）、使用最简便的三维打印快速成型机。

任务二　了解计算机软件

经过上面的学习，学生对计算机硬件有了大概的了解。但只有硬件系统的计算机是做不了什么事情的。如果想上网和同学QQ聊天、看电影、听音乐……这就要用到各种软件了。计算机硬件为各种软件的运行提供了一个硬件平台，而计算机软件则是要在计算机硬件的基础上运行，从而实现各种功能，它们是相辅相成的。所以说：硬件是基础，软件是灵魂！

【任务描述】

通过演示，让学生对各种软件有大概的了解。

（1）计算机系统软件；

（2）计算机应用软件。

【任务需求】

一台具有完整的计算机系统的计算机，用于演示软件的运行情况；

数字投影机一台。

【相关知识点】

计算机软件（Computer Software）是指计算机系统中的程序及其文档。程序是计算任务的处理对象和处理规则的描述；文档是为了便于了解程序所需的阐明性资料。程序必须装入机器内部才能工作；文档一般是给人看的，不一定装入机器。

软件是用户与硬件之间的接口界面。用户主要是通过软件与计算机进行交流。软件是计算机系统设计的重要依据。为了使计算机系统具有较高的总体效用以方便用户，在设计计算机系统时，必须通盘考虑软件与硬件的结合，以及用户的要求和软件的要求。

【任务分析】

向学生展示各种软件运行界面。

子任务一　认识计算机系统软件

操作系统是控制其他程序运行、管理系统资源并为用户提供操作界面的系统软件的集合。

【任务描述】

让学生对计算机的各种操作系统有个直观的认识。

【任务实施】

展示各种系统软件，如图 1–48~ 图 1–52 所示。

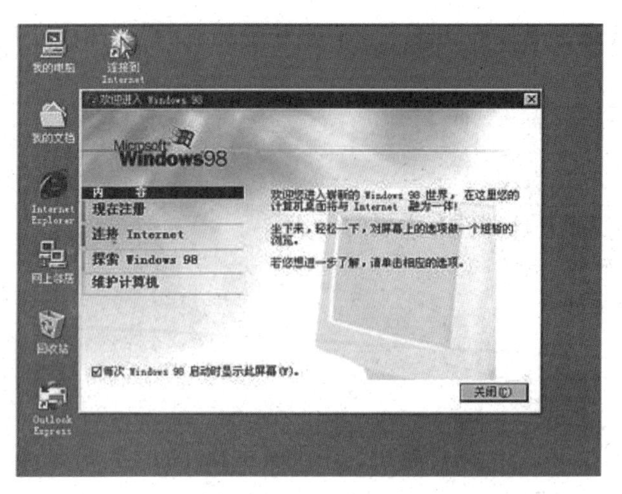

图 1–48　Windows 98

图 1–49　Windows XP

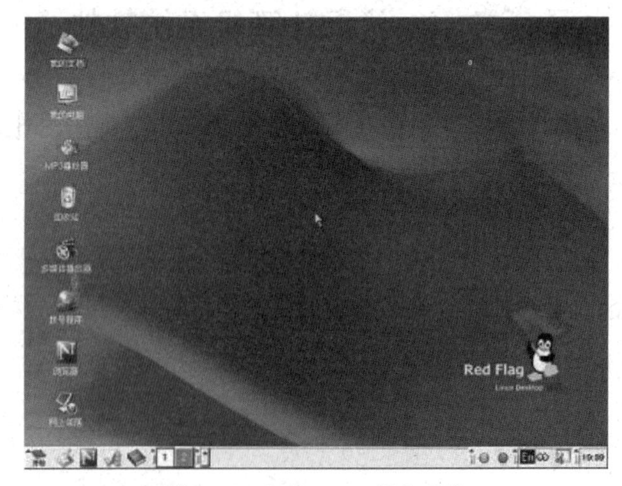

图 1–50　红旗 Linux 操作系统

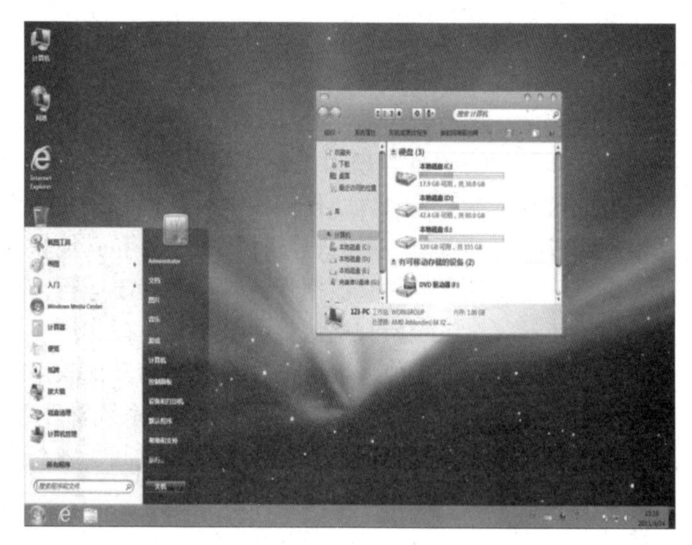

图 1-51　Windows 7

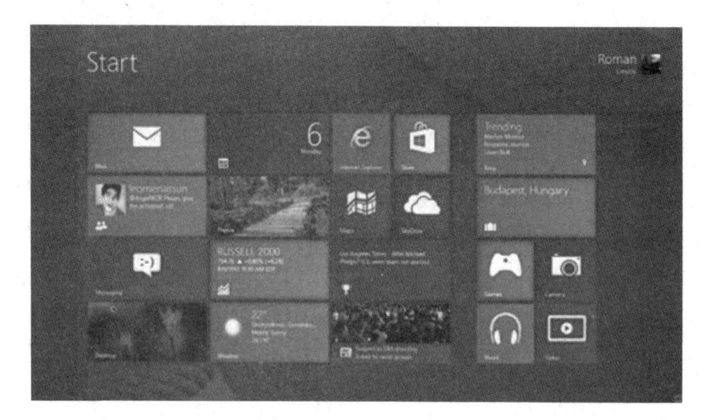

图 1-52　Windows 8

微软操作系统如表 1-2 所示。

表 1-2　微软操作系统

系　统	发售时间—停止更新时间
Windows 98	1998 年 6 月 25 日—2006 年 7 月 11 日
Windows XP	2001 年 10 月 25 日—2014 年 4 月 8 日
Windows 7	2009 年 10 月 22 日—?
Windows 8	2012 年 10 月 26 日—?

【理论知识】

一、操作系统概述

操作系统（Operating System，OS）是管理和控制计算机硬件与软件资源的计算机程序，是直接运行在“裸机”上的最基本的系统软件，任何其他软件都必须在操作系统的支持下才能运行。操作系统是用户和计算机的接口，同时也是计算机硬件和其他软件的接口。操作系统的功能包括管理计算机系统的硬件、软件及数据资源，控制程序运行，改善人机界面，为其他应用软件提供支持等，使计算机系统所有资源最大限度地发挥作用。操作系统提供了各种形式的用户界面，使用户有一个好的工作环境。操作系统还为其他软件的开发提供必要的服务和相应的接口。实际上，用户是不用接触操作系统的，操作系统管理着计算机硬件资源，同时按照应用程序的资源请求，为其分配资源，如：划分CPU时间、内存空间的开辟、调用打印机等。

二、操作系统分类

操作系统的种类相当多，各种设备安装的操作系统从简单到复杂，可分为智能卡操作系统、实时操作系统、传感器节点操作系统、嵌入式操作系统、个人计算机操作系统、多处理器操作系统、网络操作系统和大型机操作系统。按应用领域划分主要有三种：桌面操作系统、服务器操作系统和嵌入式操作系统。

三、操作系统功能

操作系统的主要功能是资源管理、程序控制和人机交互等。计算机系统的资源可分为设备资源和信息资源两大类。设备资源指的是组成计算机的硬件设备，如中央处理器、主存储器、磁盘存储器、打印机、磁带存储器、显示器、键盘输入设备和鼠标等。信息资源指的是存放于计算机内的各种数据，如文件、程序库、知识库、系统软件和应用软件等。

四、苹果和微软的部分操作系统介绍

1. 苹果操作系统（Mac OS）

Mac原装操作系统是一款其图形化界面比Windows还更早出现，和Window一样成熟并完全由苹果自主研发设计，只能在Mac上运行的OS X操作系统（X读作：ten，是“十”的意思），目前最新版本为10.9.2。Mac配备专业级高还原度显示屏幕，极其紧密的软硬件结合设计特性，以高效、稳定、安全等著称，有着众多针对性和唯一性的来自苹果官方或第三方的各领域业界专业级软件的支持。

如图1–53所示，OS X与先前的麦金塔操作系统彻底地分离开来，它的底层程序码完全与先前版本不同。尽管最重要的架构改变是在表面之下，但是Aqua GUI是最突出和引人注目的特色。柔软边缘的使用、半透明颜色和细条纹（与第一台iMac的硬件相似）把更多的颜色和材质带入到桌面上的视窗和控件。OS X Server同时于2001年发售，架构上来说与工作站（客户端）版本相同，只有在包含的工作组管理和管理软件工具上有所差异，提供对于关键网络服务的简化访问，如邮件传输服务器、Samba软件、轻型目录访问协议服务器以及域名系统。同时它也有不同的授权形态。

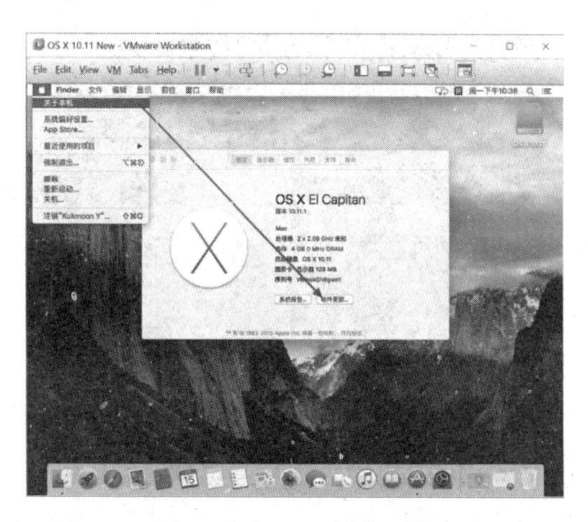

图 1-53 OS X操作系统

OS X包含了自家的软件开发程序，其重大的特色是名为Xcode的集成开发环境。Xcode是一个能与数种编译器沟通的接口，包括Apple的Swift、C、C++、Objective-C以及Java。可以编译出目前OS X Yosemite所运行的两种硬件平台可执行的文件，也可以用除了Swift以外的几种语言编写用于旧系统的程序。还可以指定编译成PowerPC平台专用、x86平台专用，或是跨越两种平台的通用二进制形式。

2. 微软（Microsoft）操作系统

（1）Windows 1.0（图 1-54）。

Windows1.0是微软第一次对个人电脑操作平台进行用户图形界面的尝试。Windows 1.0基于MS-DOS操作系统，实际上其本身并非操作系统，至多只是基于DOS的应用软件。

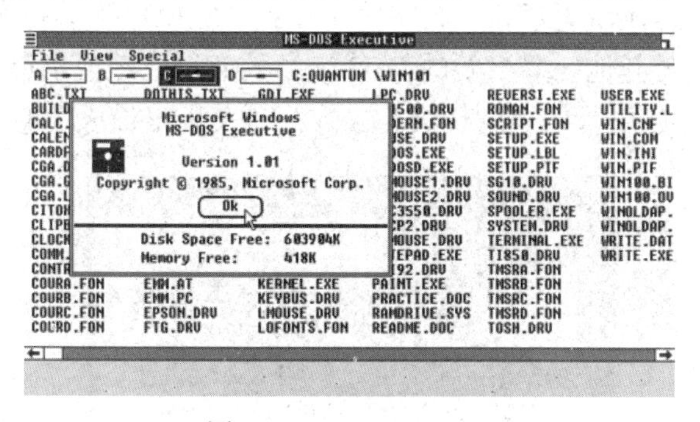

图 1-54 Windows 1.0

（2）Windows 3.1（图 1-55）。

Windows 3.1于1992年4月发布，与Windows 3.0相比改进很多。Windows 3.1没有补充新的功能，但是纠正了一些现有的大部分与网络相关的问题。Windows 3.1添加了对声音输入输出的基本多媒体的支持和一个CD音频播放器，以及对桌面出版（又称为桌上出版、桌上排版，是指通过电脑等电子手段进行报纸书籍等纸张媒体编辑出版的总称）很有用的TrueType字体。中文版的Windows 3.1是将英文版汉化的结果，很多地方不符合中国国情。微软及时采取措施，发布了适合中国人使用的改进版本Windows 3.2，该版本在中国获得了极大的成功，为Windows 95在中国的辉煌打下了坚实的基础。

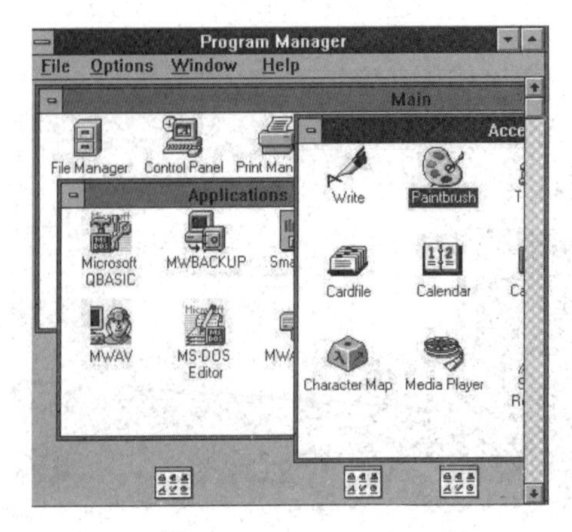

图 1-55 Windows 3.1

（3）Windows 95（图 1-56）。

Windows 95 是一个混合的 16 位 /32 位 Windows 系统，其版本号为 4.0，由微软公司发行于 1995 年 8 月 24 日。Windows 95 是微软之前独立的操作系统 MS-DOS 和视窗产品的直接后续版本。第一次抛弃了对前一代 16 位 x86 的支持，因此它要求 Intel 公司的 80386 处理器或者在保护模式下运行于一个兼容的速度更快的处理器。它以对 GUI 的重要改进和底层工作为特征。同时也是第一个特别捆绑了一个 DOS 版本的视窗版本（Microsoft DOS 7.0）。这样，微软就可以保持由视窗 3.x 建立起来的 GUI 市场的统治地位，同时使得没有非微软的产品可以提供对系统的底层操作服务。也就是说，视窗 95 具有双重的角色。它带来了更强大、更稳定、更实用的桌面图形用户界面，同时也结束了桌面操作系统间的竞争。（技术上说，Windows 图形用户界面可以在 DR-DOS 上运行，也可能可以在 PC-DOS 上运行——这个情况直到几年后在法庭上被揭示，这时其他一些主要的 DOS 市场的商家已经退出市场了。）在市场上，视窗 95 绝对是成功的，在它发行的一两年内，它成为有史以来最成功的操作系统。

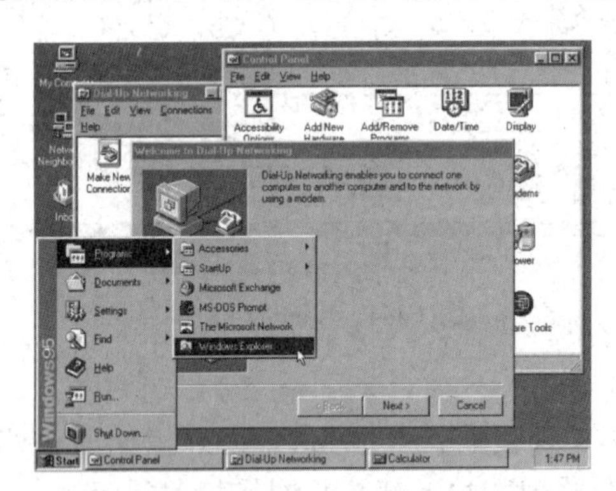

图 1-56 Windows 95

（4）Windows 2000。

Windows 2000（微软视窗操作系统 2000，简称 Win2K），是由微软公司发行于 1999 年年底的 Windows NT 系列的 32 位视窗操作系统。起初称为 Windows NT 5.0。英文版于 1999 年 12 月 19 日上市，中文版于次年春上市。Windows 2000 是一个可中断的、图形化的面向商业环境的操作系统，为单一处理器或对称多处理器的 32 位 Intel x86 电脑而设计。

（5）Windows XP。

Windows XP 是基于 Windows 2000 代码的产品，也是目前使用人数最多的操作系统。它拥有新的用户图形界面（叫作月神 Luna），它有一些细微的修改，其中有些看起来是从 Linux 的桌面环境如 KDE 中获得的灵感：带有用户图形的登录界面就是一个例子。此外，Windows XP 引入了一个“选择任务”的用户界面，使用户可以由工具条访问任务细节。它还包括简化的 Windows 2000 的用户安全特性，并整合了防火墙，试图解决一直困扰微软的安全问题。

（6）Windows Vista。

Windows Vista 是微软 Windows 操作系统的一个版本。微软最初在 2005 年 7 月 22 日正式公布了这一名字，之前操作系统开发代号为 Longhorn。Windows Vista 的内部版本是 6.0（即 Windows NT 6.0），正式版的 Build 是 6.0.6000。在 2006 年 11 月 8 日，Windows Vista 开发完成并正式进入批量生产。此后的两个月仅向 MSDN 用户、电脑软硬件制造商和企业客户提供。在 2007 年 1 月 30 日，Windows Vista 正式对普通用户出售，同时也可以从微软的网站下载。Windows Vista 距离上一版本 Windows XP 已有超过五年的时间，这是 Windows 版本历史上间隔时间最久的一次发布。

（7）Windows 7。

Windows 7 是由微软公司开发的又一操作系统，核心版本号为 Windows NT 6.1。Windows 7 可供家庭及商业工作环境、笔记本电脑、平板电脑、多媒体中心等使用。2009 年 7 月 14 日 Windows 7 RTM（Build 7600.16385）正式上线，2009 年 10 月 22 日微软于美国正式发布 Windows 7。Windows 7 同时也发布了服务器版本——Windows Server 2008 R2。2011 年 2 月 23 日凌晨，微软面向大众用户正式发布了 Windows 7 升级补丁——Windows 7 SP1（Build7601.17514.101119-1850），另外还包括 Windows Server 2008 R2 SP1 升级补丁。

（8）Windows 8。

Windows 8 是由微软公司开发的具有革命性变化的操作系统。该系统旨在让人们的日常电脑操作更加简单和快捷，为人们提供高效易行的工作环境。Windows 8 将支持来自 Intel、AMD 和 ARM（版本为 Windows RT）的芯片架构。微软表示，这一决策意味着 Windows 系统开始向更多平台迈进，包括平板电脑和 PC。Windows Phone 8 将采用和 Windows 8 相同的内核。2011 年 9 月 14 日，Windows 8 开发者预览版发布，宣布兼容移动终端，微软将苹果的 IOS、谷歌的 Android 视为 Windows 8 在移动领域的主要竞争对手。2012 年 2 月，微软发布“视窗 8”消费者预览版，可在平板电脑上使用。

（9）Windows 8.1。

Windows 8.1 是微软公司在 2012 年 10 月推出的，继 Windows 8 之后，微软着手开发 Windows 8 的更新包。在代号为“Blue”的项目中，微软将实现操作系统升级标准化，以便向用户提供更常规的升级。Windows 8.1 具有承上启下的作用，为未来的 Windows 9 铺路。Windows 8.1 的更新包括更加炫酷的 Metro 界面、“开始”按钮的回归，支持更高分辨率和屏幕尺寸，全局搜索增强，改善分屏多任务并且内置了 IE11 浏览器。

（10）Windows 10。

微软宣布 Windows 10 系统发布的时候，“开始”按钮的回归肯定会让世人感到高兴。但是人人都喜爱的这个应用启动程序只是即将正式发布的这款操作系统中的众多新功能中的一项。即将被添加到 Windows 系统中的最重要且最激动人心的新元素其实并没有被微软重点提及，那就是：智能家庭控制。

微软在 2014 年 11 月宣布 Windows 10 将整合一项名为 AllJoyn 的新技术。这种新技术是一种开源框架，作用是鼓励 Windows 设备增强协作性。

Windows 10 恢复了原有的开始菜单，并将 Windows 8 和 Windows 8.1 系统中的“开始屏幕”集成至菜单当中。Modern 应用（或叫 Windows 应用商店）则允许在桌面以窗口化模式运行。

Windows 10 将为所有硬件提供一个统一的平台。Windows 10 将支持广泛的设备类型，从互联网设备到全球企业数据中心服务器。其中一些设备屏幕只有 4 英寸，有些屏幕则有 80 英寸，有的甚至没有屏幕。有些设备是手持类型，有的则需要远程操控。这些设备的操作方法各不相同，手触控、笔触控、鼠标键盘以及动作控制器，微软都将全部支持。这些设备将会拥有类似的功能，微软正在从小功能到云端整体构建这一统一平台，跨平台共享的通用技术也在开发中。Windows 10 主要为台式机和手机打造，Windows 内部程序也会登录。

如图 1-57 所示，Windows 10 覆盖所有尺寸和品类的 Windows 设备，所有设备将共享一个应用商店。因为启用了 Windows RunTime，用户可以跨平台地在 Windows 设备（手机、平板电脑、个人电脑以及 Xbox）上运行同一个应用程序。

图 1-57　Windows 10

子任务二　认识计算机应用软件

应用软件（Application Software）是用户可以使用的各种程序设计语言，以及用各种程序设计语言编制的应用程序的集合，分为应用软件包和用户程序。应用软件包是利用计算机解决某类问题而设计的程序的集合，供多用户使用。

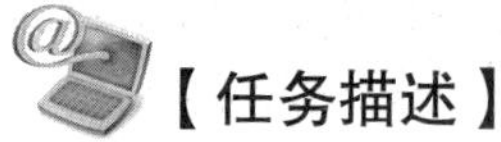

【任务描述】

让学生对计算机的应用软件有个直观的认识。

【理论知识】

一、软件分类大全

（1）图像处理：Adobe Photoshop（图 1-58）、会声会影、影视屏王。

图 1-58　Adobe Photoshop

（2）媒体播放器：PowerDVD XP、RealPlayer、Windows Media Player、暴风影音（MyMPC）（图 1-59）、千千静听。

图 1-59　暴风影音

（3）媒体编辑器：会声会影（图 1-60）、声音处理软件 Cool Edit Pro v2.1、视频解码器 FFDShow。

图 1-60　会声会影

（4）媒体格式转换器：Moyea FLV to Video Converter Pro（FLV 转换器）、Total Video Converter（最全的视频文件转换软件，包括将视频转为 .gif 格式）（图 1-61）、WinAVI Video Converter、WinMPG Video Convert、WinMPG IPod Convert、Real media editor（RMVB 编辑）。

图 1-61　Total Video Converter

（5）图像浏览工具：ACDSee（图 1-62）。

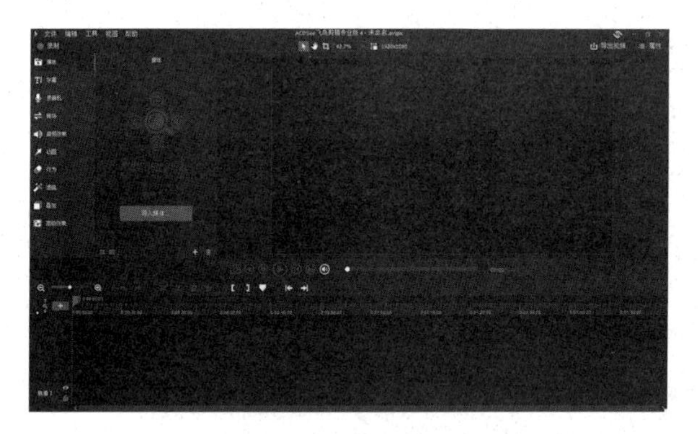

图 1-62　ACDSee

（6）截图工具：EPSnap、HyperSnap（图 1-63）。

图 1-63　HyperSnap

（7）图像 / 动画编辑工具：Flash、Adobe Photoshop CS2、GIF Movie Gear（动态图片处理工具）、Picasa、光影魔术手（图 1–64）。

图 1–64　光影魔术手

（8）通信工具：QQ（图 1–65）、MSN、IPMsg（飞鸽传书，局域网传输工具）、百度 Hi、飞信、IOM、飞聊、微信。

图 1–65　QQ

（9）编程 / 程序开发软件：

Java：JDK、JCreator Pro（Java IDE 工具）、Eclipse、JDoc。

汇编：VisualASM、Masm for Windows 集成实验环境、RadASM、Microsoft Visual Studio 2005、SQL 2005。

（10）翻译软件：金山词霸（PowerWord）（图 1–66）、MagicWin（多语种中文系统）、Systran。

图 1–66　金山词霸

（11）防火墙和杀毒软件：McAFee（卖咖啡）、ZoneAlarm pro、金山毒霸、卡巴斯基、江民、瑞星、诺顿、360 安全卫士（图 1-67）。

图 1-67　360 安全卫士

（12）阅读器：CAJViewer、Adobe Reader、PdfFactory Pro（可安装虚拟打印机，可自己制作 PDF 文件）。

（13）输入法：紫光输入法、智能 ABC、五笔、QQ 拼音、搜狗输入法（图 1-68）。

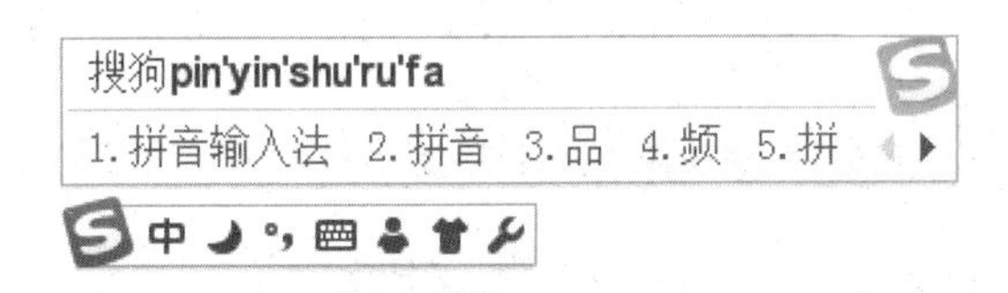

图 1-68　搜狗输入法

（14）网络电视：PowerPlayer、PPLive、PPMate、PPNTV、PPStream、QQLive、UUSee。

（15）系统优化 / 保护工具：Windows 清理助手 ARSwp、Windows 优化大师、超级兔子、奇虎 360 安全卫士、数据恢复文件 EasyRecovery Pro、影子系统、硬件检测工具 EVEREST、MaxDOS（DOS 系统）、GHOST。

（16）下载软件：Thunder、WebThunder、BitComet、eMule、FlashGet。

【任务小结】

下面介绍硬件与软件的关系。

（1）互相依存。

计算机硬件与软件的产生与发展本身就是相辅相成、互相依存的，二者密不可分。硬件是软件的基础和依托；软件是发挥硬件功能的关键，是计算机的灵魂。在实际应用中更是缺一不可，硬件与软件，缺少哪一部分，计算机都是无法使用的。

（2）无严格界面。

虽然计算机的硬件与软件各有分工，但是在很多情况下软硬件之间的界面是浮动的。计算机某些功能既可由硬件实现，也可由软件实现。随着计算机技术的发展，一些过去只能用软件实现的功能，现在可以用硬件来实现，而且速度和可靠性都大为提高。

（3）相互促进。

无论从实际应用还是从计算机技术的发展看，计算机的硬件与软件之间都是相互依赖、相互影响、相互促进的。硬件技术的发展会对软件提出新的要求，促进软件的发展。反之，软件的发展又对硬件提出新的课题。

【独立实践】

任务描述：让学生利用螺丝刀拆开机箱，仔细观察各种部件，完成以下表格。

序　号	配　置	品牌型号	单　价	备　注
1	CPU			
2	主板			
3	内存			
4	硬盘			
5	显卡			
6	光驱			
7	显示器			
8	键盘			
9	鼠标			

如果有需要，学生可以自己向下增加行。请学生到网上查询价格。

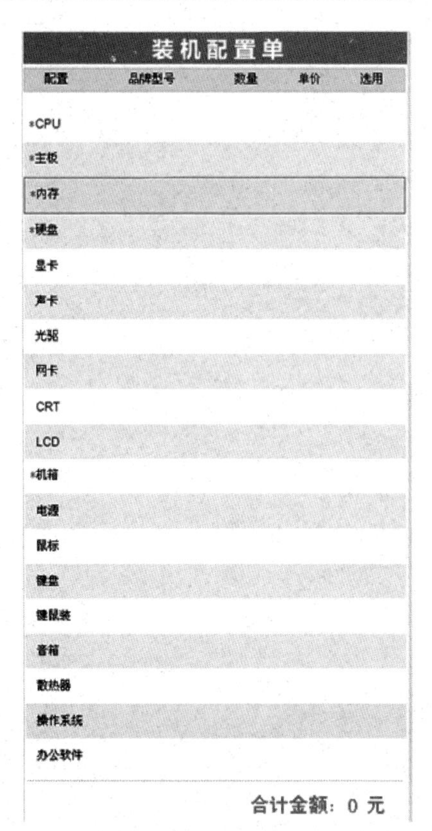

装机配置单

配置	品牌型号	数量	单价	选用
*CPU				
*主板				
*内存				
*硬盘				
显卡				
声卡				
光驱				
网卡				
CRT				
LCD				
*机箱				
电源				
鼠标				
键盘				
键鼠装				
音箱				
散热器				
操作系统				
办公软件				

合计金额：0 元

【思考与练习】

（1）简述计算机硬件系统的组成。

（2）简述计算机软件系统的组成。

（3）认识主机结构及系统连接，指认出各主要部件。

【实验】

实验操作：通过网络、计算机公司等渠道了解目前计算机市场行情，然后登录“模拟装机平台”（http：//zj.zol.com.cn/ 或者 http：//mydiy.pconline.com.cn/），选择自己喜欢的配置，填写“我的电脑配置单”。

一、实验准备（准备材料）

二、实验过程

步骤一：

步骤二：

三、实验总结

计算机的硬件有很多，如CPU、主板、显卡等，现在就来认识一下主要的硬件设备，并了解它们的安装过程。

项目二　安装常用的计算机硬件设备

假设你是计算机班的学员，已了解了计算机硬件的基本结构，那么现在给你必要的硬件设备，要求你自己去将散件组装成一台计算机。

【项目描述】

（1）安装电源；
（2）安装主板；
（3）安装 CPU；
（4）安装内存条；
（5）安装显卡；
（6）安装声卡和音箱；
（7）安装网卡；
（8）安装硬盘；
（9）安装键盘和鼠标。

【项目需求】

提供机箱、电源、主板、CPU、内存条、显卡、显示器、声卡、音箱、网卡、外部存储器、键盘鼠标和各种数据线、电源线，“一”字螺丝刀和“十”字螺丝刀各一把。

【相关知识点】

进一步深入了解主要硬件设备知识和掌握计算机硬件设备的安装。

【项目分析】

展示各种硬件设备的安装。

任务一　安装电源

一般情况下，在购买机箱的时候可以买已装好了电源的。不过，若机箱自带的电源品质太差，或者不能满足特定要求，则需要更换电源。由于计算机中的各个配件基本上都已模块化，因此更换起来很容易，电源也不例外。下面，就来看看如何安装电源。

【任务描述】

让学生对安装电源有个直观的认识。

【任务实施】

安装电源很简单，步骤如下：

（1）将电源放进机箱上的电源位，并将电源上的螺丝固定孔与机箱上的固定孔对正。这个过程中要注意电源放入的方向，有些电源有两个风扇，或者有一个排风口，则其中一个风扇或排风口应对着主板，放入后稍稍调整。

（2）先拧上一颗螺钉（固定住电源即可），然后将其对角的螺丝拧上，以起到完美的固定作用，最后在对角拧上其余螺丝，如图2-1所示。

图2-1　安装电源

【理论知识】

一、电源的分类

1. AT电源

AT电源的功率一般为150~220W，共有四路输出（±5V、±12V），另向主板提供一个P.G.信号。输出线为两个六芯插座和几个四芯插头，两个六芯插座给主板供电。AT电源采用切断交流电网的方式关机。在ATX电源未出现之前，从286到586计算机都由AT电源一统江湖。随着ATX电源的普及，AT电源如今渐渐淡出市场。

2. ATX电源

Intel 1997年2月推出ATX 2.01标准。和AT电源相比，其外形尺寸没有变化，主要增加了+3.3V和+5V StandBy两路输出及一个PS-ON信号，输出线改用一个20芯线给主板供电。

随着CPU工作频率的不断提高，为了降低CPU的功耗以减少发热量，需要降低芯片的工作电压。所以，由电源直接提供3.3V输出电压成为必须。+5V StandBy也叫辅助+5V，只要插上220V交流电它就有电压输出。PS-ON信号是主板向电源提供的电平信号，低电平时电源启动，高电平时电源关闭。利用+5V StandBy和PS-ON信号，就可以实现软件开关机、键盘开机、网络唤醒等功能。辅助+5V始终是工作的，有些ATX电源在输出插座的下面加了一个开关，可切断交流电源输入，彻底关机。

3. Micro ATX电源

Micro ATX电源是Intel在ATX电源之后推出的，主要目的是降低成本。其与ATX相比的显著变化是体积和功率减小了。ATX的体积是150mm×140mm×86mm，Micro ATX的体积是125mm×100mm×63.51mm；ATX的功率是220W左右，Micro ATX的功率是90~145W。

二、电源的性能指标

1. 输入电压范围

ATX 标准中规定市电输入的电压范围应该在 180~265V。

2. 输出电压范围

电源电压输出端最大偏差范围：+12VDC ± 5%、+5VDC ± 5%、+3.3VDC ± 5%、-5VDC ± 10%、-12VDC ± 10%、+5VSB ± 5%。

3. 输出功率和电流

一般来讲，输出功率大的电源相应输出电流也就大，价格也就高。

4. 转换效率

要求电源最大功率输出时的转换效率应不低于 68%。

5. 输出纹波

ATX 标准对电源纹波输出的大小做出了规定，纹波越小，电源的品质也越好。输出电压纹波输出（mVp-p）为：+12VDC 120、+5VDC 50、+3.3VDC 50、-5VDC 100、-12VDC 120。

6. 负载调整率

电源负载的变化会引起电源输出的变化。负载增加，输出降低；相反，负载减少，输出升高。好的电源会将负载变化引起的输出变化减到最低，通常指标为 3%~5%。

7. 线路调整率

指输入电压在最高和最低之间变化（180~264V）时，输出电压的波动范围。一般为 1%~2%。

8. 电磁兼容标准与安全认证

许多国家对电器的 EMI（电磁干扰）都有明确的规定，计算机电源也要遵从这样的标准。常见的 EMI 标准有日本的 VCC1 类和 2 类、美国的 FCCP15J A 类和 B 类、德国的 VDE0871 A 类和 B 类以及国际上的 CISRPub1 和 Pub12 等。

三、电源选购指南

怎样才能在混乱的市场中寻找一款适合自己的电源呢?

（1）外观检查：

A. 电源重量。好的电源一般比较重一些。

B. 电源输出线。别小看这几根输出线，因为电源输出电流一般较大，很小的一点电阻将会产生较大的压降损耗。质量好的电源必定是粗线。当然，看线材不能只看外表的粗和细，很多厂商可以把很小的线做成粗的，你要在线上看线号（线号是不能做假的，否则无法通过安规认证）。线上以 AVG 开头后面写着两个阿拉伯数字，这两个数字就是线号。线号越小表示线芯越大，也就是 16 号线比 22 号线要好。

（2）散热片的材质。从外壳散热窗往里看，质量好的电源采用铝或铜散热片，而且较大、较厚。

（3）可以做试验测量一下负载压降，选压降小的电源。如果是 ATX 电源，可以让所有的输出端悬空，先测一下空载输出电压，方法是让 PS-ON（绿色线）与 GND（黑色线）短接启动电源，再测一下输出电流约为 10A 时的电压，压降小者优。上述试验千万不能在 +12V、-12V 电压上做，以免烧坏电源。

（4）如电源地线未接，质量好的电源通电启动后外壳略有麻手感。如果测不出电压则说明内部偷工减料没装滤波网。另外空载运行时风扇声均匀且较小，接上负载在温度略有上升的时候声音会略有增大。

（5）打开电源盒，可以发现质量好的电源用料考究，如多处用方形 CBB 电容，输入滤波电容值大于 470 μF，输出滤波电容值也较大。同时内部电感、电容滤波网络电路较多，并有完善的过压、限流保护元器件。

一个质量合格的电源应该通过安全和电磁方面的认证，如满足 CCC/TUV/CE/UL（如：GB 4943—95《信息技术设备（包括电气事务设备）的安全》、GB 9254—88《信息、技术设备的无线电干扰极限值和测量方法》、GB 17625.1—2003《电磁兼容　限值　谐波电流发射限值》）等标准，这些标准的认证标识应在电源的外表上以它们专用的图标标示出来。

任务二　安装主板

计算机的绝大多数硬件都是安装在主板上的，所以安装好主板往往是安装好计算机的第一步。

【任务描述】

让学生对安装主板有个直观的认识。

【任务实施】

将主板安装到机箱上，通常是主板及配件安装的第一步。一般在主板周围和中间有一些安装孔。这些孔和机箱底部的一些圆孔相对应，以便用如图 2-2 所示的塑料卡和螺栓来固定主板。

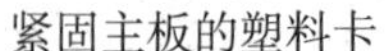

紧固主板的塑料卡　　紧固主板的螺栓

图 2-2　塑料卡和螺栓

安装步骤如下：

（1）在机箱的紧固件中找出尖形塑料卡、带有螺纹的圆柱和螺丝，做好安装准备。

（2）在机箱上固定一至两颗螺柱（图 2–3），其中一颗固定在机箱键盘插孔附近，因为今后在使用中，搬动机器时会经常拔插键盘。

图 2–3　在机箱上固定一至两颗螺柱

（3）用尖形塑料卡通过机箱和主板上对应的圆孔将主板固定在机箱底板上。在使用尖形塑料卡时，带尖的一头必须在主板的正面。

（4）用螺丝将主板固定在第（2）步所装的螺柱上或直接固定在机箱上（图 2–4）。主板上的螺丝孔附近有信号线的印刷电路，在与机箱底板相连接时应注意主板不要与机箱短路。如果主板安装孔未镀绝缘层，则必须用绝缘垫圈加以绝缘。

图 2–4　将主板固定在螺柱或机箱上

【理论知识】

一、主板的分类

常见的 PC（个人计算机）主板的分类方式有以下几种：

1. 按主板上使用的 CPU 分类

按主板上使用的 CPU 不同可分为 386 主板、486 主板、奔腾（Pentium，即 586）主板、高能奔腾（Pentium Pro，即 686）主板。同一级的 CPU 往往也还有进一步的划分，如奔腾主板，就有是否支持多能奔腾（P55C，MMX 要求主板内建双电压），是否支持 Cyrix 6x86、AMD 5k86（都是奔腾级的 CPU，要求主板有更好的散热性）等区别。

2. 按主板上 I/O 总线的类型分类

- ISA（Industry Standard Architecture）工业标准体系结构总线。
- EISA（Extension Industry Standard Architecture）扩展标准体系结构总线。
- MCA（Micro Channel）微通道总线。

此外，为了解决 CPU 与高速外设之间传输速度慢的“瓶颈”问题，出现了两种局部总线，它们是：

- VESA（Video Electronic Standards Association）视频电子标准协会局部总线，简称 VL 总线。
- PCI（Peripheral Component Interconnect）外围部件互联局部总线，简称 PCI 总线。

486 级的主板多采用 VL 总线，而奔腾主板多采用 PCI 总线。目前，继 PCI 之后又开发了更外围的接口总线，它们是：

USB（Universal Serial Bus）通用串行总线。

IEEE1394（美国电气及电子工程师协会 1394 标准）俗称“火线”（Fire Ware）。

3. 按逻辑控制芯片组分类

芯片组中集成了对 CPU、CACHE、I/O 和总线的控制。586 以上的主板对芯片组的作用尤为重视。

Intel 公司出品的用于 586 主板的芯片组有：

- LX，早期的用于 Pentium 60 和 66MHz CPU 的芯片组。
- NX 海王星（Neptune），支持 Pentium 75 MHz 以上的 CPU，在 Intel 430 FX 芯片组推出之前很流行，现在已不多见。
- FX，在 430 和 440 两个系列中均有该芯片组，前者用于 Pentium，后者用于 Pentium Pro。HX Intel 430 系列，用于可靠性要求较高的商用微机。
- VX Intel 430 系列，在 HX 基础上针对普通的多媒体应用做了优化和精简。有被 TX 取代的趋势。
- TX Intel 430 系列的最新芯片组，专门针对 Pentium MMX 技术进行了优化。
- GX、KX Intel 450 系列，用于 Pentium Pro，GX 为服务器设计，KX 用于工作站和高性能桌面 PC。
- MX Intel 430 系列，专门用于笔记本计算机的奔腾级芯片组，参见《Intel 430 MX 芯片组》。

非 Intel 公司的芯片组有：

• VT82C5xx 系列，VIA 公司出品的 586 芯片组。
• SiS 系列，SiS 公司出品，在非 Intel 芯片组中名气较大。
• Opti 系列，Opti 公司出品，采用的主板商较少。

4. 按主板结构分类

• AT：标准尺寸的主板，IBM PC/A 机首先使用而得名，有的 486、586 主板也采用 AT 结构布局。
• Baby AT：袖珍尺寸的主板，比 AT 主板小，因而得名。很多原装机的一体化主板首先采用此主板结构。
• ATX：改进型的 AT 主板，对主板上元件布局做了优化，有更好的散热性和集成度，需要配合专门的 ATX 机箱使用。
• 一体化（All in one）主板上集成了声音、显示等多种电路，一般不需再插卡就能工作，具有高集成度和节省空间的优点，但也有维修不便和升级困难的缺点。在原装品牌机中采用较多。
• NLX：Intel 最新的主板结构，最大特点是主板、CPU 的升级灵活、方便、有效，不再需要每推出一种 CPU 就必须更新主板设计。

此外还有一些上述主板的变形结构，如华硕主板就大量采用了 3/4 Baby AT 尺寸的主板结构。

5. 按功能分类

• PnP 功能：带有 PnP BIOS 的主板配合 PnP 操作系统（如 Windows 95）可帮助用户自动配置主机外设，做到“即插即用”。
• 节能（绿色）功能：一般在开机时有能源之星（Energy Star）标志，能在用户不使用主机时自动进入等待和休眠状态，在此期间降低 CPU 及各部件的功耗。
• 无跳线主板：这是一种新型的主板，是对 PnP 主板的进一步改进。在这种主板上，连 CPU 的类型、工作电压等都无须用跳线开关，均自动识别，只需用软件略做调整即可。经过芯片频率重标识的 CPU 在这种主板上将无所遁形。486 以前的主板一般没有上述功能，586 以上的主板均配有 PnP 和节能功能。部分原装品牌机中还可通过主板控制主机电源的通断，进一步做到智能开/关机，这在兼容机主板上还很少见，但肯定是将来的一个发展方向。无跳线主板将是主板发展的另一个方向。

6. 其他的主板分类方法

• 按主板的结构特点还可分为基于 CPU 的主板、基于适配电路的主板、一体化主板等类型。基于 CPU 的一体化的主板是目前较佳的选择。
• 按印刷电路板的工艺又可分为双层结构板、四层结构板、六层结构板等。主板的平面是一块 PCB（印刷电路板），一般采用四层板或六层板。相对而言，为节省成本，低档主板多为四层板：主信号层、接地层、电源层、次信号层。而六层板则增加了辅助电源层和中信号层，因此，六层 PCB 的主板抗电磁干扰能力更强，主板也更加稳定。目前以四层结构板的产品为主。
• 按元件安装及焊接工艺又可分为表面安装焊接工艺板和 DIP 传统工艺板。

二、主板的组成

1. 芯片部分

BIOS 芯片：是一块方块状的存储器，里面存有与该主板搭配的基本输入输出系统程序。能够让主板识别各种硬件，还可以设置引导系统的设备，调整 CPU 外频等。BIOS 芯片是可以写入的，这方便用户更新 BIOS 的版本，以获取更好的性能及对计算机最新硬件的支持。当然不利的一面便是会让主板遭受诸如 CIH 病毒的袭击。

南北桥芯片：横跨 AGP 插槽左右两边的两块芯片就是南北桥芯片。南桥多位于 PCI 插槽的上面；而 CPU 插槽旁边，被散热片盖住的就是北桥芯片。芯片组以北桥芯片为核心，一般情况，主板的命名都是以北桥的核心名称命名的（如 P45 的主板就是用的 P45 的北桥芯片）。北桥芯片主要负责处理 CPU、内存、显卡三者间的“交通”，由于发热量较大，因而需要散热片散热。南桥芯片则负责硬盘等存储设备和 PCI 之间的数据流通。南桥和北桥合称芯片组。芯片组在很大程度上决定了主板的功能和性能。需要注意的是，AMD 平台中部分芯片组因 AMD CPU 内置内存控制器，可采取单芯片的方式，如 nVIDIA nForce 4 便采用无北桥的设计。从 AMD 的 K58 开始，主板内置了内存控制器，因此北桥便不必集成内存控制器，这样不但减少了芯片组的制作难度，同样也减少了制作成本。现在在一些高端主板上将南北桥芯片封装到一起，只有一个芯片，这样大大提高了芯片组的功能。

RAID 控制芯片：相当于一块 RAID 卡的作用，可支持多个硬盘组成各种 RAID 模式。目前主板上集成的 RAID 控制芯片主要有两种：HPT372 RAID 控制芯片和 Promise RAID 控制芯片。

2. 扩展槽部分

所谓的“插拔部分”是指这部分的配件可以用“插”来安装，用“拔”来反安装。

内存插槽：内存插槽一般位于 CPU 插座下方。

AGP 插槽：颜色多为深棕色，位于北桥芯片和 PCI 插槽之间。AGP 插槽有 1X、2X、4X 和 8X 之分。AGP 4X 的插槽中间没有间隔，AGP 2X 则有。在 PCI Express 出现之前，AGP 显卡较为流行，其传输速度最高可达到 2133Mb/s（AGP 8X）。

PCI Express 插槽：随着 3D 性能要求的不断提高，AGP 已越来越不能满足视频处理带宽的要求，目前主流主板上显卡接口多转向 PCI Express。PCI Express 插槽有 1X、2X、4X、8X 和 16X 之分。（目前主板支持双卡，NVIDIA SLI/ATI 交叉火力）

PCI 插槽：PCI 插槽多为乳白色，是主板的必备插槽，可以插上软 Modem、声卡、股票接收卡、网卡、多功能卡等设备。

CNR 插槽：多为淡棕色，长度只有 PCI 插槽的一半，可以接 CNR 的软 Modem 或网卡。这种插槽的前身是 AMR 插槽。CNR 和 AMR 的不同之处在于，CNR 增加了对网络的支持性，并且占用的是 ISA 插槽的位置。共同点是它们都是把软 Modem 或软声卡的一部分功能交由 CPU 来完成。这种插槽的功能可在主板的 BIOS 中开启或禁止。

3. 对外接口部分

硬盘接口：硬盘接口可分为 IDE 接口和 SATA 接口。在型号较老的主板上，多集成两个 IDE 口，通常 IDE 接口都位于 PCI 插槽下方，从空间上则垂直于内存插槽（也有横着的）。而新型主板上，IDE 接口大多缩减，甚至没有，代之以 SATA 接口。

软驱接口：连接软驱所用，多位于 IDE 接口旁，比 IDE 接口略短一些，因为它是 34 针的，所以数据线也略窄一些。

COM 接口（串口）：目前大多数主板都提供了两个 COM 接口，分别为 COM1 和 COM2，作用是连接串行鼠标和外置 Modem 等设备。COM1 接口的 I/O 地址是 03F8h–03FFh，中断号是 IRQ4；COM2 接口的 I/O 地址是 02F8h–02FFh，中断号是 IRQ3。由此可见 COM2 接口比 COM1 接口的响应具有优先权。现在市面上已很难找到基于该接口的产品。

PS/2 接口：PS/2 接口的功能比较单一，仅能用于连接键盘和鼠标。一般情况下，鼠标的接口为绿色、键盘的接口为紫色。PS/2 接口的传输速率比 COM 接口稍快一些，然而这么多年使用之后，虽然现在绝大多数主板依然配备该接口，但支持该接口的鼠标和键盘越来越少，大部分外设厂商也不再推出基于该接口的外设产品，更多的是推出 USB 接口的外设产品。不过值得一提的是，由于该接口使用非常广泛，因此很多使用者即使在使用 USB 接口也更愿意通过 PS/2–USB 转接器插到 PS/2 上使用。再加上键盘和鼠标每一代产品的寿命都非常长，因此该接口现在依然使用效率很高，但在不久的将来，被 USB 接口所完全取代的可能性极高。

USB 接口：USB 接口是现在最为流行的接口，最大可以支持 127 个外设，并且可以独立供电，其应用非常广泛。USB 接口可以从主板上获得 500mA 的电流，支持热拔插，真正做到了即插即用。一个 USB 接口可同时支持高速和低速 USB 外设的访问，由一条四芯电缆连接，其中两条是正负电源，另外两条是数据传输线。高速外设的传输速率为 12Mb/s，低速外设的传输速率为 1.5Mb/s。此外，USB2.0 标准最高传输速率可达 480Mb/s。USB3.0 规范正在研究中。

LPT 接口（并口）：一般用来连接打印机或扫描仪。其默认的中断号是 IRQ7，采用 25 脚的 DB–25 接头。并口的工作模式主要有三种：① SPP 标准工作模式。SPP 数据是半双工单向传输，传输速率较慢，仅为 15Kb/s，但应用较为广泛，一般设为默认的工作模式。② EPP 增强型工作模式。EPP 采用双向半双工数据传输，其传输速率比 SPP 高很多，可达 2Mb/s，目前已有不少外设使用此工作模式。③ ECP 扩充型工作模式。ECP 采用双向全双工数据传输，传输速率比 EPP 还要高一些，但支持的设备不多。现在使用 LPT 接口的打印机与扫描仪已经很少了，多为使用 USB 接口的打印机与扫描仪。

MIDI 接口：声卡的 MIDI 接口和游戏杆接口是共用的。接口中的两个针脚用来传送 MIDI 信号，可连接各种 MIDI 设备，例如电子键盘等。现在市面上已很难找到基于该接口的产品。

SATA 接口：SATA 的全称是 Serial Advanced Technology Attachment（串行高级技术附件，一种基于行业标准的串行硬件驱动器接口），是由 Intel、IBM、Dell、APT、Maxtor 和 Seagate 公司共同提出的硬盘接口规范。在 IDF Fall 2001 大会上，Seagate 宣布了 Serial ATA 1.0 标准，正式宣告了 SATA 规范的确立。SATA 规范将硬盘的外部传输速率理论值提高到了 150Mb/s，比 PATA 标准 ATA/100 高出 50%，比 ATA/133 也要高出约 13%。而随着未来后续版本的发展，SATA 接口的速率还可扩展到 2X 和 4X（300Mb/s 和 600Mb/s）。从其发展计划来看，未来的 SATA 也将通过提升时钟频率来提高接口传输速率，让硬盘也能够超频。

M.2 接口：是 Intel 推出的一种替代 SATA 的新的接口规范。其实，对于桌面台式机用户来讲，SATA 接口已经足以满足大部分用户的需求了，考虑到超极本用户的存储需求，Intel 才急切地推出了这种新的接口标准，所以，我们在华硕、技嘉、微星等发布的新的 9 系列主板上都看到了这种新的 M.2 接口，现已普及。

三、主板常用芯片组

现在主板芯片组的主要生产厂商有：Intel、AMD、VIA（威盛）、ALI（扬智）和 SIS（矽统科技）等，它们的产品各有各的特点。

1. Intel 芯片组

现在 Intel 最主流的四大芯片组有 B360、Q370、H730、H310，这些芯片组都支持第八代 Core、Pentium、Celeron 处理器。Z390 芯片组支持最新九代处理器。以上芯片组均使用双通道内存架构，并且支持 DDR4。

2. AMD 芯片组

在 AMD 平台上，AMD 在收购 ATI 以后，也开始像 Intel 一样，走向了自家芯片组配自家 CPU 的组合，产品现在不但多，而且市场份额也不小，而曾经 AMD 平台上最大的芯片组供应商 VIA 在市场上已经基本看不到了，原本凭借 nForce2、nForce3、nForce4、nForce5 系列芯片组打败 VIA，成为 AMD 平台最大的芯片供应商 NVIDA，也在 AMD 收购 ATI 并推出自有的 6 系列及 7 系列芯片组后，市场份额不断被蚕食。AMD 自身在 6 系列芯片组的基础上，发出了具有里程碑意义的 7 系列组芯片组，不但牢牢站稳了 AMD 平台芯片组销售量第一的宝座，也通过强大的 780GB（第一次，同时代集成显卡击败低端独立显卡）集成芯片组打了 Intel 个措手不及，一扫前段时间被酷睿 2 打压的局面。

3. VIA 芯片组

VIA 是目前最大的兼容芯片组制造商，其主打产品 Apollo Pro（兼容 Intel）系列和 Apollo Kx（兼容 AMD）系列芯片组也都是非常知名的。VIA 的芯片组性价比是最为出众的。

4. SIS 芯片组

最后介绍的是 SIS 的芯片组，它的产品最有个性。SIS 一直致力于单芯片整合芯片组的研制，并且技术水平也处于领先地位。新推出的 SiS635/735 芯片组同时把南、北桥芯片整合进单一芯片。采用了独有的芯片内部总线传输技术“Multi-threaded I/O Link”，可支持目前市场主流的 PC100/133 SDRAM，以及新一代的 PC1600/2100（200MHz/266MHz）规格 DDR SDRAM，并且在一根 184 线内存插槽中可同时支持 SDR 与 DDR 两种不同规格的内存。

任务三　安装 CPU

CPU 是中央处理单元（Central Process Unit）的缩写，它可以被简称做微处理器（Microprocessor），不过经常被人们直接称为处理器（processor）。不过不要因为这些简称而忽视它的作用，CPU 是计算机的核心，它对计算机的重要性好比心脏对于人一样。实际上，处理器的作用和大脑更相似，因为它负责处理、运算计算机内部的所有数据；而主板芯片组则更像是心脏，它控制着数据的交换。CPU 的种类决定了所使用的操作系统和相应的软件。CPU 主要由运算器、控制器、寄存器组和内部总线等构成，是计算机的核心，再配上存储器、输入 / 输出接口和系统总线组成为完整的计算机。

寄存器组用于在指令执行过后存放操作数和中间数据，由运算器完成指令所规定的运算及操作。

【任务描述】

让学生对 CPU 的安装有个直观的认识。

【任务实施】

如今 Intel 公司主流 CPU 已经改为触点式。相比阵脚式 CPU，触点式 CPU 没有阵脚弯曲无法使用的情况。和阵脚式 CPU 一样，触点式 CPU 其中一角缺少一个点，CPU 两侧有凹陷，和插槽对应，以防插错（图 2–5）。

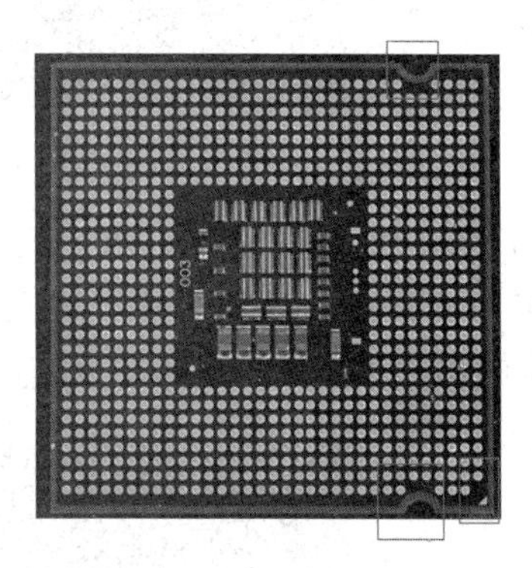

图 2–5　触点式 CPU

Intel 上代酷睿处理器采用 LGA 775 接口设计。775 接口的处理器的超频性能至今依然受人追捧，市场占有率还很高。

下面，使用 Intel 奔腾 5500 处理器和华硕 G41 T–M 主板，给大家演示 775 处理器的安装方法。

将传统的 CPU 安装到主板上的步骤如下：

第一步：观察主板 CPU 插槽。

华硕 G41 T–M 主板的设计跟刚刚讲的 FM1 接口的主板不同，外边上多了一个扣盖（保护盖），起固定处理器的作用，如图 2–6 所示。

图 2–6　华硕 G41 的 CPU 插槽

第二步：用力下压、侧移压杆，然后打开扣盖。

该步骤需要用户尽量双手操作，一手拉杆一手打开扣盖。压杆的打开角度略大于 110°。开盖时如果有 CPU 保护板，一定要在开盖后再将 CPU 保护板去掉。操作如图 2-7 所示。

图 2-7　打开扣盖

第三步：Intel 处理器上设计了两个凹槽，在主板上厂商一般会设计两个凸起与之对应。将处理器轻轻对齐凹槽，再将处理器轻放，如图 2-8 所示。切记在处理器安放到主板 CPU 槽内之后就不能再移动了，处理器的触点很容易被用户移位而受损。

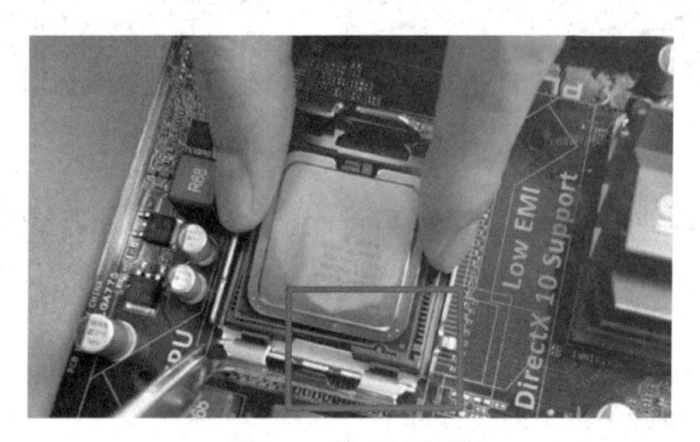

图 2-8　放入处理器

第四步：将主板扣盖轻扣在处理器上，然后用食指将压杆压到初始位置，如图 2-9 所示。

图 2-9　扣上扣盖，压回压杆

经过以上四步方可将 Intel 处理器顺利安装在主板上。Intel 的处理器设计较为人性化，但笔者再次提醒用户，安装 Intel 处理器时一定不能随便移动处理器，一定要做到“稳”“轻”“准”。

【理论知识】

一、CPU 的介绍

1. Intel 公司的芯片

（1）Pentium 4 CPU（图 2–10）。

Pentium 4 CPU 是 Intel 公司推出的 IA–32 结构 CPU。Pentium 4 CPU 采用了 NetBurst 构架，使用了多种新技术。现在市场上能够看到的 Pentium 4 CPU 有 1.7GHz、1.8GHz、1.9GHz、2.0GHz、2.2 GHz 和 2.4GHz 等多种。

图 2–10　Pentium 4 CPU

（2）酷睿 2 CPU（图 2–11）。

早期的酷睿是基于笔记本处理器的。酷睿 2，是 Intel 在 2006 年推出的新一代基于 Core 微架构的产品体系统称。于 2006 年 7 月 27 日发布。酷睿 2 是一个跨平台的构架体系，包括服务器版、桌面版、移动版三大领域。其中，服务器版的开发代号为 Woodcrest，桌面版的开发代号为 Conroe，移动版的开发代号为 Merom。酷睿 i7 处理器是英特尔于 2008 年推出的 64 位四核心 CPU，沿用 x86–64 指令集，并以 Intel Nehalem 微架构为基础，取代 Intel Core 2 系列处理器。酷睿处理器目前最高配置为酷睿 i9 7980XE 十八核心三十六线程，主流的 CPU 有 i5 9400F、i9 9900k、i7 9700K、i7 8700K 等。

图 2–11　酷睿 2 CPU

（3）志强 CPU（图 2–12）。

基于奔腾微处理器 P6 构架，它被设计成与新的快速外围元件互联线以及加速图形端口一起工作。Xeon具有：512KB或1MB，400MHz的高速缓冲存储器，在处理器、RAM和I/O器件之间传递数据的高速总线，能提供36位地址的扩展服务器内存结构。目前志强是作为Intel的服务器处理器形象出现。现在基本已经形成如下格局：服务器Xeon，高端Core i9、Core i7，中端Core i5/Core i3/Pentium，低端Celeron。其中Xeon可以使用多处理器技术。

图2–12 志强CPU

2. AMD公司的CPU

AMD公司的CPU主要有锐龙、K6系列、Athlon（速龙）、Duron（毒龙）、ThunderBird（雷鸟）、羿龙（phenom）、AMD64等（图2–13），其中锐龙系列占据了AMD大部分市场。

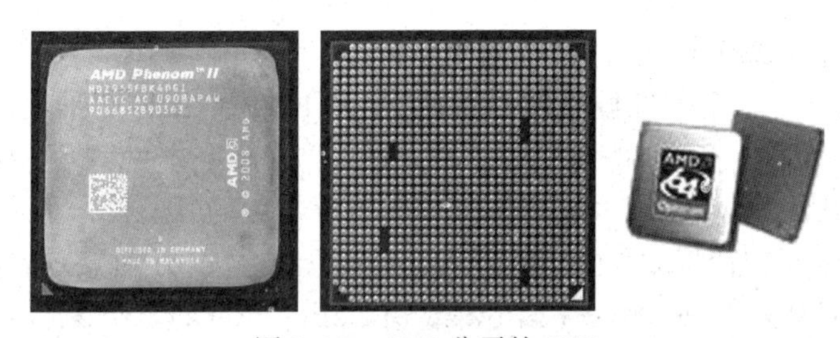

图2–13 AMD公司的CPU

二、CPU的主要性能指标

1. 主频、外频、倍频

CPU主频又称为CPU工作频率，即CPU内核运行时的时钟频率。一般说来，主频越高，一个时钟周期里面完成的指令数也越多，CPU的速度也就越快。不过由于各种CPU的内部结构不尽相同，因此并非所有主频相同的CPU的性能都一样。目前CPU的主频一般都在2.0GHz以上。

CPU外频是由主板为CPU提供的基准时钟频率，也称为前端总线频率（FSB）和系统总线频率，是CPU与主板芯片组、内存交换数据的频率。虽然CPU可以采用很高的时钟频率工作，但CPU以外的其他部件不能以同样高的速度工作，因此CPU外频远低于CPU的工作频率。目前Pentium 4 CPU的外频有400MHz和533MHz两类。

倍频系数：CPU内部的时钟信号是由外部输入的，在CPU内部采用了时钟倍频技术。提高时钟频率的比例称为倍频系数。关系为：主频 = 外频 × 倍频。

2. CPU 的位和字长

位：在数字电路和计算机技术中采用二进制，代码只有“0”和“1”，其中无论是“0”还是“1”在 CPU 中都是 1“位”。

字长：计算机技术中对 CPU 在单位时间内（同一时间）能一次处理的二进制数的位数叫字长，所以能处理字长为 8 位数据的 CPU 通常就叫 8 位的 CPU。同理 32 位的 CPU 就能在单位时间内处理字长为 32 位的二进制数据。字节和字长的区别：由于常用的英文字符用 8 位二进制就可以表示，因此通常就将 8 位称为一个字节。字长的长度是不固定的，对于不同的 CPU，字长的长度也不一样。8 位的 CPU 一次只能处理一个字节，而 32 位的 CPU 一次就能处理 4 个字节，同理字长为 64 位的 CPU 一次可以处理 8 个字节。

3. 缓存

缓存大小也是 CPU 的重要指标之一，而且缓存的结构和大小对 CPU 速度的影响非常大。CPU 内缓存的运行频率极高，一般是和处理器同频运作，工作效率远远大于系统内存和硬盘。实际工作时，CPU 往往需要重复读取同样的数据块，而缓存容量的增大，可以大幅度提升 CPU 内部读取数据的命中率，而不用再到内存或者硬盘上寻找，以此提高系统性能。但是从 CPU 芯片面积和成本的因素来考虑，缓存都很小。

4. CPU 扩展指令集

CPU 依靠指令来计算和控制系统，每款 CPU 在设计时就规定了一系列与其硬件电路相配合的指令系统。指令的强弱也是 CPU 的重要指标，指令集是提高微处理器效率的最有效工具之一。从现阶段的主流体系结构讲，指令集可分为复杂指令集和精简指令集两部分。而从具体运用看，如 Intel 的 MMX（Multi Media Extended）、SSE、SSE2（Streaming-Single instruction multiple data-Extensions 2）、SEE3 和 AMD 的 3DNow！等都是 CPU 的扩展指令集，分别增强了 CPU 的多媒体、图形图像和 Internet 等的处理能力。我们通常会把 CPU 的扩展指令集称为“CPU 的指令集”。SSE3 指令集是目前规模最小的指令集。此前 MMX 包含有 57 条命令，SSE 包含有 50 条命令，SSE2 包含有 144 条命令，SSE3 包含有 13 条命令。

三、CPU 的选购

要选择一款适合的 CPU 产品，不能只考虑运算能力，还需要考虑其他方面的因素。在选购 CPU 产品时，需要考虑产品的性价比并鉴别其真伪。

1. 选购 CPU 的一般原则

选购 CPU 时，需要根据购买 CPU 的性价比以及用途等因素来进行选择。

2. 如何鉴别 CPU

目前 CPU 产品按包装方式可分为盒装和散装两种。一般盒装的 CPU 因配备了高级散热器和风扇，故而价格比散装 CPU 贵。一些不法商家就利用这一点，私自将散装 CPU 包装成盒装 CPU 出售。所以在购买时要：

（1）看编号；

（2）看封条；

（3）利用测试工具。

任务四　安装内存条

在计算机的组成结构中，有一个很重要的部分，就是存储器。存储器是用来存储程序和数据的部件。对于计算机来说，有了存储器，才有记忆功能，才能保证正常工作。

【任务描述】

让学生对内存的安装有个直观的认识。

【任务实施】

以 DDR3 内存的安装为例，内存的安装步骤如下：

（1）安装内存前先要将内存插槽两端的白色卡子向两边扳动，将其打开。然后再插入内存条，内存条的1个凹槽必须直线对准内存插槽上的1个凸点（隔断），如图 2–14 所示。

图 2–14　安装内存

（2）向下按入内存，在按的时候需要稍稍用力。

（3）使劲压内存的两个白色的固定杆确保内存条被固定住，即完成内存的安装。

DDR2 内存的安装和 DDR3 内存的安装基本相同。差别在于 DDR2 内存及其插槽上对应缺口的位置不同。内存的两端各有一个缺口，正好和内存插槽两端的白色卡子对应。如果内存插到位，卡子会卡在内存的缺口中。如果内存插到底，两端的卡子还是不能自动合拢，可用手将其扳到位。

【理论知识】

一、内存条的分类

（1）按内存条的接口形式，常见内存条有两种：单列直插内存条（SIMM）和双列直插内存条（DIMM）。SIMM 分为 30 线、72 线两种。DIMM 与 SIMM 相比引脚增加到 168 线。DIMM 可单条使用，不同容量可混合使用；SIMM 必须成对使用。

DDR3 相比 DDR2 有更低的工作电压，从 DDR2 的 1.8V 下降到 1.5V，性能更好更为省电；DDR2 的 4bit 预读升级为 8bit 预读。DDR3 最高能够达到 1600MHz 的速度，由于最为快速的 DDR2 内存速度已经提升到 800MHz/1066MHz 的速度，因而首批 DDR3 内存模组将会从 1333MHz 起跳。一般情况下，DDR4 内存金手指触点达到了 284 个，而且每一个触点间距只有 0.85mm，DDR3 内存金手指触点是 240 个，因为这一改变，DDR4 的内存金手指部分也设计成了中间稍突出，边缘稍矮的形状，在中央的高点和两端的低点用平滑曲线过渡。DDR3 内存的最高频率只能达到 2133MHz，而 DDR4 内存的起始频率就已经达到了 2133MHz，产品的最高频率达到了 3000MHz，从内存频率来看，DDR4 对比 DDR3 提升空间很大。

（2）按内存的工作方式，内存又有 FPM、EDO、DRAM 和 SDRAM（同步动态 RAM）等形式。

FPM（Fast Page Mode）RAM 快速页面模式随机存取存储器：这是较早的计算机系统普通使用的内存，它每隔三个时钟脉冲周期传送一次数据，现在已被淘汰。

EDO（Extended Data Out）RAM 扩展数据输出随机存取存储器：EDO 内存取消了主板与内存两个存储周期之间的时间间隔，它每隔两个时钟脉冲周期输出一次数据，大大地缩短了存取时间，使存储速度提高 30%。EDO 一般是 72 脚。EDO 内存和 FPM 一样已经被淘汰。

二、内存的性能指标

内存对整机的性能影响很大，许多指标都与内存有关，加之内存本身的性能指标很多，因此，这里只介绍几个最常用，也是最重要的指标。

1. 速度

内存速度一般用存取一次数据所需的时间（单位一般为 MHz）来作为衡量指标，时间越短，速度就越快。只有当内存与主板速度、CPU 速度相匹配时，才能发挥计算机的最大效率，否则会影响 CPU 高速性能的充分发挥。DDR 内存速度只能达到 400MHz，DDR2 内存速度可达到 800MHz，而 DDR3 内存速度最高已达到 2400MHz。

2. 容量

内存是计算机中的主要部件，它是相对于外存而言的。而 Windows 系统、打字软件、游戏软件等，一般都是安装在硬盘等外存上的，必须把它们调入内存中运行才能使用。如输入一段文字或玩一个游戏，其实都是在内存中进行的。通常把要永远保存的、大量的数据存储在外存上，而把一些临时或少量的数据和程序放在内存上。内存容量是多多益善，但要受到主板支持最大容量的限制，而且就目前主流计算机而言，这个限制仍是阻碍。单条内存的容量通常为 2GB、4GB、8GB，最大为 32GB，早期还有 1GB、512MB 等产品。

3. 内存的奇偶校验

为检验内存在存取过程中是否准确无误，每 8 位容量配备 1 位作为奇偶校验位，配合主板的奇偶校验电路对存取数据进行正确校验，这就需要在内存条上额外加装一块芯片。而在实际使用中，有无奇偶校验位对系统性能并没有影响。所以，目前大多数内存条上已不再加装校验芯片。

4. 内存电压

DDR 内存使用 2.5V 电压，DDR2 使用 1.8V 电压，而 DDR3 使用 1.5V 电压，而 DDR4 使用 1.2V 电压。在使用中注意主板上的跳线不能设置错。

5. 数据宽度和带宽

内存的数据宽度是指内存同时传输数据的位数，以 bit 为单位。内存的带宽是指内存的数据传输速率。

6. 内存的线数

内存的线数是指内存条与主板接触时接触点的个数，这些接触点就是金手指，有184线和240线。184线和240线内存条数据宽度都是64b。

7. CAS

CAS等待时间指从读命令有效（在时钟上升沿发出）开始，到输出端可以提供数据为止的这一段时间，一般是2个或3个时钟周期，它决定了内存的性能。在同等工作频率下，CAS等待时间为2的芯片比CAS等待时间为3的芯片速度更快，性能更好。

三、内存的选用

1. 内存选购技巧

（1）内存颗粒的质量：选用内存时要选择较大厂商生产的内存颗粒，如日本的NEC、日立，韩国的三星和现代（HY），中国台湾的胜创科技、宇瞻、金邦，以及美国的Micron的内存颗粒质量都不错。

（2）PCB电路板的质量：PCB电路板是内存条的主体，它质量的好坏，对内存条和主机板的兼容性等都起着重要的作用。拿到一条内存条，首先要看的是PCB板的大小、颜色，以及板材的厚度（4层还是6层）等。好的PCB板，外观看上去颜色均匀，表面光滑，边缘整齐无毛边，采用六层板结构且手感较重。

（3）内存条的制造工艺：质量好的内存条外观看上去颜色均匀，表面光滑，边缘整齐无毛边，且无虚焊、搭焊，SPD、电阻的焊接也很整齐，内存条的引脚（金手指）光亮整齐，没有褪焊现象。

（4）注意辨认内存上的标识：在内存芯片的标识中通常包括厂商名称、单片容量、芯片类型、工作速度、生产日期等内容，其中还可能有电压、容量系数和一些厂商的特殊标识在里面。可使用Software Sandra这类测试软件，读取内存条上的SPD内部的参数，根据测试结果，就可以了解内存条是否符合对应的标准，并依次检测内存条的标识是否与实际相符。

内存条要防摔、防震、防止静电。尽量用柔软、防静电的物品包裹内存条。注意，在用手触摸它之前，要先触摸一下导体，使手上的静电放掉。拿内存条时也应轻拿轻放。

2. 当前主流DDR3内存

（1）现代（HY）：现代DDR3内存颗粒编号的含义如表2-1所示。

表2-1 现代DDR3内存颗粒编号的含义

HY	5×	×	×××	××	××	×	×	×	×	-	××
1	2	3	4	5	6	7	8	9	10		11

1——生产厂家：HY表示现代公司。

2——内存类型：57表示SDRAM，5D表示DDR SDRAM。

3——额定工作电压：空白为5V，“V”为3.3V，“U”为2.5V。

4——内存单位容量和刷新单位：其中64为64Mbit、4Kbit刷新；65为64Mbit、8Kbit刷新；28为128Mbit、4Kbit刷新；56为256Mbit、8Kbit刷新。

5——数据带宽：4为4bit，8为8bit，16为16bit，32为32bit。

6——芯片组成：内存芯片内部由几个 Bank 组成，1、2、3 分别代表 2 个、4 个和 8 个 Bank，是 2 的幂次关系。

7——I/O 界面：1 表示 SSTL_3，2 表示 SSTL_2。

8——产品内核代号：可以为空白或 A、B、C、D 等字母，越往后代表内核越新。

9——功耗：空置为普通，L 为低功耗。

10——封装形式：JC=400mil SOJ，TC=400mil TSOP-Ⅱ，TD=13mm TSOP-Ⅱ TG=16mm TSOP-Ⅱ。

11——工作速度：55 表示 183MHz，5 表示 200MHz，45 表示 222MHz，43 表示 233MHz，4 表示 250MHz，33 表示 300NHz，L 表示 DDR200，H 表示 DDR266B，K 表示 DDR266A。

（2）三星：三星的 DDR 内存条也是采用它自主开发的内存颗粒，市场中最常见的是 DDR3 1333 和 DDR3 1600 两种规格。三星内存的制作工艺相当精湛。

（3）宇瞻：宇瞻的主流内存速度为 DDR3 1333，产品品质好，价格不错，具有良好的性价比。

（4）KingMax 胜创科技：TinyBGA 技术是 KingMax 的专利，于 1998 年 8 月开发成功。TinyBGA 技术采用 BT 树脂替代传统的 TSOP 技术，具有更小的体积，更好的散热性能和电性能。

3. 内存的常见冒充形式

（1）以低速条冒充高速条。

（2）以普通低速条冒充 EDORAM。

（3）以杂牌普通内存冒充名牌原装机内存。

（4）将坏主板上的好的内存条再组合使用。

任务五　安装显卡

显示接口卡（Video Card，Graphics Card），又称为显示适配器（Video Adapter），简称为显卡，是个人计算机最基本的组成部分之一。显卡的用途是将计算机系统所需要的显示信息进行转换驱动，并向显示器提供行扫描信号，控制显示器的正确显示，是连接显示器和个人计算机主板的重要元件，是“人机对话”的重要设备之一。显卡作为计算机主机里的一个重要组成部分，承担输出显示图形的任务，对于喜欢玩游戏和从事专业图形设计的人来说显卡非常重要。目前民用显卡图形芯片供应商主要有 AMD（ATi）和 NVIDIA 两家。

【任务描述】

该任务考查的是对显卡和显示器的安装技巧的掌握。

【任务实施】

（1）观察显卡接口类型，选择主板上的显卡插槽类型，清除相应插槽上的扩充挡板和螺丝；

（2）将显卡对准 AGP 插槽或 PCI-E 插槽并插入；

（3）将显卡对准显卡插槽，垂直下压即可；

（4）拧紧螺丝将显卡牢牢地固定在机箱上，如图2-15所示；

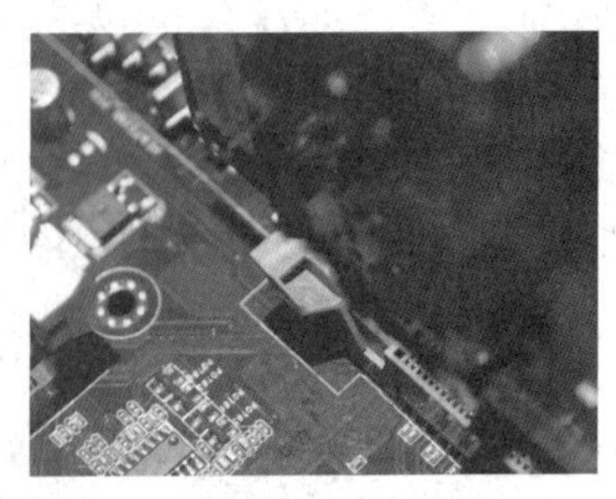

图2-15 固定显卡

（5）连接显示器，将显示器的数据线对准显卡的数据输出接口，插牢，旋转数据线接头两边的螺丝，将数据线牢牢地固定在显卡上，如图2-16所示。

图2-16 连接显示器

【理论知识】

现在市场上的显卡主要分成Intel平台显卡和AMD平台显卡，它们的外形如图2-17所示。

图2-17 Intel平台显卡和AMD平台显卡外形

显卡的基本结构

1. GPU（类似于主板的CPU）

全称是Graphic Processing Unit，中文翻译为“图形处理器”，是NVIDIA公司在发布GeForce 256图形处理芯片时首先提出的概念。GPU使显卡减少了对CPU的依赖，并进行部分原本CPU的工作，尤其是在对3D图形进行处理时。GPU所采用的核心技术有硬件T&L（几何转换和光照处理）、立方环境材质贴图和顶点混合、纹理压缩和凹凸映射贴图、双重纹理四像素 256 位渲染引擎等，而硬件 T&L 技术可以说是 GPU 的标志。GPU 主要由 NVIDIA 与 ATI 两家厂商生产。

2. 显存（类似于主板的内存）

显存是显示内存的简称。顾名思义，其主要功能就是暂时储存显示芯片要处理的数据和处理完毕的数据。图形核心的性能越强，需要的显存也就越多。以前的显存主要是 SDR 的，容量也不大。而现在市面上基本采用的都是 DDR5 规格的显存，在某些高端卡上更是采用了性能更为出色的 GDDR6 代显存。显存主要由传统的内存制造商提供，比如三星、现代、Kingston 等。

3. 显卡 BIOS（类似于主板的 BIOS）

显卡 BIOS 主要用于存放显示芯片与驱动程序之间的控制程序，另外还存有显卡的型号、规格、生产厂家及出厂时间等信息。打开计算机时，通过显示 BIOS 内的一段控制程序，将这些信息反馈到屏幕上。早期显示 BIOS 是固化在 ROM 中的，不可以修改。而现在的多数显卡则采用了大容量的 EPROM，即所谓的 Flash BIOS，可以通过专用的程序进行改写或升级。

4. 显卡 PCB 板（类似于主板的 PCB 板）

就是显卡的电路板，它把显卡上的其他部件连接起来，功能类似主板。

5. 其他

比如显卡风扇等。

【知识拓展】

一、显卡驱动的安装

当系统自动检测不到相应的驱动程序时，或者需要更新驱动程序时，可按下列步骤来安装相应的驱动程序：

（1）在控制面板窗口中，双击“显示”图标，在“显示属性”窗口中选择“设置”选项，或在桌面空白处单击鼠标右键，然后在出现的快捷菜单中选择“属性”，进入“显示属性”设置窗口。

（2）在“显示属性”窗口中选择“高级”，进入后选择“适配器”，然后选择“属性”，弹出适配器属性对话框。选择“驱动程序”选项，再选择“安装驱动程序”选项，将装有驱动程序的软盘或光盘放入对应的驱动器中，并确定驱动程序的安装路径，则系统即自动进行安装。安装结束后，进入“显示属性”窗口，可以看到显卡的具体型号。

二、显卡的性能测试

目前，对显卡的测试通常是采用专用测试软件和游戏软件进行测试。

【背景资料 / 知识】

现在常见的显卡插槽有 PCI 插槽、AGP 插槽和 PCI-E 插槽，如图 2-18 所示。

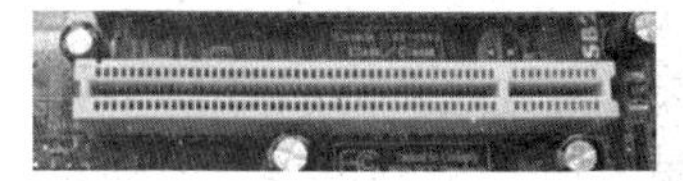

图 2-18　常见显卡插槽

（1）PCI（Peripheral Component Interconnect）接口是由 Intel 公司于 1991 年推出的用于定义局部总线的标准。此标准允许在计算机内安装多达 10 个遵从 PCI 标准的扩展卡。最早提出的 PCI 总线工作在 33MHz 频率之下，传输带宽达到 133MB/s（33MHz × 32b/s），基本上满足了当时处理器的发展需要。随着对更高性能的要求，1993 年又提出了 64b 的 PCI 总线，后来又提出把 PCI 总线的频率提升到 66MHz。PCI 接口的速率最高只有 266MB/s，1998 年之后便被 AGP 接口代替。不过仍然有新的 PCI 接口显卡推出，因为有些服务器主板并没有提供 AGP 或者 PCI-E 接口，或者需要组建多屏输出，选购 PCI 显卡仍然是最实惠的方式。

（2）AGP（Accelerate Graphical Port，加速图像处理端口）接口是 Intel 公司开发的一个视频接口技术标准，是为了解决 PCI 总线的低带宽而开发的接口技术。它通过将图形卡与系统主内存连接起来，在 CPU 和图形处理器之间直接开辟了更快的总线。其发展经历了 AGP1.0（AGP1X/2X）、AGP2.0（AGP4X）、AGP3.0（AGP8X）。最新的 AGP8X 其理论带宽为 2.1GB/s。到 2009 年，已经被 PCI-E 接口基本取代（2006 年大部分厂家已经停止生产）。

（3）PCI Express（简称 PCI-E）是新一代的总线接口，而采用此类接口的显卡产品，已经在 2004 年正式面世。早在 2001 年的春季"英特尔开发者论坛"上，英特尔公司就提出了要用新一代的技术取代 PCI 总线和多种芯片的内部连接，并称之为第三代 I/O 总线技术。随后在 2001 年年底，包括 Intel、AMD、DELL、IBM 在内的 20 多家业界主导公司开始起草新技术规范，并在 2002 年完成，对其正式命名为 PCI Express。

下面介绍独立显卡和集成显卡的区别。

集成显卡是将显示芯片、显存及其相关电路都做在主板上，与主板融为一体。集成显卡的显示芯片有单独的，但现在大部分都集成在主板的北桥芯片中。一些主板集成的显卡也在主板上单独安装了显存，但其容量较小。集成显卡的显示效果与处理性能相对较弱，不能对显卡进行硬件升级，但可以通过 CMOS 调节频率或刷入新 BIOS 文件实现软件升级来挖掘显示芯片的潜能。集成显卡的优点是功耗低、发热量小，部分集成显卡的性能已经可以媲美入门级的独立显卡，所以不用花费额外的资金购买显卡。

独立显卡是指将显示芯片、显存及其相关电路单独做在一块电路板上，自成一体而作为一块独立的板卡存在，它需占用主板的扩展插槽（ISA、PCI、AGP 或 PCI-E）。独立显卡单独安装有显存，一般不占用系统内存，在技术上也较集成显卡先进得多，比集成显卡能够得到更好的显示效果和性能，容易进行显卡的硬件升级。其缺点是系统功耗有所加大，发热量也较大，需额外花费购买显卡的资金。

任务六　安装声卡和音箱

声卡（Sound Card）也叫音频卡（港台地区称之为声效卡），是多媒体技术中最基本的组成部分，是实现声波 / 数字信号相互转换的一种硬件。声卡的基本功能是把来自话筒、磁带、光盘的原始声音信号加以转换，输出到耳机、扬声器、扩音机、录音机等声响设备，或通过音乐设备数字接口（MIDI）使乐器发出美妙的声音。

声卡是计算机进行声音处理的适配器。它有三个基本功能：一是音乐合成发音功能；二是混音器（Mixer）功能和数字声音效果处理器（DSP）功能；三是模拟声音信号的输入和输出功能。声卡处理的声音信息在计算机中以文件的形式存储。声卡工作应有相应的软件支持，包括驱动程序、混频程序（Mixer）和 CD 播放程序等。

声卡可以把来自话筒、收录音机、激光唱机等设备的语音、音乐等声音变成数字信号交给计算机处理，并以文件形式存盘；还可以把数字信号还原成为真实的声音输出。声卡尾部的接口从机箱后侧伸出，上面有连接麦克风、音箱、游戏杆和 MIDI 设备的接口。

【任务描述】

该任务考查的是对声卡和音箱的安装技巧的掌握。

【任务实施】

（1）观察声卡接口类型，选择主板上的声卡插槽类型，清除相应插槽上的扩充挡板和螺丝。

（2）将声卡对准 PCI 插槽并插入。

（3）拧紧螺丝将声卡牢牢地固定在机箱上，如图 2-19 所示。

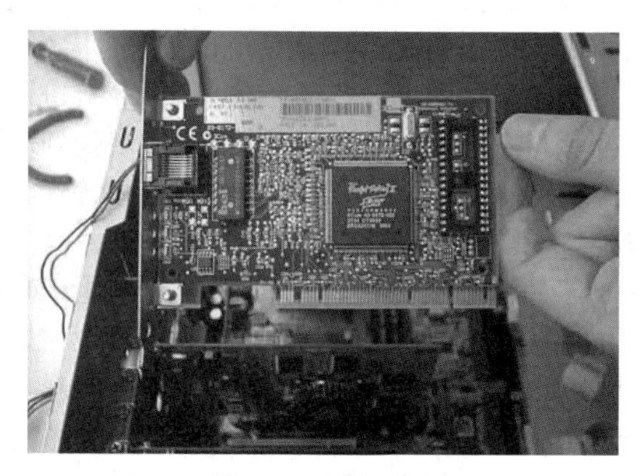

图 2-19　固定声卡

（4）连接音箱，将音箱的数据线对准声卡的数据输出接口，插牢，如图 2-20 所示。

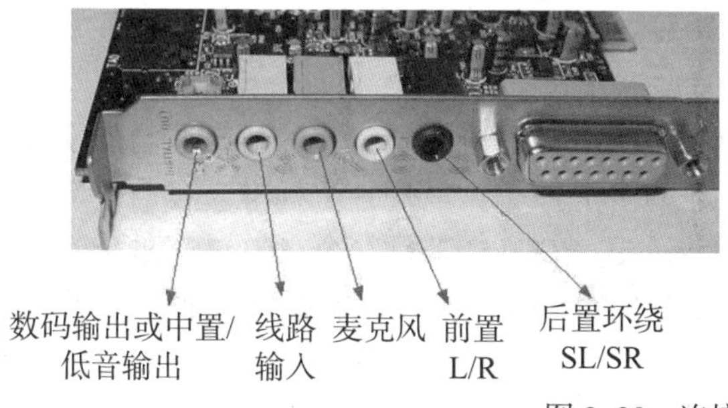

图 2-20　连接音箱

【理论知识】

一、声卡的工作原理

麦克风和喇叭所用的都是模拟信号，而计算机所能处理的都是数字信号，两者不能混用。声卡的作用就是实现两者的转换。从结构上分，声卡可分为模数转换电路和数模转换电路两部分。模数转换电路负责将麦克风等声音输入设备采集到的模拟声音信号转换为计算机能处理的数字信号；而数模转换电路负责将计算机使用的数字声音信号转换为喇叭等设备能使用的模拟信号。

二、声卡的类型

声卡发展至今，主要分为板卡式、集成式和外置式三种接口类型，以适用不同用户的需求。三种类型的产品各有优缺点：

板卡式：板卡式产品是现今市场上的中坚力量，产品涵盖低、中、高各档次，售价从几十元至上千元不等。早期的板卡式产品多为ISA接口，由于此接口总线带宽较低、功能单一、占用系统资源过多，目前已被淘汰。而PCI则取代ISA接口成为目前的主流，它们拥有更好的性能及兼容性，支持即插即用，安装使用都很方便。

集成式：声卡只会影响到计算机的音质，对用户较敏感的系统性能并没有什么影响。因此，大多用户对声卡的要求都满足于能用就行，更愿将资金投入到能增强系统性能的部分。虽然板卡式产品的兼容性、易用性及性能都能满足市场需求，但为了追求更为廉价与简便，集成式声卡出现了。此类产品集成在主板上，具有不占用PCI接口、成本更为低廉、兼容性更好等优势，能够满足普通用户的绝大多数音频需求，自然就受到市场青睐。而且集成声卡的技术也在不断进步，PCI声卡具有的多声道、低CPU占有率等优势也相继出现在集成声卡上，它也由此确立了主导地位，占据了声卡市场的大半壁江山。

外置式声卡：是创新公司独家推出的一个新兴事物，它通过USB接口与计算机连接，具有使用方便、便于移动等优势。但这类产品主要应用于特殊环境，如连接笔记本实现更好的音质等。目前市场上的外置声卡并不多，常见的有创新的Extigy、Digital Music两款，以及MAYA EX、MAYA 5.1 USB等。

三种类型的声卡中，集成式产品价格低廉，技术日趋成熟，占据了较大的市场份额，随着技术进步，这类产品在中低端市场还拥有非常大的前景；PCI声卡将继续成为中高端声卡领域的中坚力量，毕竟独立板卡在设计布线等方面具有优势，更适于音质的发挥；而外置式声卡的优势与成本对于家用计算机来说并不明显，仍是一个填补空缺的边缘产品。

AC’97

AC’97的全称是Audio CODEC’97，这是一个由Intel、雅玛哈等多家厂商联合研发并制定的音频电路系统标准。它并不是一个实实在在的声卡种类，只是一个标准。目前最新的版本已经达到了2.3。现在市场上能看到的声卡大部分的CODEC都是符合AC’97标准的。厂商也习惯用符合CODEC的标准来衡量声卡，因此很多的主板产品，不管采用何种声卡芯片或声卡类型，都称为AC’97声卡。

HD Audio

HD Audio是High Definition Audio（高保真音频）的缩写，原称Azalia，是Intel与杜比

（Dolby）公司合力推出的新一代音频规范。目前主要被 Intel 915/925 系列芯片组的 ICH6 系列南桥芯片所采用。

HD Audio 的制定是为了取代目前流行的 AC'97 音频规范，与 AC'97 有许多共通之处，某种程度上可以说是 AC'97 的增强版，但并不能向下兼容 AC'97 标准。它在 AC'97 的基础上提供了全新的连接总线，支持更高品质的音频以及更多的功能。与 AC'97 音频解决方案相类似，HD Audio 同样是一种软硬混合的音频规范，集成在 ICH6 芯片中（除去 CODEC 部分）。与现行的 AC'97 相比，HD Audio 具有数据传输带宽大、音频回放精度高、支持多声道阵列麦克风音频输入、CPU 的占用率更低和底层驱动程序可以通用等特点。

特别有意思的是，HD Audio 有一个非常人性化的设计。HD Audio 支持设备感知和接口定义功能，即所有输入输出接口可以自动感应设备接入并给出提示，而且每个接口的功能可以随意设定。该功能不仅能自行判断哪个端口有设备插入，还能为接口定义功能。例如用户将麦克插入音频输出接口，HD Audio 便能探测到该接口有设备连接，并且能自动侦测设备类型，将该接口定义为麦克输入接口，改变原接口属性。由此看来，用户连接音箱、耳机和麦克就像连接 USB 设备一样简单，在控制面板上点几下鼠标即可完成接口的切换。即便是复杂的多声道音箱，菜鸟级用户也能做到“即插即用”。

三、板载声卡

因为板载软声卡没有声卡主处理芯片，在处理音频数据的时候会占用部分 CPU 资源，所以在 CPU 主频不太高的情况下会略微影响到系统性能。目前 CPU 主频早已用 GHz 来进行计算，而音频数据处理量却增加得并不多，相对于以前的 CPU 而言，CPU 资源占用率已经大大降低，对系统性能的影响也微乎其微了，几乎可以忽略。

“音质”问题也是板载软声卡的一大弊病，比较突出的就是信噪比较低。其实这个问题并不是因为板载软声卡对音频处理有缺陷造成的，主要是因为主板制造厂商设计板载声卡时的布线不合理，以及用料做工等方面过于节约成本造成的。

而对于板载的硬声卡，则基本不存在以上两个问题，其性能基本能接近并达到一般独立声卡的性能，完全可以满足普通家庭用户的需要。

板载声卡最大的优势就是性价比。而且随着声卡驱动程序的不断完善，主板厂商设计能力的提高，以及板载声卡芯片性能的提高和价格的下降，板载声卡越来越得到用户的认可。

板载声卡的劣势却正是独立声卡的优势，而独立声卡的劣势又正是板载声卡的优势。独立声卡价格从几十元到几千元有着各种不同的档次，从性能上讲板载声卡完全不输给中低端的独立声卡，在性价比上板载声卡又占尽优势。在中低端市场，对于追求性价比的用户，板载声卡是不错的选择。

四、声卡接口

（1）线性输入接口，标记为“Line In”。Line In 端口将品质较好的声音、音乐信号输入，通过计算机的控制将该信号录制成一个文件。通常该端口用于外接辅助音源，如影碟机、收音机、录像机及 VCD 回放卡的音频输出。

（2）线性输出端口，标记为“Line Out”。它用于外接音箱功放或带功放的音箱。

（3）第二个线性输出端口，一般用于连接四声道以上的后端音箱。

（4）话筒输入端口，标记为“Mic In”。它用于连接麦克风（话筒），可以将自己的歌声录下来实现基本的“卡拉OK功能”。

（5）扬声器输出端口，标记为“Speaker”或“SPK”。它用于插外接音箱的音频线插头。

（6）MIDI及游戏摇杆接口，标记为“MIDI”。几乎所有的声卡上均带有一个游戏摇杆接口来配合模拟飞行、模拟驾驶等游戏软件，这个接口与MIDI乐器接口共用一个15针的D型连接器（高档声卡的MIDI接口可能还有其他形式）。该接口可以配接游戏摇杆、模拟方向盘，也可以连接电子乐器上的MIDI接口，实现MIDI音乐信号的直接传输。

五、声卡厂家

Realtek台湾瑞昱公司，主要生产ALC系列AC’97声卡，适用于所有的芯片组。

Analog Devices美国模拟器件公司，主要生产AD18XX、AD19XX系列声卡，适用于所有的芯片组。

Cmedia台湾骅迅公司，主要生产CMI97系列声卡，适用于所有的芯片组。

VIA台湾威胜公司，主要生产VT系列声卡，适用于VIA芯片组。

SIS台湾矽统公司，适用于SIS芯片组。

Sigmatel美国集成声讯公司，主要生产笔记本和早期主板上常见的AC’97芯片。

【知识拓展】

声卡故障检测：

一、检查声卡、音箱等设备是否毁坏，连接是否常，是独立声卡，取下声卡，用橡皮擦金手指，将声卡换一个插槽，再插紧。

二、安装声卡驱动。

1. 检查声卡状态

右击“我的电脑”→“属性”→“硬件”→“设备管理器”，展开“声音、视频和游戏控制器”，前面如果有黄色的“？”，说明缺声卡驱动，如果有“！”，说明该声卡驱动不能正常使用。如果没有声卡显示，说明声卡没插紧或是坏了。

2. 不知道声卡型号

不知道声卡型号，可以看展开的“声音、视频和游戏控制器”下的那一串字符和数字；也可单击“开始”→“运行”→输入dxdiag打开“DirectX诊断工具”→“声音”，从打开的界面中找。

3. 下载驱动软件安装

（1）下载声卡驱动的网站不少，简便的办法是，在综合大型网站主页，把你的声卡型号输入到“搜索”文本框中，按“搜索”按钮，从打开的界面中，选你要下载驱动的网站。

（2）在打开的网站中，如果没有显示你要的驱动软件，你可以运用该网站搜索引擎搜索。

（3）下载驱动软件要注意：一是品牌型号要正确；二是在什么系统上使用；三是要看该驱动软件公布的时间，最新的未必适合使用。

（4）下载的驱动软件一般有自动安装功能，打开后，点击即自动安装。不能自动安装的，解压后备用，要记下该软件在磁盘中的具体路径。右击“我的电脑”→“属性”→“硬件”→“设备管理器”，打开“声音、视频和游戏控制器”，右击“声音、视频和游戏控制器”下的？号声卡选项，选“更新驱动程序”，打开“硬件更新向导”，去掉“搜索可移动媒体”前的勾，勾选“从列表或指定位置安装”→“下一步”，勾选“在搜索中包括这个位置”，在下拉列表框中填写要使用的声卡驱动文件夹的路径→“下一步”，系统即自动搜索并安装指定位置中的声卡驱动程序。

任务七　安装网卡

计算机与外界局域网的连接是通过主机箱内插入的一块网络接口板（或者是在笔记本计算机中插入一块 PCMCIA 卡）来实现的。网络接口板又称为通信适配器或网络适配器（Adapter）或网络接口卡（Network Interface Card，NIC），即网卡。

网卡是工作在数据链路层的网络组件，是局域网中连接计算机和传输介质的接口，不仅能实现与局域网传输介质之间的物理连接和电信号匹配，还涉及帧的发送与接收、帧的封装与拆封、介质访问控制、数据的编码与解码以及数据缓存的功能等。

【任务描述】

该任务考查的是对网卡安装技巧的掌握。

【任务实施】

网卡安装步骤：

（1）观察网卡接口类型，选择主板上的网卡插槽类型，清除相应插槽上的扩充挡板和螺丝，如图 2-21 所示；

图 2-21　插入网卡

（2）将网卡对准 PCI 插槽并插入；

（3）拧紧螺丝将网卡牢牢地固定在机箱上，如图 2–22 所示；

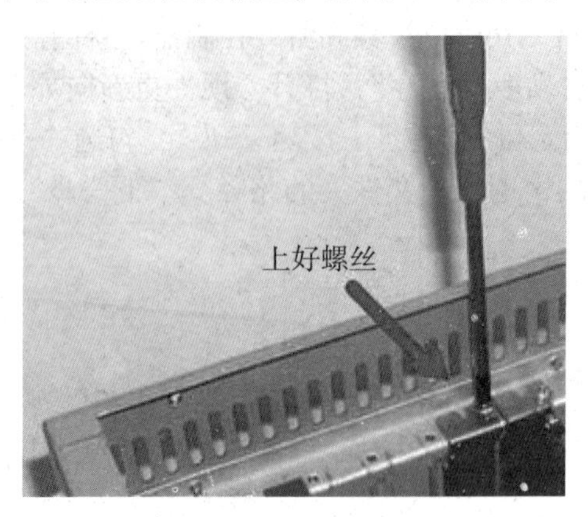

图 2–22 上好螺丝

（4）在图 2–23 箭头所指的位置插入网线。

图 2–23 插入网线

【理论知识】

网卡是网络接口卡（NIC，Network Interface Card）的简称，也可以叫作网络适配器（NIA，Network Interface Adapter），是计算机连接网络的重要硬件设备之一。

一、网卡的类型

1. 按工作平台划分

目前市面上的网卡按照工作平台分类，大致可以分为服务器网卡、台式机网卡（兼容网卡）、无线网卡和笔记本网卡四种。

2. 按总线接口类型划分

ISA 接口网卡、PCI 接口网卡、PCI–X 总线接口网卡和 PCMCIA 接口网卡。

目前市面上的台式机网卡有 ISA、PCI 两种接口，价格差距比较小。ISA 卡兼容性较差，容易发生兼容性问题。PCI 网卡拥有 32 位总线；比 ISA 的 16 位总线有着更低的 CPU 占用率和更明显的速度优势。服务器上使用 PCI–X 总线接口网卡，笔记本计算机则使用 PCMCIA 接口的网卡。

3. 按网络接口划分

计算机中常见的总线接口都有其适用的网卡，目前常见的接口主要有以太网的 RJ–45 接口、细同轴电缆的 BNC 接口和粗同轴电缆的 AUI 接口、ATM 接口。选购网卡时一定要了解网卡接口类型，不同的类型之间不能通用。有的网卡为了适用于更广泛的应用环境，提供了两种或多种类型的接口，但是价格比较昂贵。

4. 按网卡连接速率划分

目前主流的网卡主要有 10 Mb/s 网卡、100 Mb/s 以太网卡、10 Mb/s/100 Mb/s 自适应网卡、1000 Mb/s 千兆以太网卡四种。10 Mb/s 网卡、100 Mb/s 以太网卡和 10 Mb/s/100 Mb/s 自适应网卡都能满足家庭使用需要，价格差距也不大。1000 Mb/s 千兆以太网卡一般用于服务器与交换机的连接，价格较贵。10 Mb/s 网卡、100 Mb/s 以太网卡和 10 Mb/s/100 Mb/s 自适应网卡的价格差距不大。

【知识拓展】

网卡驱动程序的安装：

由于一般的网卡都有 PNP 即插即用功能，因此驱动程序安装起来比较简单。打开计算机电源，进入系统后会自动发现网卡硬件，弹出新硬件安装向导。

1. Windows XP/2003 的用户按照以下方法进行

（1）在“找到新的硬件向导”中选择“从列表或指定位置安装（高级）”后，单击“下一步”按钮；

（2）将买网卡时附带的驱动程序盘插入相应的磁盘驱动器，单击“浏览”按钮，浏览该磁盘，找到与网卡型号相匹配的程序，单击“确定”按钮，系统就会在指定的位置查找网卡驱动程序，在系统的提示下完成对网络适配器的安装。安装完成后，按系统提示重启计算机，桌面上会增加一个网上邻居的图标。

2. 查看网卡是否安装成功

（1）用右键单击“我的电脑”，选择“属性”选项，在打开的“系统属性”对话框中，单击“硬件”选项卡中的“设备治理器”按钮；

（2）在“设备治理器”窗口里，双击“网络适配器”，可以看到刚才安装的网卡已经出现在网络适配器的目录下，表明已成功地安装了网卡的驱动程序；

（3）假如在刚安装好的网卡名称前面出现了一个黄色的问号“？”，表明该网卡与其他的硬件设备出现了硬件资源冲突，需要重新安装网卡驱动程序，以消除硬件冲突。

3. 安装 TCP/IP 协议

安装网卡时，系统会默认安装 TCP/IP 协议，假如您不确定系统中是否安装了 TCP/IP 协议，可以通过以下方法查看：

（1）打开“控制面板”，单击“网络和 Internet 连接”图标，查看“网络连接”右击“本地连接”，单击“属性”按钮，看到“TCP/IP 协议”说明协议已经正确安装。假如没有显示就需要手动安装，或显示有叹号或问号的协议，也要单击“添加”按钮重新安装；

（2）在“请选择网络组件类型”中选中“协议”，单击“添加”按钮；

（3）在“选择 Network Transport”的“厂商”列表中选择“Microsoft”，“网络协议”列表中选择“TCP/IP”，单击“确定”按钮进行安装。

以上步骤完成后，系统会提示要求重启计算机，按提示进行操作即可。

4. 网卡应用注重事项

将网卡的驱动程序升级到新的高级版本，确实可以挖掘网卡的“潜能”。可是网络中各种信息鱼龙混杂，不进行考察就盲目下载网络中的最新版本，很可能造成系统的不稳定，导致计算机经常出现各种莫名其妙的故障，严重时甚至可能导致系统崩溃。

5. 建议

在更新网卡驱动程序时，最好使用设备管理器的“更新驱动程序”功能，双击列表中的网卡，进入网卡属性设置窗口，在“驱动程序”选项卡中，通过“更新驱动程序”进行网卡驱动程序的更新。

6. 总结

同样的网卡，不同的操作设置，会表现出不一样的工作动力。即使使用了高质量的品牌网卡，如果操作不当，同样会影响性能的发挥，严重的话还可能导致计算机系统崩溃。

任务八　安装外部存储器

子任务一　安装硬盘

硬盘（Hard Disc Drive，HDD）是计算机主要的存储媒介之一，由一个或者多个铝制或玻璃制的碟片组成。这些碟片外覆盖有铁磁性材料。绝大多数硬盘都是固定硬盘，被永久性地密封固定在硬盘驱动器中。

【任务描述】

该任务考查对硬盘的安装技巧的掌握。

【任务实施】

（1）将硬盘小心放入机箱内的硬盘托架上，并使硬盘侧面的螺丝孔对准硬盘托架上的螺丝孔，如图 2-24 所示。

（2）拧紧螺丝将硬盘固定在硬盘托架上，完成硬盘的安装，如图 2-25 所示。

图 2-24　放入硬盘

图 2-25　固定硬盘

【理论知识】

一、硬盘接口

1. ATA

ATA 全称 Advanced Technology Attachment，是用传统的 40-pin 并口数据线连接主板与硬盘的，外部接口速度最大为 133Mb/s。因为并口线的抗干扰性太差，且排线占空间，不利于计算机散热，将逐渐被 SATA 所取代。

2. IDE

IDE 全称 Integrated Drive Electronics，即“电子集成驱动器”，俗称 PATA 并口。

3. SATA

使用 SATA（Serial ATA）口的硬盘又叫串口硬盘，是未来计算机硬盘的趋势。2001 年，由 Intel、APT、Dell、IBM、希捷、迈拓这几大厂商组成的 Serial ATA 委员会正式确立了 Serial ATA 1.0 规范。2002 年，虽然串行 ATA 的相关设备还未正式上市，但 Serial ATA 委员会已抢先确立了 Serial ATA 2.0 规范。Serial ATA 采用串行连接方式，串行 ATA 总线使用嵌入式时钟信号，具备了更强的纠错能力。与以往相比其最大的区别在于能对传输指令（不仅是数据）进行检查，如果发现错误会自动矫正，这在很大程度上提高了数据传输的可靠性。串行接口还具有结构简单、支持热插拔的优点。

4. SATA2

希捷在 SATA 的基础上加入 NCQ 本地命令阵列技术，并提高了磁盘速率。

5. SCSI

SCSI 全称为 Small Computer System Interface（小型机系统接口），历经多世代的发展，从早期的 SCSI-II，到目前的 Ultra320 SCSI 以及 Fiber-Channel（光纤通道），接头类型也有多种。SCSI 硬盘广为工作站级个人计算机以及服务器所使用，因为它的转速快，可达 15000 r/min，且数据传输时占用 CPU 运算资源较低，但是单价也比同样容量的 ATA 及 SATA 硬盘昂贵。

6. SAS

SAS（Serial Attached SCSI）是新一代的 SCSI 技术，和 SATA 硬盘相同，都是采取序列式技术以获得更高的传输速度，可达到 3Gb/s。此外也通过缩小连接线改善系统内部空间等。

此外，由于 SAS 硬盘可以与 SATA 硬盘共享同样的背板，因此在同一个 SAS 存储系统中，可以用 SATA 硬盘来取代部分昂贵的 SCSI 硬盘，节省整体的存储成本。

7. M.2 接口

M.2 接口是 Intel 推出的一种替代 SATA 的新的接口规范。其实，对于桌面台式机用户来讲，SATA 接口已经足以满足大部分用户的需求了，考虑到超极本用户的存储需求，Intel 才急切地推出了这种新的接口标准，所以，我们在华硕、技嘉、微星等发布的新的 9 系列主板上都看到了这种新的 M.2 接口，现已普及。

8. 固态硬盘

固态驱动器（Solid State Disk 或 Solid State Drive，简称 SSD），俗称固态硬盘，固态硬盘是用固态电子存储芯片阵列而制成的硬盘，因为台湾英语里把固体电容称为 Solid 而得名。SSD 由控制单元和存储单元（FLASH 芯片、DRAM 芯片）组成。固态硬盘在接口的规范和定义、功能及使用方法上与普通硬盘完全相同，在产品外形和尺寸上也完全与普通硬盘一致，被广泛应用于军事、车载、工控、视频监控、网络监控、网络终端、电力、医疗、航空、导航设备等诸多领域。

其芯片的工作温度范围很宽，商规产品为 0~70℃，工规产品为 40~85℃。虽然成本较高，但也正在逐渐普及到 DIY 市场。由于固态硬盘技术与传统硬盘技术不同，所以产生了不少新兴的存储器厂商。厂商只需购买 NAND 存储器，再配合适当的控制芯片，就可以制造固态硬盘了。新一代的固态硬盘普遍采用 SATA-2 接口、SATA-3 接口、SAS 接口、MSATA 接口、PCI-E 接口、NGFF 接口、CFast 接口、SFF-8639 接口和 M.2 NVME/SATA 协议。

二、硬盘的结构

硬盘的内部结构如图 2-26 所示。

图 2-26 硬盘的内部结构

无论是 IDE 还是 SCSI，采用的都是“温彻思特”技术，都有以下特点：

• 磁头、盘片及驱动机构密封。

• 固定并高速旋转的镀磁盘片表面平整光滑。

• 磁头沿盘片径向移动。

• 磁头对盘片接触式启停，但工作时呈飞行状态不与盘片直接接触。

1. 磁头

磁头是硬盘中最昂贵的部件，也是硬盘技术中最重要和最关键的一环。传统的磁头是读写合一的电磁感应式磁头。但是，硬盘的读、写是两种截然不同的操作，为此，这种二合一磁头在设计时必须要同时兼顾到读、写两种特性，从而造成了硬盘设计上的局限。而 MR 磁头（Magneto Resistive Heads），即磁阻磁头，采用的是分离式的磁头结构：写入磁头仍采用传统的磁感应磁头（MR 磁头不能进行写操作）；读取磁头则采用新型的 MR 磁头，即所谓的感应写、磁阻读。这样，在设计时就可以针对两者的不同特性分别进行优化，以得到最好的读 / 写性能。另外，MR 磁头是通过阻值变化而不是电流变化去感应信号幅度，因而对信号变化相当敏感，读取数据的准确性也相应提高。而且由于读取的信号幅度与磁道宽度无关，故磁道可以做得很窄，从而提高盘片密度，达到 200MB/s，而使用传统的磁头只能达到 20MB/s，这也是 MR 磁头被广泛应用的最主要原因。目前，MR 磁头已得到广泛应用，而采用多层结构和磁阻效应更好的材料制作的 GMR 磁头（Giant Magneto Resistive Heads）也逐渐普及。

2. 磁道

当磁盘旋转时，磁头若保持在一个位置上，则每个磁头都会在磁盘表面划出一个圆形轨迹，这些圆形轨迹就叫作磁道。这些磁道用肉眼是根本看不到的，因为它们仅是盘面上以特殊方式磁化了的一些磁化区，磁盘上的信息便是沿着这样的轨道存放的。相邻磁道之间并不是紧挨着的，这是因为磁化单元相隔太近时磁性会相互产生影响，同时也为磁头的读写带来困难。一张 1.44MB 的 3.5 英寸软盘，一面有 80 个磁道，而硬盘上的磁道密度则远远大于此值，通常一面有成千上万个磁道。

3. 扇区

磁盘上的每个磁道被等分为若干个弧段，这些弧段便是磁盘的扇区，每个扇区可以存放 512 个字节的信息。磁盘驱动器在向磁盘读取和写入数据时，要以扇区为单位。1.44MB 的 3.5 英寸软盘，每个磁道分为 18 个扇区。

4. 柱面

硬盘通常由重叠的一组盘片构成，每个盘面都被划分为数目相等的磁道，并从外缘的“0”开始编号，具有相同编号的磁道形成一个圆柱，称之为磁盘的柱面。磁盘的柱面数与一个盘面上的磁道数是相等的。由于每个盘面都有自己的磁头，因此，盘面数等于总的磁头数。所谓硬盘的 CHS，即 Cylinder（柱面）、Head（磁头）、Sector（扇区）。只要知道了硬盘的 CHS 的数目，即可确定硬盘的容量，硬盘的容量 = 柱面数 × 磁头数 × 扇区数 ×512B。

三、硬盘的逻辑结构

1. 硬盘参数释疑

到目前为止，人们常说的硬盘参数还是古老的 CHS（Cylinder/Head/Sector）参数。那么为什么要使用这些参数，它们的意义是什么？它们的取值范围是什么？

在硬盘的容量还非常小的时候，人们采用与软盘类似的结构生产硬盘。也就是硬盘盘片的每一条磁道都具有相同的扇区数。由此产生了所谓的 3D 参数（Disk Geometry）. 即磁头数（Heads）、柱面数（Cylinders）、扇区数（Sectors）以及相应的寻址方式。

磁头数（Heads）表示硬盘总共有几个磁头，也就是有几面盘片，最大为 255（用 8 个二进制位存储）;

柱面数（Cylinders）表示硬盘每一面盘片上有几条磁道，最大为 1023（用 10 个二进制位存储）;

扇区数（Sectors）表示每一条磁道上有几个扇区，最大为 63（用 6 个二进制位存储）;

每个扇区一般是 512 个字节，理论上讲这不是必需的，但好像没有取别的值的。

所以磁盘最大容量为：

255 × 1023 × 63 × 512/1048576=7.837GB（1MB=1048576 Bytes）

或硬盘厂商常用的单位：

255 × 1023 × 63 × 512/1000000=8.414GB（1MB=1000000 Bytes）

在 CHS 寻址方式中，磁头、柱面、扇区的取值范围分别为 0 到 Heads-1、0 到 Cylinders-1、1 到 Sectors（注意是从 1 开始）。

2. 基本 Int 13H 调用简介

BIOS Int 13H 调用是 BIOS 提供的磁盘基本输入输出中断调用，它可以完成磁盘（包括硬盘和软盘）的复位、读写、校验、定位、格式化等功能。它使用的就是 CHS 寻址方式，因此最大只能访问 8GB 左右的硬盘（本文中如不做特殊说明，均以 1MB=1048576 字节为单位）。

3. 现代硬盘结构简介

在老式硬盘中，由于每个磁道的扇区数相等，因此外道的记录密度要远低于内道，因此会浪费很多磁盘空间（与软盘一样）。为了解决这一问题，进一步提高硬盘容量，人们改用等密度结构生产硬盘。也就是说，外圈磁道的扇区比内圈磁道多。采用这种结构后，硬盘不再具有实际的 3D 参数，寻址方式也改为线性寻址，即以扇区为单位进行寻址。

为了与使用 3D 寻址的老软件兼容（如使用 BIOS Int 13H 接口的软件），在硬盘控制器内部安装了一个地址翻译器，由它负责将老式 3D 参数翻译成新的线性参数。这也是为什么现在硬盘的 3D 参数可以有多种选择的原因（不同的工作模式，对应不同的 3D 参数，如 LBA、LARGE、NORMAL）。

4. 扩展 Int 13H 简介

虽然现代硬盘都已经采用了线性寻址，但是由于基本 Int 13H 的制约，使用 BIOS Int 13H 接口的程序，如 DOS 等还只能访问 8GB 以内的硬盘空间。为了打破这一限制，Microsoft 等几家公司制定了扩展 Int 13H 标准（Extended Int 13H），采用线性寻址方式存取硬盘，所以突破了 8GB 的限制，而且还加入了对可拆卸介质（如活动硬盘）的支持。

四、硬盘的基本参数

1. 容量

作为计算机系统的数据存储器，容量是硬盘最主要的参数。

硬盘的容量以兆字节（MB）或千兆字节（GB）为单位，1GB=1024MB。但硬盘厂商在标称硬盘容量时通常取 1G=1000MB，因此我们在 BIOS 中或在格式化硬盘时看到的容量会比厂家的标称值要小。

硬盘的容量指标还包括硬盘的单碟容量。所谓单碟容量是指硬盘单片盘片的容量。单碟容量越大，单位成本越低，平均访问时间也越短。

对于用户而言，硬盘的容量就像内存一样，永远只会嫌少不会嫌多。Windows 操作系统带给我们的除了更为简便的操作外，还带来了文件大小与数量的日益膨胀，一些应用程序动辄就要占用上百兆的硬盘空间，而且还有不断增大的趋势。因此，在购买硬盘时适当地超前是明智的。近两年主流硬盘是 500G，而 1T 以上的大容量硬盘亦已开始逐渐普及。

一般情况下硬盘容量越大，单位字节的价格就越便宜，但是超出主流容量的硬盘则例外。时至 2013 年 7 月初，1TB（1000GB）的希捷硬盘价格大概是 400 元，希捷 Barracuda 2TB（7200 转，64MB，SATA3）的硬盘价格大概是 560 元。

2. 转速

转速（Rotational Speed 或 Spindle Speed），是硬盘内电机主轴的旋转速度，也就是硬盘盘片在一分钟内所能完成的最大转数。转速的快慢是标示硬盘档次的重要参数，它是决定硬盘内部传输率的关键因素之一，在很大程度上直接影响到硬盘的速度。硬盘的转速越快，硬盘寻找文件的速度也就越快，相对地硬盘的传输速度也就得到了提高。硬盘转速以每分钟多少转来表示，转速越大，内部传输率就越快，访问时间就越短，硬盘的整体性能也就越好。

硬盘的主轴电机带动盘片高速旋转，产生浮力使磁头飘浮在盘片上方。要将所要存取资料的扇区带到磁头下方，转速越快，则等待时间就越短，因此转速在很大程度上决定了硬盘的速度。

家用的普通硬盘的转速一般有 5400r/min、7200r/min 两种，高转速硬盘也是现在台式机用户的首选；而对于笔记本用户则是以 4200r/min、5400r/min 为主，虽然已经有公司发布了 7200r/min 的笔记本硬盘，但在市场中还较为少见；服务器用户对硬盘性能要求最高，服务器中使用的 SCSI 硬盘转速基本都采用 10000r/min，甚至还有 15000r/min 的，性能要超出家用产品很多。较高的转速可缩短硬盘的平均寻道时间和实际读写时间。但随着硬盘转速的不断提高，也带来了温度升高、电机主轴磨损加大、工作噪声增大等负面影响。笔记本硬盘转速低于台式机硬盘，一定程度上是受到这个因素的影响。笔记本内部空间狭小，笔记本硬盘的尺寸（2.5 英寸）也被设计得比台式机硬盘（3.5 英寸）小，转速提高造成的温度上升，对笔记本本身的散热性能提出了更高的要求；噪声变大，又必须采取必要的降噪措施。这些都对笔记本硬盘制造技术提出了更多的要求。同时，转速提高，而其他的维持不变，则意味着电机的功耗将增大，单位时间内消耗的电量增多，电池的工作时间缩短，这样笔记本的便携性就受到影响。所以笔记本硬盘一般都采用相对较低转速的 4200r/min 硬盘。

转速是随着硬盘电机技术的提高而改变的，现在液态轴承电机（Fluid dynamic bearing motors）已全面代替了传统的滚珠轴承电机。液态轴承电机通常应用于精密机械工业上，它使用的是黏膜液油轴承，以油膜代替滚珠。这样可以避免金属面的直接摩擦，将噪声及温度减至最低；同时油膜可有效吸收震动，使抗震能力得到提高；更可减少磨损，提高寿命。

3. 平均访问时间

平均访问时间（Average Access Time）是指磁头从起始位置到达目标磁道位置，并且从目标磁道上找到要读写的数据扇区所需的时间。

平均访问时间体现了硬盘的读写速度，它包括了硬盘的平均寻道时间和平均等待时间，即：平均访问时间 = 平均寻道时间 + 平均等待时间。

硬盘的平均寻道时间（Average Seek Time）是指硬盘的磁头移动到盘面指定磁道所需的时间。这个时间当然越小越好，目前硬盘的平均寻道时间通常在 8ms 到 12ms 之间，而 SCSI 硬盘则应小于或等于 8ms。

硬盘的平均等待时间，又叫潜伏期（Latency），是指磁头已处于要访问的磁道，等待所要访问的扇区旋转至磁头下方的时间。平均等待时间为盘片旋转一周所需的时间的一半，一般应在 4ms 以下。

4. 传输速率

数据传输率（Data Transfer Rate）是指硬盘读写数据的速度，单位为兆字节 / 秒（MB/s）。硬盘数据传输率又包括了内部数据传输率和外部数据传输率。

内部传输率（Internal Transfer Rate）也称为持续传输率（Sustained Transfer Rate），它反映了硬盘缓冲区未用时的性能。内部传输率主要依赖于硬盘的旋转速度。

外部传输率（External Transfer Rate）也称为突发数据传输率（Burst Data Transfer Rate）或接口传输率，它标称的是系统总线与硬盘缓冲区之间的数据传输率。外部传输率与硬盘接口类型和硬盘缓存的大小有关。

目前 Fast ATA 接口硬盘的最大外部传输率为 16.6MB/s，而 Ultra ATA 接口的硬盘则达到 33.3MB/s。

使用 SATA（Serial ATA）口的硬盘又叫串口硬盘，是未来计算机硬盘的趋势。2001 年，由 Intel、APT、Dell、IBM、希捷、迈拓这几大厂商组成的 Serial ATA 委员会正式确立了 Serial ATA 1.0 规范。2002 年，虽然串行 ATA 的相关设备还未正式上市，但 Serial ATA 委员会已抢先确立了 Serial ATA 2.0 规范。Serial ATA 采用串行连接方式，串行 ATA 总线使用嵌入式时钟信号，具备了更强的纠错能力。与以往相比其最大的区别在于能对传输指令（不仅仅是数据）进行检查，如果发现错误会自动矫正，这在很大程度上提高了数据传输的可靠性。串行接口还具有结构简单、支持热插拔的优点。

串口硬盘是一种完全不同于并行 ATA 的新型硬盘接口类型，由于采用串行方式传输数据而知名。相对于并行 ATA 来说，具有非常多的优势。首先，Serial ATA 以连续串行的方式传送数据，一次只会传送 1 位数据。这样能减少 SATA 接口的针脚数目，使连接电缆数目变少，效率也会更高。实际上，Serial ATA 仅用四支针脚就能完成所有的工作，分别用于连接电缆、连接地线、发送数据和接收数据，同时这样的架构还能降低系统能耗和减小系统复杂性。其次，Serial ATA 的起点更高、发展潜力更大。Serial ATA 1.0 定义的数据传输率可达 150MB/s，这比最快的并行 ATA（即 ATA/133）所能达到 133MB/s 的最高数据传输率还高，而 Serial ATA 2.0 的数据传输率达到 300MB/s，最终 SATA 将实现 600MB/s 的最高数据传输率。

5. 缓存

与主板上的高速缓存（RAM Cache）一样，硬盘缓存的目的是为了解决系统前后级读写速度不匹配的问题，以提高硬盘的读写速度。目前，大多数 SATA 硬盘的缓存为 16MB，而 1TB 以上的硬盘缓存有 64MB。

【背景资料 / 知识】

一、硬盘发展

（1）1956 年，IBM 的 IBM 350 RAMAC 是现代硬盘的雏形，它相当于两个冰箱的体积，不过其储存容量只有 5MB。1973 年 IBM 3340 问世，它拥有“温彻斯特”这个绰号，来源于它的两个 30MB 的储存单元，恰是当时出名的“温彻斯特来复枪”的口径和填弹量。至此，硬盘的基本架构被确立。

（2）1970 年，StorageTek 公司（Sun StorageTek）开发了第一个固态硬盘驱动器。

（3）1980 年，两位前 IBM 员工创立的公司开发出 5.25 英寸规格的 SMB 硬盘，这是首款面向台式机的产品，而该公司正是希捷（SEAGATE）公司。

（4）20 世纪 80 年代末，IBM 公司推出 MR（MagnetoResistive，磁阻）技术，令磁头灵敏度大大提升，使盘片的储存密度较之前的每平方英寸 20MB 提高了数十倍。该技术为硬盘容量的巨大提升奠定了基础。1991 年，IBM 应用该技术推出了首款 3.5 英寸的 1GB 硬盘。

（5）从 1970 年开始，硬盘盘片的储存密度每年以惊人的速度增长，这主要得益于 IBM 的 CMR（Giant Magneto Resistive，巨磁阻）技术，它使磁头灵敏度进一步提升，进而提高了储存密度。

（6）1995 年，为了配合 Intel 的 LX 芯片组，昆腾（Quantum）与 Intel 携手发布 UDMA33 接口——EIDE 标准将原来接口数据传输率从 16.6MB/s 提升到了 33MB/s。同年，希捷开发出液态轴承（Fluid Dynamic Bearing，FDB）电机。所谓的 FDB 就是将陀螺仪上的技术引进到硬盘生产中，用厚度相当于头发直径十分之一的油膜取代金属轴承，降低了硬盘噪声与发热量。

（7）1996 年，希捷收购康诺（Conner Peripherals）。

（8）1998 年 2 月，UDMA 66 规格面世。

（9）2000 年 10 月，迈拓（Maxtor）收购昆腾。

（10）2003 年 1 月，日立宣布完成 20.5 亿美元的收购 IBM 硬盘事业部计划，并成立日立环球储存科技公司（Hitachi Global Storage Technologies，HGST）。

（11）2005 年日立环球储存科技和希捷都宣布了将开始大量采用磁盘垂直写入技术（Perpendicular Recording），该原理是将平行于盘片的磁场方向改变为垂直（90°），更充分地利用储存空间。

（12）2005 年 12 月 21 日，硬盘制造商希捷宣布收购迈拓。

（13）2007 年 1 月，日立环球储存科技宣布将会发售全球首只 1TB 的硬盘，比原先的预定时间迟了一年多，硬盘的售价为 399 美元，平均每美分可以购得 27.5MB 硬盘空间。

（14）2007年11月，迈拓硬盘出厂的预先格式化的硬盘，被发现已植入会盗取在线游戏的账号与密码的木马。

（15）2010年2月，镁光发布了全球首款SATA 6GB/s接口固态硬盘，突破了SATA-2接口300MB/s的读写速度。2010年年底，瑞耐斯（Renice）推出全球第一款高性能mSATA固态硬盘并获取专利权。

（16）2011年3月8日凌晨，西部数据公司（WD）宣布，将以现金加股票的形式，出资43亿美元收购日立全资子公司。

（17）2015年8月1日，中国存储厂商特科芯推出了首款Type-C接口的移动固态硬盘。该款SSD提供了最新的Type-C接口，支持USB接口双面插入。

（18）2016年1月1日，特科芯发布了全球首款Type-C指纹加密SSD。

二、硬盘制造商

市场中流行的硬盘主要有日立、Maxtor（迈拓）、Seagate（希捷）、WD（西部数据）以及很少能见到的三星和富士通的硬盘。

1. 易拓（Excelstor）

深圳易拓科技有限公司（简称“易拓科技”）成立于2001年，注册资本2660万美元，是长城科技股份有限公司控股的中外合资企业，专门从事硬盘驱动器的研究设计、生产制造和销售服务，是中国国内最大的自主研发、生产硬盘驱动器的世界级制造厂商，在中国深圳拥有现代化的生产基地，并在美国设立了自主的硬盘研究开发中心。2004年实现销售收入30亿元。易拓科技是深圳市高新技术企业、深圳出口“百强企业”、广东省大型出口企业、2004年度全国工业500强企业。

2. 希捷（Seagate）

希捷科技（Seagate Technology）是全球主要的硬盘厂商之一，于1979年在美国加利福尼亚州成立，现时在开曼群岛注册。目前，希捷的主要产品包括桌面硬盘、企业用硬盘、笔记本计算机硬盘和微型硬盘。在专门研发硬盘的厂商中，希捷是历史最悠久的。它的第一个硬盘产品，容量是5MB。在2006年5月，希捷科技收购了另一硬盘厂商——迈拓公司。产品销量方面，希捷报称自己是第一个售出10亿个硬盘产品的公司。

3. 西部数据（Western Digital）

市场占有率仅次于希捷。以桌面产品为主。其桌面产品分为侧重高I/O性能的Black系列（俗称黑盘）、普通的Blue系列（俗称蓝盘），以及侧重低功耗、低噪声的环保Green系列（俗称绿盘）。

西部数据同时也提供面向企业近线存储的Raid Edition系列，简称RE系列。同时也有SATA接口的1000r/min的猛禽系列和迅猛龙（Velociraptor）系列。

4. 日立（Hitachi）

日立是第三大硬盘厂商。主要由收购的原IBM硬盘部门发展而来。

日立制作所（株式会社日立制作所，英文：Hitachi, Ltd.），简称日立，总部位于日本东京，致力于家用电器、计算机产品、半导体、产业机械等产品，是日本最大的综合电机生产商。

5. 三星（Samsung）

三星电子（Samsung Electronics）是世界上最大的电子工业公司，同时也是三星集团旗下最大的子公司。在世界上最有名的100个商标的列表中，三星电子是唯一的一个韩国商标，是韩国民族工业的象征。

6. 迈拓（Maxtor）

迈拓（Maxtor）是一家成立于1982年的美国硬盘厂商，在2006年被另外一家硬盘厂商希捷公司收购。在2005年12月即收购前，迈拓公司是世界第三大硬盘生产商。现在迈拓公司作为希捷公司的一家子公司运营。迈拓同时经营桌面计算机与服务器市场。相对于速度而言，迈拓更关注于硬盘容量。

7. 东芝（Toshiba）

东芝是日本最大的半导体制造商，亦是第二大综合电机制造商，隶属于三井集团旗下。东芝是由两家日本公司于1939年合并成的。

东芝是世界上芯片制造商中的重要成员。2009年2月，东芝并购富士通硬盘部门。

8. 富士通（Fujitsu）

富士通株式会社（Fujits ū Kabushiki-gaisha）是一家日本公司，专门制作半导体、计算机（超级计算机、个人计算机、服务器）、通信装置及服务，总部位于东京。2009年2月，东芝并购富士通硬盘部门。

子任务二　安装光驱

【任务描述】

该任务考查的是对光驱的安装技巧的掌握。

【任务实施】

（1）拆掉机箱前面的光驱挡板，如图2-27所示。

（2）将光驱从机箱前面板小心地插入光驱卡槽中，使得光驱前表面和机箱的面板保持相平，如图2-28所示。

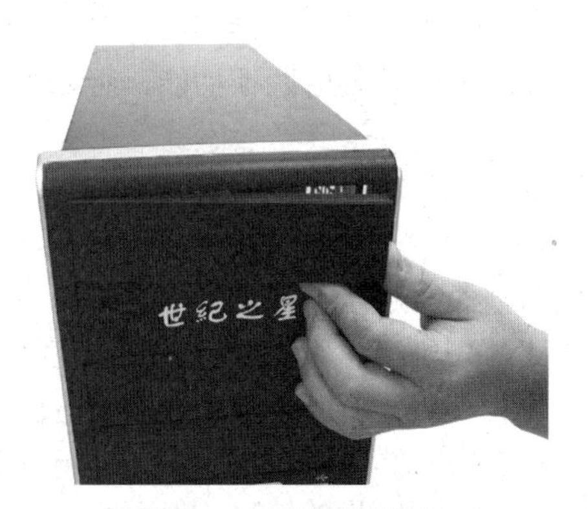

图2-27　拆掉光驱挡板

图2-28　插入光驱

（3）拧紧螺丝将光驱固定在光驱托架上，就完成了光驱的安装，如图 2-29 所示。

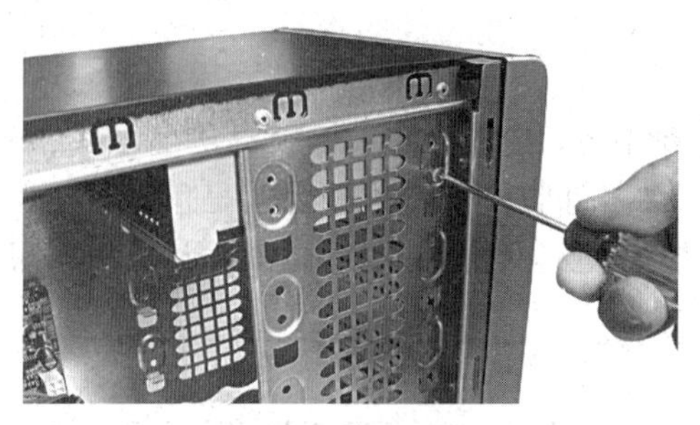

图 2-29 固定光驱

【理论知识】

一、光驱的工作原理

激光头是光驱的心脏，也是最精密的部分。它主要负责数据的读取工作，因此在清理光驱内部的时候要格外小心。激光头主要包括：激光发生器（又称激光二极管）、半反光棱镜、物镜、透镜以及光电二极管这几部分。当激光头读取盘片上的数据时，从激光发生器发出的激光透过半反射棱镜，汇聚在物镜上，物镜将激光聚焦成为极其细小的光点并打到光盘上。此时，光盘上的反射物质就会将照射过来的光线反射回去，透过物镜，再照射到半反射棱镜上。此时，由于棱镜是半反射结构，因此不会让光束完全穿透它并回到激光发生器上，而是经过反射，穿过透镜，到达了光电二极管上面。由于光盘表面是以凸起不平的点来记录数据，因此反射回来的光线就会射向不同的方向。人们将射向不同方向的信号定义为“0”或者“1”，发光二极管接收到的是那些以“0”“1”排列的数据，并最终将它们解析成为我们所需要的数据。

在激光头读取数据的整个过程中，寻迹和聚焦直接影响到光驱的纠错能力以及稳定性。寻迹就是保持激光头能够始终正确地对准记录数据的轨道。当激光束正好与轨道重合时，寻迹信号就为 0，否则寻迹信号就可能为正数或者负数，激光头会根据寻迹信号对姿态进行适当的调整。如果光驱的寻迹性能很差，在读盘的时候就会出现读取数据错误的现象，最典型的就是在读音轨的时候出现的跳音现象。所谓聚焦，就是指激光头能够精确地将光束打到盘片上并收到最强的信号。当激光束从盘片上反射回来时会同时打到 4 个光电二极管上。它们将信号叠加并最终形成聚焦信号。只有当聚焦准确时，这个信号才为 0，否则，它就会发出信号，矫正激光头的位置。聚焦和寻迹是激光头工作时最重要的两项性能，所说的读盘好的光驱都是在这两方面性能优秀的产品。

目前，市面上英拓等少数高档光驱产品开始使用步进马达技术，通过螺旋螺杆传动齿轮，使得寻址时间从原来 85ms 降低到 75ms 以内，相对于同类 48 速光驱产品 82ms 的寻址时间而言，性能上得到明显改善。而且光驱的聚焦与寻迹很大程度上与盘片本身不无关系。目前市场上不论是正版盘还是盗版盘都会存在不同程度的中心点偏移以及光介质密度分布不均。当光盘高速旋转时，造成光盘强烈震动的情况，不但使得光驱产生风噪，而且迫使激光头以相应的频率反复聚焦和寻迹调整，严重影响光驱的读盘效果和使用寿命。在 36X~44X 的光驱产品中，普遍采用了全钢机芯技术，通过重物悬垂实现能量的转移。但面对每分钟上万转的高速产品，全钢机芯技术显得有些无能为力，市场上已经推出了以ABS技术为核心的英拓等光驱产品。ABS技术主要是通过在光盘托盘下配置一副钢珠轴承，当光盘出现震动时，钢珠会在离心力的作用下滚动到质量较轻的部分进行填补，以起到瞬间平衡的作用，从而改善光驱性能。

二、光驱的读盘速度

CD-ROM速度的提升发展非常快，去年24X产品还是主流，如今48X光驱也已经逐步普及了。值得注意的是，光驱的速度都是标称的最快速度，这个数值是指光驱在读取盘片最外圈时的最快速度，而读内圈时的速度要低于标称值，大约在24X的水平。现在很多光驱产品在遇到偏心盘、低反射盘时采用阶梯性自动减速的方式，也就是说，从48X到32X再到24X/16X，这种被动减速方式严重影响主轴电机的使用寿命。值得庆幸的是，笔者最近在英拓光驱上找到了"一指降速"的功能设置。按住前控制面板上"Eject"键2秒，光驱就会直接从最高速自动减速到16X，避免了机芯器件不必要的磨损，延长了光驱的使用寿命。同样，再次按下"Eject"键2秒，光驱将恢复读盘速度，提升到48X。此外，缓冲区大小、寻址能力同样起着非常大的作用。目前所能达到的最大CD读取速度是56倍速；DVD-ROM读取CD-ROM速度方面要略低一点，达到52倍速的产品还比较少，大部分为48倍速；COMBO产品基本都达到了52倍速。笔者认为，以目前的软件应用水平而言，对光驱速度的要求并不是很苛刻，48X光驱产品在一段时间内完全能够满足使用需要。因为目前还没有哪个软件要求安装时使用32X以上的光驱产品。此外，光驱作为数据的存储介质，使用率远远低于硬盘，总没有谁会将Windows 98安装在光盘上运行吧？

三、光驱的容错能力

相对于读盘速度而言，光驱的容错能力显得更加重要。或者说，稳定的读盘性能是追求读盘速度的前提。由于光盘是移动存储设备，并且盘片的表面没有任何保护，因此难免会出现划伤或沾染上杂物的情况，这些小毛病都会影响数据的读取。为了提高光驱的读盘能力，厂商献计献策，其中，"人工智能纠错（AIEC）"是一项比较成熟的技术。AIEC通过对上万张光盘的采样测试，"记录"下适合他们的读盘策略，并保存在光驱BIOS芯片中。以方便光驱针对偏心盘、低反射盘、划伤盘进行读盘策略的自动选择。光盘的特征千差万别，目前市面上以英拓为首的少数光驱产品还专门采用了可擦写BIOS技术，使得DIYer可以通过在线方式对BIOS进行实时的修改，所以说Flash BIOS技术的采用，对于光驱整体性能的提高起到了巨大的作用。

此外，一些光驱为了提高容错能力，提高了激光头的功率。当激光头功率增大后，读盘能力确实有一定的提高，但长时间"超频"使用会使激光头老化，严重影响光驱的寿命。一些光驱在使用仅三个月后就出现了读盘能力下降的现象，这就很可能是激光头老化的结果。这种以牺牲寿命来换取容错性的方法是不可取的。那么，如何判断购买的光驱是否被"超频"呢？在购买的时候，可以让光驱读一张质量稍差的盘片，如果在盘片退出后表面温度很高，甚至烫手，那就有可能是被"超频"了。不过也不能排除是光驱主轴电机发热量大的结果。

四、光驱的保养维护

大家知道，激光头是最怕灰尘的，很多光驱长期使用后，识盘率下降就是因为尘土过多。所以平时不要把托架留在外面，也不要在计算机周围吸烟。而且不用光驱时，尽量不要把光盘留在驱动器内，因为光驱要保持“一定的随机访问速度”，所以盘片在其内会保持一定的转速，这样就加快了电机老化（特别是塑料机芯的光驱更易损坏）。另外在关机时，如果劣质光盘留在离激光头很近的地方，那当电机转动起来后很容易划伤激光头。

散热问题也是非常重要的。一定要注意计算机的通风条件及环境温度的高低。机箱的摆放一定要保证光驱保持在水平位置，否则光驱高速运行时，其中的光盘将不可能保持平衡，将会使激光头产生致命的碰撞而损坏，同时对光盘的损坏也是致命的。所以在光驱运行时要注意听一下发出的声音，如果有光盘碰撞的噪声请立即调整光盘、光驱或机箱位置。

子任务三　使用 U 盘

U 盘的称呼最早来源于朗科公司生产的一种新型存储设备，名曰“优盘”，使用 USB 接口进行连接。通过 USB 接口连到计算机的主机后，U 盘上的资料就可放到计算机上，计算机上的数据也可以放到 U 盘上，很方便。而之后生产的类似技术的设备由于朗科已进行专利注册，不能再称之为“优盘”，而改称谐音的“U 盘”或形象地称之为“闪存”“闪盘”等。后来 U 盘这个称呼因其简单易记而广为人知，而直到现在这两者也已经通用，并对它们不再做区分。U 盘（图 2-30）最大的特点就是小巧便于携带、存储容量大、价格便宜，是移动存储设备之一。一般的 U 盘容量有 1GB、2GB、4GB、8GB、16GB 等，价格上以最常见的 2GB 为例，25 元左右就能买到。它携带方便，属移动存储设备，所以当然不是插在机箱里了，我们可以把它挂在胸前，吊在钥匙串上，甚至放进钱包里。

图 2-30　U 盘

【任务描述】

该任务考查的是对 U 盘的认识与使用。

【任务实施】

U 盘有 USB 接口，是 USB 设备。如果操作系统是 Windows 7、Windows XP、Windows 2003、Windows Vista 或是苹果系统的话，将 U 盘直接插到机箱前面板或后面的 USB 接口上，系统就会自动识别。如果系统是 Windows 98 的话，需要安装 U 盘驱动程序才能使用。驱动可以在附带的光盘中或者到生产商的网站上找到。

在一台计算机上第一次使用 U 盘时，即当你把 U 盘插到 USB 接口（图 2–31）时，系统会报告“发现新硬件”。稍候，会提示“新硬件已经安装并可以使用了”。有时还可能需要重新启动。这时打开“我的电脑”，可以看到多出来一个图标，叫“可移动磁盘”。经过这一步后，以后再使用 U 盘时，可以插上后直接打开“我的电脑”了。此时注意，在屏幕最右下角，会有一个小图标，就是 USB 设备的标志（U 盘是 USB 设备之一）。接下来，你可以像平时操作文件一样，在 U 盘上保存、删除文件。但是要注意，U 盘使用完毕后，要关闭一切窗口，尤其是关于 U 盘的窗口，正确拔下 U 盘前，要左键单击右下角的 USB 设备图标，再左键单击“安全删除硬件”。当右下角出现提示“你现在可以安全地移除驱动器了”后，才能将 U 盘从机箱上拔下。拔下 U 盘还有另外一种更方便的方法是直接左键单击多出的那一个图标，然后再单击“停止 USB 接口”，等提示“你现在可以安全地移除驱动器了”后，就可以拔下 U 盘了。

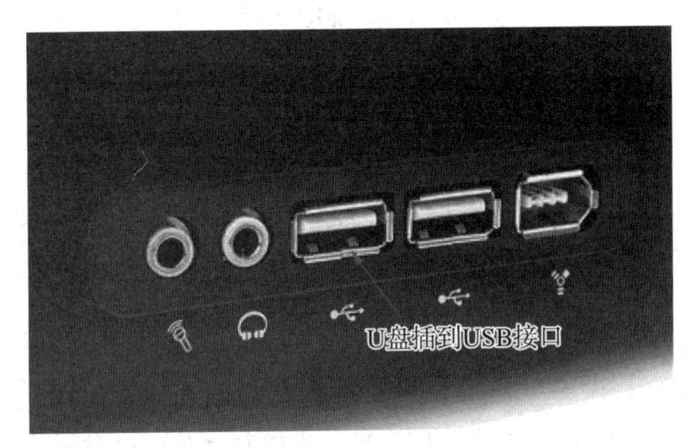

图 2–31　USB 接口

子任务四　移动硬盘

移动硬盘顾名思义是以硬盘为存储介质，用于计算机之间交换大容量数据，强调便携性的存储产品（图 2–32）。目前市场上绝大多数的移动硬盘都是以标准硬盘为基础的，而只有很少部分的是微型硬盘，但价格因素决定着主流移动硬盘还是以标准笔记本硬盘为基础。因为采用硬盘为存储介质，移动硬盘在数据的读写模式上与标准 IDE 硬盘是相同的。移动硬盘多采用 USB、IEEE1394 等传输速度较快的接口，可以较高的速度与系统进行数据传输。目前主流 2.5 英寸品牌移动硬盘的读取速度为 15~25MB/s，写入速度为 8~15MB/s，爱国者极速王（SK8666）读写速度可以达到 33MB/s，超出普通硬盘 50% 以上。

图 2-32　移动硬盘

【任务描述】

该任务考查的是对移动硬盘的认识与使用。

【理论知识】

一、移动硬盘特点

1. 容量大

移动硬盘可以提供相当大的存储容量，是一种较具性价比的移动存储产品。目前，大容量“闪盘”价格还无法被用户所接受，而移动硬盘能在用户可以接受的价格范围内，提供给用户较大的存储容量和不错的便携性。目前市场中的移动硬盘能提供 80GB、120GB、160GB 等容量，一定程度上满足了用户的需求。

2. 传输速度高

移动硬盘大多采用 USB、IEEE1394 接口，能提供较高的数据传输速度。不过移动硬盘的数据传输速度还一定程度上受到接口速度的限制，尤其在 USB1.1 接口规范的产品上，在传输较大数据量时，非常考验用户的耐心。而 USB2.0 和 IEEE1394 接口就相对好很多。

3. 使用方便

现在的计算机基本都配备了 USB 功能，主板通常可以提供 2~8 个 USB 口，一些显示器也提供了 USB 转接器，USB 接口已成为个人计算机中的必备接口。USB 设备在大多数版本的 Windows 操作系统中，都可以不需要安装驱动程序，具有真正的“即插即用”特性，使用起来灵活方便。但目前 160GB 以上的大容量硬盘（所以目前笔记本一般 160GB 很高了）由于转速高达 7200r/mim（笔记本多在 5400r/mim 以下），需要外接电源（USB 供电不足），在一定程度上限制了硬盘的便携性。

4. 可靠性提升

数据安全一直是移动存储用户最为关心的问题，也是人们衡量该类产品性能好坏的一个重要标准。移动硬盘以高速、大容量、轻巧便捷等优点赢得许多用户的青睐，而更大的优点还在于其存储数据的安全可靠性。这类硬盘与笔记本计算机硬盘的结构类似，多采用硅氧盘片。这是一种比铝、磁更为坚固耐用的盘片材质，并且具有更大的存储量和更好的可靠性，提高了数据的完整性。采用以硅氧为材料的磁盘驱动器，以更加平滑的盘面为特征，有效地降低了盘片可能影响数据可靠性和完整性的不规则盘面的数量，更高的盘面硬度使USB硬盘具有很高的可靠性。

二、移动硬盘容量

移动硬盘的容量同样是以MB（兆字节）、GB（千兆字节）、TB（1TB=1024GB）为单位的，目前1.8英寸移动硬盘大多提供10GB、20GB、40GB、60GB、80GB、120GB、160GB，2.5英寸的还有120GB、160GB、200GB、250GB、320GB、500GB、640GB、750GB、1024GB（1TB）的容量，3.5英寸的移动硬盘还有500GB、640GB、750GB、1TB、1.5TB、2TB、3TB、4TB、6TB的大容量。随着技术的发展，更大容量的移动硬盘还将不断推出。

三、移动硬盘（盒）的尺寸

移动硬盘盒分为2.5英寸和3.5英寸两种。

2.5英寸移动硬盘盒使用笔记本计算机硬盘，2.5英寸移动硬盘盒体积小，重量轻，便于携带，一般没有外置电源。

3.5英寸移动硬盘盒使用台式计算机硬盘，体积较大，便携性相对较差。3.5英寸的硬盘盒内一般都自带外置电源和散热风扇。

任务九　安装键盘和鼠标

【任务描述】

该任务考查对键盘和鼠标安装技巧的掌握。

【任务实施】

连接键盘和鼠标（图2-33），如果是PS/2接口，键盘使用紫色接口，鼠标使用绿色接口，如图2-34所示。

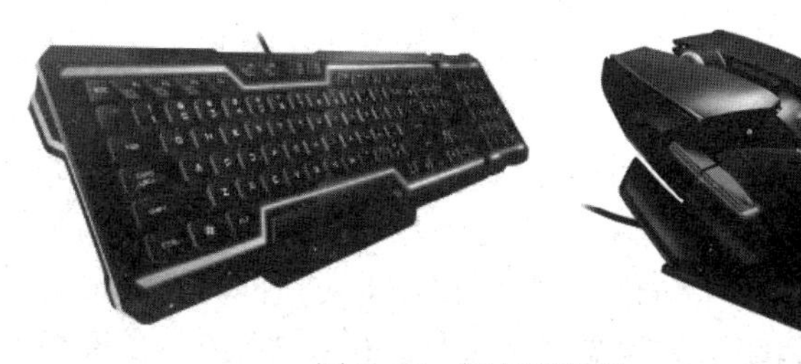

图2-33　键盘和鼠标

图 2-34 连接 PS/2 接口的键盘和鼠标

如果键盘和鼠标是 USB 接口，连接方式如图 2-35 所示。

图 2-35 连接 USB 接口的键盘和鼠标

【理论知识】

一、键盘

1. 概述

键盘是最常用也是最主要的输入设备。通过键盘，可以将英文字母、数字、标点符号等输入到计算机中，从而向计算机发出命令、输入数据等。

PC XT/AT 时代的键盘主要以 83 键为主，并且延续了相当长的一段时间，但随着 Windows 系统近几年的流行已经淘汰。取而代之的是 101 键和 104 键键盘，并占据市场的主流地位。当然其间也曾出现过 102 键、103 键的键盘，但由于推广不善，都只是昙花一现。近半年内紧接着 104 键键盘出现的是新兴多媒体键盘，它在传统键盘的基础上又增加了不少常用快捷键或音量调节装置，使计算机操作进一步简化，对于收发电子邮件、打开浏览器软件、启动多媒体播放器等都只需要按一个特殊按键即可。同时在外形上也做了重大改善，着重体现了键盘的个性化。起初这类键盘多用于品牌机，如 HP、联想等品牌机都率先采用了这类键盘，受到广泛的好评，并曾一度被视为品牌机的特色。随着时间的推移，渐渐地市场上也出现独立的具有各种快捷功能的产品单独出售，并带有专用的驱动和设定软件，在兼容机上也能实现个性化的操作。

2. 分类

键盘按照应用可以分为台式机键盘、笔记本电脑键盘、工控机键盘、速录机键盘、双控键盘、超薄键盘、手机键盘七大类。

双 USB 控制键盘，可以一个键盘控制两台计算机，一键两秒切换快捷方便。目前只有国内 3R 品牌。

一般台式机键盘的分类可以根据击键数、按键工作原理、键盘外形分类。

按照键盘的工作原理和按键方式的不同，键盘可以划分为四种：

（1）机械式键盘（Mechanical Keyboard）：采用类似金属接触式开关，工作原理是使触点导通或断开，具有工艺简单、噪声大、易维护的特点。

（2）塑料薄膜式键盘（Membrane Keyboard）：键盘内部共分四层，实现了无机械磨损。其特点是低价格、低噪声和低成本，已占领市场绝大部分份额。

（3）导电橡胶式键盘（Conductive Rubber Keyboard）：触点的结构是通过导电橡胶相连。键盘内部有一层凸起带电的导电橡胶，每个按键都对应一个凸起，按下时把下面的触点接通。这种类型的键盘是市场由机械键盘向薄膜键盘的过渡产品。

（4）无接点静电电容式键盘（Capacitives Keyboard）：使用类似电容式开关的原理，通过按键时改变电极间的距离引起电容容量改变从而驱动编码器。特点是无磨损且密封性较好。

键盘的按键数曾出现过 83 键、93 键、96 键、101 键、102 键、104 键、107 键等。104 键的键盘是在 101 键键盘的基础上为 Windows 9X 平台增加了三个快捷键（有两个是重复的），所以也被称为 Windows 9X 键盘。但在实际应用中习惯使用 Windows 键的用户并不多。在某些需要大量输入单一数字的系统中还有一种小型数字录入键盘，基本上就是将标准键盘的小键盘独立出来，以达到缩小体积、降低成本的目的。

常规的键盘有机械式按键和电容式按键两种。在工控机键盘中还有一种轻触薄膜按键的键盘。机械式键盘是最早被采用的结构，一般类似金属接触式开关的原理使触点导通或断开，具有工艺简单、维修方便、手感一般、噪声大、易磨损的特性。大部分廉价的机械键盘采用铜片弹簧作为弹性材料，铜片易折易失去弹性，使用时间一长故障率升高，现在已基本被淘汰，取而代之的是电容式键盘。它是基于电容式开关的键盘，原理是通过按键改变电极间的距离产生电容量的变化，暂时形成震荡脉冲允许通过的条件。理论上这种开关是无触点非接触式的，磨损率极小甚至可以忽略不计，也没有接触不良的隐患。而且噪声小，容易控制手感，可以制造出高质量的键盘，但工艺较机械结构复杂。还有一种用于工控机的键盘为了完全密封采用轻触薄膜按键，只适用于特殊场合。

键盘的外形分为标准键盘和人体工程学键盘。人体工程学键盘是在标准键盘上将指法规定的左手键区和右手键区这两大板块左右分开，并形成一定角度，使操作者不必有意识地夹紧双臂，可以保持一种比较自然的形态。这种设计的键盘被微软公司命名为自然键盘（Natural Keyboard），对于习惯盲打的用户可以有效地减少左右手键区的误击率，如字母“G”和“H”。有的人体工程学键盘还有意加大常用键如空格键和回车键的面积，在键盘的下部增加护手托板，给以前悬空的手腕以支持点，减少由于手腕长期悬空导致的疲劳。这些都可以视为人性化的设计。

目前台式机的键盘都采用活动式键盘，键盘作为一个独立的输入部件，具有自己的外壳。键盘面板根据档次采用不同的塑料压制而成，部分优质键盘的底部采用较厚的钢板以增加键盘的质感和刚性，不过这样一来无疑增加了成本，所以不少廉价键盘直接采用塑料底座的设计。为了适应不同用户的需要，键盘的底部设有折叠的支撑脚，展开支撑脚可以使键盘保持一定倾斜度，不同的键盘会提供单段、双段甚至三段的角度调整。

键盘的接口有 AT 接口、PS/2 接口和最新的 USB 接口。现在的台式机多采用 PS/2 接口，大多数主板都提供 PS/2 键盘接口。而较老的主板常常提供 AT 接口，也被称为“大口”，现在已经不常见了。当 USB 成为新型的接口，一些公司迅速推出了 USB 接口的键盘，USB 接口只是一个卖点，对性能的提高收效甚微，愿意尝试且 USB 接口尚不紧张的用户可以选择。

二、鼠标

1. 简介

“鼠标”因形似老鼠而得名（港台地区称为滑鼠）。“鼠标”的标准称呼应该是“鼠标器”，英文名“Mouse”，全称：“橡胶球传动之光栅轮带发光二极管及光敏三极管之晶元脉冲信号转换器”或“红外线散射之光斑照射粒子带发光半导体及光电感应器之光源脉冲信号传感器”。它从出现到现在已经有 40 年的历史了。鼠标的使用是为了使计算机的操作更加简便，来代替键盘那烦琐的指令。

2. 种类介绍

鼠标按接口类型可分为串行鼠标、PS/2 鼠标、总线鼠标、USB 鼠标（多为光电鼠标）四种。串行鼠标是通过串行口与计算机相连，有 9 针接口和 25 针接口两种；PS/2 鼠标通过一个 6 针微型 DIN 接口与计算机相连，它与键盘的接口非常相似，使用时要注意区分；总线鼠标的接口在总线接口卡上；USB 鼠标通过一个 USB 接口，直接插在计算机的 USB 口上。

鼠标按其工作原理的不同可以分为机械鼠标和光电鼠标。机械鼠标主要由滚球、辊柱和光栅信号传感器组成。光电鼠标器是通过检测鼠标器的位移，将位移信号转换为电脉冲信号，再通过程序的处理和转换来控制屏幕上的光标箭头的移动。光电鼠标用光电传感器代替了滚球。这类传感器需要特制的、带有条纹或点状图案的垫板配合使用。

另外，鼠标还可按外形分为两键鼠标、三键鼠标、滚轴鼠标和感应鼠标。两键鼠标和三键鼠标的左右按键功能完全一致。一般情况下，我们用不着三键鼠标的中间按键，但在使用某些特殊软件（如 AutoCAD 等）时，这个键也会起一些作用。滚轴鼠标和感应鼠标在笔记本计算机上用得很普遍，向不同方向转动鼠标中间的小圆球，或在感应板上移动手指，光标就会向相应方向移动，当光标到达预定位置时，按一下鼠标或感应板，就可执行相应功能。

无线鼠标和 3D 鼠标：新出现的无线鼠标和 3D 振动鼠标都是比较新颖的鼠标。无线鼠标器是为了适应大屏幕显示器而生产的。所谓“无线”，即没有电线连接，而是采用两节七号电池无线遥控，鼠标器有自动休眠功能，电池可用上一年，接收范围在 1.8m 以内。3D 振动鼠标是一种新型的鼠标，它不仅可以当作普通的鼠标使用，而且具有以下几个特点：

（1）具有全方位立体控制能力。它具有前、后、左、右、上、下六个移动方向，而且可以组合出前右，左下等的移动方向。

（2）外形和普通鼠标不同。一般由一个扇形的底座和一个能够活动的控制器构成。

（3）具有振动功能，即触觉回馈功能。玩某些游戏时，当被敌人击中，会感觉到鼠标也振动了。

（4）是真正的三键式鼠标。无论是在 DOS 还是在 Windows 环境下，鼠标的中间键和右键都大派用场。

【项目小结】

通过以上的各个任务，可以对硬件设备有个很深的了解。并且可以独立配置各个硬件散件，并将其组装起来。

【独立实践】

在组装维修室，按以下要求操作：

（1）各组同学挑选必要的硬件将其组装起来，并进行必要的调试。

（2）将组装好的整机拆卸成各个散件。

（3）在组装和拆卸过程中遇到故障要及时排除。

【思考与练习】

（1）ATX 与 AT 电源有哪些区别?

（2）主板的分类是什么?

（3）主板由哪几部分组成?

（4）说说现在市场上的主板都采用什么芯片。

（5）简述 CPU 的主要技术指标。

（6）在选购 CPU 时要注意哪些事项?

（7）说出比较有名的 3 家内存品牌名称。

（8）有内存上印着 KMM53216004B 的参数，各个参数表示什么含义?

项目三　软件系统安装

当按下计算机的电源，面对屏幕上出现的一幅幅启动画面，想知道它们所代表的含义吗？如何才能让一台计算机稳定、安全、高效地运行各种软件？下面来学习 BIOS 基本设置、硬盘分区及格式化、操作系统及驱动程序的安装等知识。

【项目描述】

（1）计算机启动过程；

（2）BIOS 设置；

（3）硬盘分区与格式化；

（4）安装操作系统；

（5）安装驱动程序；

（6）应用软件的安装和卸载。

【项目需求】

提供一台计算机及安装盘即可。

【相关知识点】

进一步深入了解主要软件知识并掌握软件的安装。

【项目分析】

展示各种软件部分的设置及安装。

任务一　计算机启动过程

下面介绍从打开电源到出现 Windows XP/7 正常画面时，计算机到底都做了哪些事情。

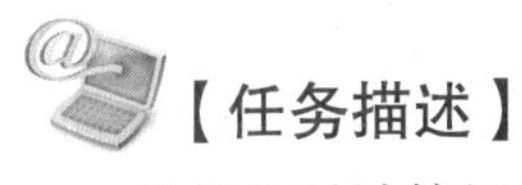

【任务描述】

让学生对计算机启动过程有个直观的认识。

【任务实施】

下面来仔细看看计算机的启动过程吧。

第一步：当按下电源开关时，电源就开始向主板和其他设备供电，此时电压还不太稳定，主板上的控制芯片组会向 CPU 发出并保持一个 RESET（重置）信号，让 CPU 内部自动恢复到初始状态，但 CPU 在此刻不会马上执行指令。当芯片组检测到电源已经开始稳定供电时（当然从不稳定到稳定的过程只是一瞬间的事情），它便撤去 RESET 信号（如果是手动按下计算机面板上的“Reset”按钮来重启机器，那么松开该按钮时芯片组就会撤去 RESET 信号），CPU 马上就从地址 FFFF0H 处开始执行指令。从前面的介绍可知，这个地址实际上在系统 BIOS 的地址范围内，无论是 Award BIOS 还是 AMI BIOS，放在这里的只是一条跳转指令，跳到系统 BIOS 中真正的启动代码处。

第二步：系统 BIOS 的启动代码首先要做的事情就是进行 POST（Power-On Self Test，加电后自检）。POST 的主要任务是检测系统中一些关键设备是否存在和能否正常工作，例如内存和显卡等设备。由于 POST 是最早进行的检测过程，此时显卡还没有初始化，如果系统 BIOS 在进行 POST 的过程中发现了一些致命错误，例如没有找到内存或者内存有问题（此时只会检查 640KB 常规内存），那么系统 BIOS 就会直接控制喇叭发声来报告错误，声音的长短和次数代表了错误的类型。在正常情况下，POST 过程进行得非常快，人们几乎无法感觉到它的存在，POST 结束之后就会调用其他代码来进行更完整的硬件检测。

第三步：接下来系统 BIOS 将查找显卡的 BIOS。前面说过，存放显卡 BIOS 的 ROM 芯片的起始地址通常设在 C0000H 处，系统 BIOS 在这个地方找到显卡 BIOS 之后就调用它的初始化代码，由显卡 BIOS 来初始化显卡。此时多数显卡都会在屏幕上显示出一些初始化信息，介绍生产厂商、图形芯片类型等内容，不过这个画面几乎是一闪而过。系统 BIOS 接着会查找其他设备的 BIOS 程序，找到之后同样要调用这些 BIOS 内部的初始化代码来初始化相关的设备。

第四步：查找完所有其他设备的 BIOS 之后，系统 BIOS 将显示出其本身的启动画面，其中包括有系统 BIOS 的类型、序列号和版本号等内容。

第五步：接着系统 BIOS 将检测和显示 CPU 的类型和工作频率，然后开始测试所有的 RAM，并同时在屏幕上显示内存测试的进度。可以在 CMOS 设置中自行决定使用简单耗时少或者详细耗时多的测试方式。

第六步：内存测试通过之后，系统 BIOS 将开始检测系统中安装的一些标准硬件设备，包括硬盘、CD-ROM、串口、并口、软驱等设备。另外，绝大多数较新版本的系统 BIOS 在这一过程中还要自动检测和设置内存的定时参数、硬盘参数和访问模式等。

第七步：标准设备检测完毕后，系统 BIOS 内部的支持即插即用的代码将开始检测和配置系统中安装的即插即用设备，每找到一个设备之后，系统 BIOS 都会在屏幕上显示出设备的名称和型号等信息，同时为该设备分配中断、DMA 通道和 I/O 端口等资源。

第八步：到这一步为止，所有硬件都已经检测配置完毕了，多数系统 BIOS 会重新清屏并在屏幕上方显示出一个表格，其中概略地列出了系统中安装的各种标准硬件设备，以及它们使用的资源和一些相关工作参数。

第九步：接下来系统 BIOS 将更新 ESCD（Extended System Configuration Data，扩展系统配置数据）。ESCD 是系统 BIOS 用来与操作系统交换硬件配置信息的一种手段，这些数据被存放在 CMOS（一小块特殊的 RAM，由主板上的电池来供电）之中。通常 ESCD 数据只在系统硬件配置发生改变后才会更新，所以不是每次启动机器时都能够看到“Update ESCD… Success”这样的信息。不过，某些主板的系统 BIOS 在保存 ESCD 数据时使用了与 Windows 9x 不相同的数据格式，于是 Windows 9x 在启动过程中会把 ESCD 数据修改成自己的格式。但在下一次启动机器时，即使硬件配置没有发生改变，系统 BIOS 也会把 ESCD 的数据格式改回来。如此循环，将会导致在每次启动机器时，系统 BIOS 都要更新一遍 ESCD，这就是为什么有些机器在每次启动时都会显示出相关信息的原因。

第十步：ESCD 更新完毕后，系统 BIOS 的启动代码将进行它的最后一项工作，即根据用户指定的启动顺序从软盘、硬盘或光驱启动。以从 C 盘启动为例，系统 BIOS 将读取并执行硬盘上的主引导记录。主引导记录接着从分区表中找到第一个活动分区，然后读取并执行这个活动分区的分区引导记录。而分区引导记录将负责读取并执行 IO.SYS，这是 DOS 和 Windows 9x 最基本的系统文件。Windows 9x 的 IO.SYS 首先要初始化一些重要的系统数据，然后就显示出人们熟悉的蓝天白云。在这幅画面之下，Windows 将继续进行 DOS 部分和 GUI（图形用户界面）部分的引导和初始化工作。

如果系统之中安装有引导多种操作系统的工具软件，通常主引导记录将被替换成该软件的引导代码，这些代码将允许用户选择一种操作系统，然后读取并执行该操作系统的基本引导代码（DOS 和 Windows 的基本引导代码就是分区引导记录）。

上面介绍的便是计算机在打开电源开关（或按 Reset 键）进行冷启动时所要完成的各种初始化工作。如果在 DOS 下按“Ctrl+Alt+Del”组合键（或从 Windows 中选择重新启动计算机）来进行热启动，那么 POST 过程将被跳过去，直接从第三步开始，另外第五步的检测 CPU 和内存测试也不会再进行。可以看到，无论是冷启动还是热启动，系统 BIOS 都一次又一次地重复进行着这些人们平时并不太注意的事情，然而正是这些单调的硬件检测步骤为人们能够正常使用计算机提供了保障。

【理论知识】

一、关于 BIOS

BIOS 这个字眼 1975 年第一次在 CP/M 操作系统中出现。 BIOS 是个人计算机启动时加载的第一个软件，是英文“Basic Input Output System”的缩略语，直译为“基本输入输出系统”。其实，它是一组固化到计算机内主板上一个 ROM 芯片上的程序，它保存着计算机最重要的基本输入输出的程序、开机后自检程序和系统自启动程序，它可从 CMOS 中读写系统设置的具体信息。 其主要功能是为计算机提供最底层的、最直接的硬件设置和控制。此外，BIOS

还向作业系统提供一些系统参数。系统硬件的变化是由 BIOS 隐藏，程序使用 BIOS 功能而不是直接控制硬件。BIOS 是直接与硬件打交道的底层代码，它为操作系统提供了控制硬件设备的基本功能。BIOS 包括有系统 BIOS（即常说的主板 BIOS）、显卡 BIOS 和其他设备（例如 IDE 控制器、SCSI 卡或网卡等）的 BIOS，其中系统 BIOS 是本项目要讨论的主角，因为计算机的启动过程正是在它的控制下进行的。BIOS 一般被存放在 ROM（只读存储芯片）之中，即使在关机或掉电以后，这些代码也不会消失。

二、关于内存的地址

在计算机运算中，内存地址是一种用于软件及硬件等不同层级中的数据概念，用来访问计算机主存中的数据，机器中一般安装有内存，它们的存取空间可能是 256MB、512MB、1GB、2GB，这些内存的每一个字节都被赋予了一个地址，以便 CPU 访问内存。内存的地址范围用十六进制数表示，其中 0~FFFFFH 的低端 1MB 内存非常特殊，因为最初的 8086 处理器能够访问的内存最大只有 1MB，这 1MB 的低端 640KB 被称为基本内存，而 A0000H~BFFFFH 要保留给显卡的显存使用，C0000H~FFFFFH 则被保留给 BIOS 使用。其中系统 BIOS 一般占用了最后的 64KB 或更多一点的空间，显卡 BIOS 一般在 C0000H~C7FFFH 处，IDE 控制器的 BIOS 在 C8000H~CBFFFH 处。

任务二　BIOS 设置

计算机用户在重装计算机的过程中，都会接触到 BIOS，它在计算机系统中起着非常重要的作用。

【任务描述】

让学生对 BIOS 有更加清楚的了解。

【任务实施】

一、解决“鼠标关机后仍然发光”的方法

现在大家用的鼠标大多数都是光电鼠标了，但是大家注意到这样一个现象没有呢？就是在正常关机以后鼠标仍然在继续发光而不会灭，为什么呢？如何才能解决这样的问题呢？下面就介绍一下“让鼠标在关机以后不再发光”的一个小技巧。

主板的键鼠开机功能是造成鼠标在关机后仍然发光的最普遍的原因。主板的 BIOS 中一般都提供了对键鼠开机功能的设定，大家可以进入 BIOS 主菜单的“Power Management Setup”页面找到“S3 KB Wake-Up Function”或者是含义相近的选项，将其设置为“Disabled”，关闭主板对键鼠的 +5VSB 供电，PS/2 光电鼠在关机之后自然就不会亮了。另外，有些 USB 光电鼠标也会在关机后继续发光，解决的方法基本和 PS/2 鼠标相似，进入 BIOS 主菜单的“Power Management Setup”页面，将“USB Wake-Up From S3”或者是含义相似的选项设置为“Disabled”就可以了。

二、怎样禁用 U 盘及 MP3

大多数计算机的 BIOS 都具有屏蔽 USB 控制器的功能，网管人员可以通过 BIOS 的设置把 USB 屏蔽掉。此种方法的好处是实现简单、屏蔽效果好。其最大的缺点是，所有和 USB 有关的设备都不能在计算机上使用，如 U 盘、鼠标、键盘等。

在 BIOS 中设置关闭 USB 的方法如下：

首先要进入计算机的 BIOS。进入计算机 BIOS 的方法不外乎有两种：一种是在开启计算机后按下键盘上的“Del”键，另一种方法则是按“F2”键进入。不同的主板使用不同的方法进入，可以在开机后在屏幕最下一行文字中看到进入 BIOS 的提示。

进入 BIOS 系统之后，接下来网管可以使用键盘上的方向键选择“IntegratedPeripherals”选项，按下回车进入“Integrated Peripherals”设置界面，如图 3-1 所示。

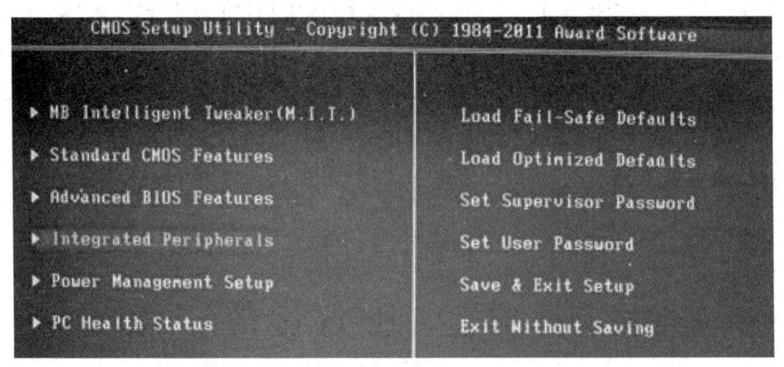

图 3-1　USB 设置界面（1）

进入 Integrated Peripherals 后，将 USB 1.1 Controller 和 USB 2.0 Controller 按回车键打开，并改为 Disabled，如图 3-2 所示。

这样重启就可以了，不过这样一来，一些外接 USB 设备就不能用了，现在 USB 外接设备这么多，出于使用方便性来说不太推荐用这种方法。

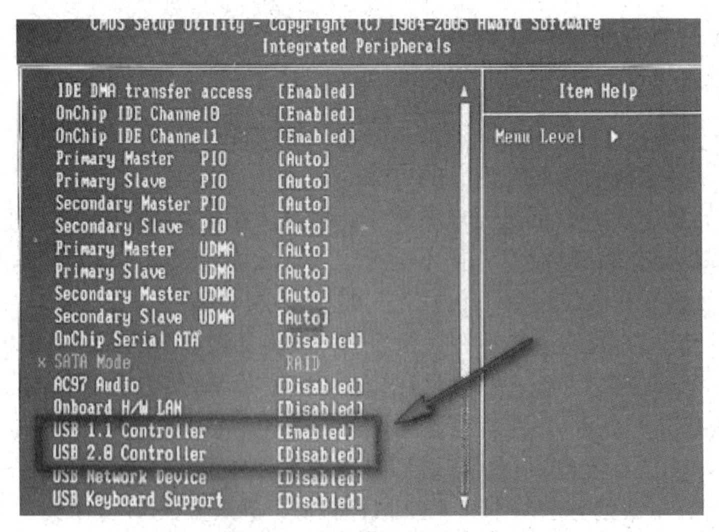

图 3-2　USB 设置界面（2）

为了避免一些用户私自修改 BIOS 的设置，网管人员还应为 BIOS 设置保护密码。

三、如何设置开机密码

怎么进入 CMOS 设置呢？在开机时，屏幕上常有如图 3–3 所示的提示，它是说按“Del”键进入 CMOS 设置。

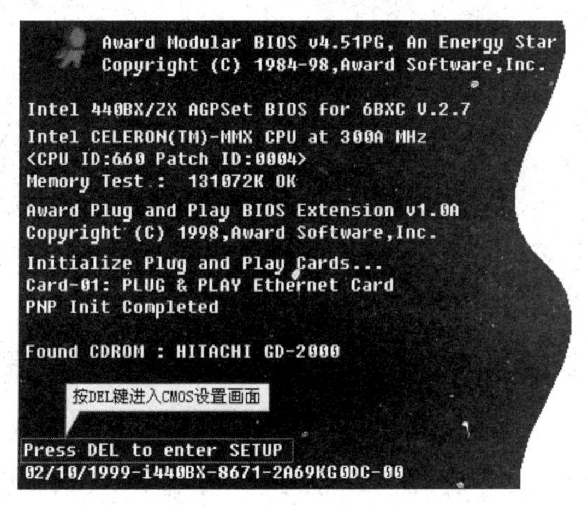

图 3–3　CMOS 设置（1）

在这时候按键盘上的“Del”键，就可以进入 CMOS 设置的界面了，如图 3–4 所示。

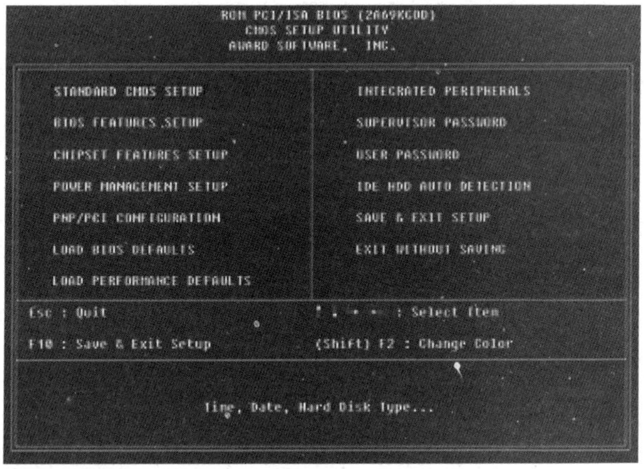

图 3–4　CMOS 设置（2）

不同的计算机可能有不同界面，但常见的也就是 AWARD、AMI、Phoenix 等几种。界面形式虽然不同，但功能基本一样，所要设置的项目也差不多。图 3–4 是 AWARD 的 CMOS 设置画面，是最常见的一种。其实只要明白了一种 CMOS 的设置方法，其他的就可以触类旁通了。

在主界面的下面有很多个参数需要设置，因为大部分项目本来就已经设置了正确的参数值，或者说许多选项对计算机的运行影响不太大，所以一般只要注意几个关键项就可以了。

1. 设置开机密码

在 CMOS 里有两个设置密码的地方。一个是高级用户密码，一个是一般用户密码，如图 3–5 所示。

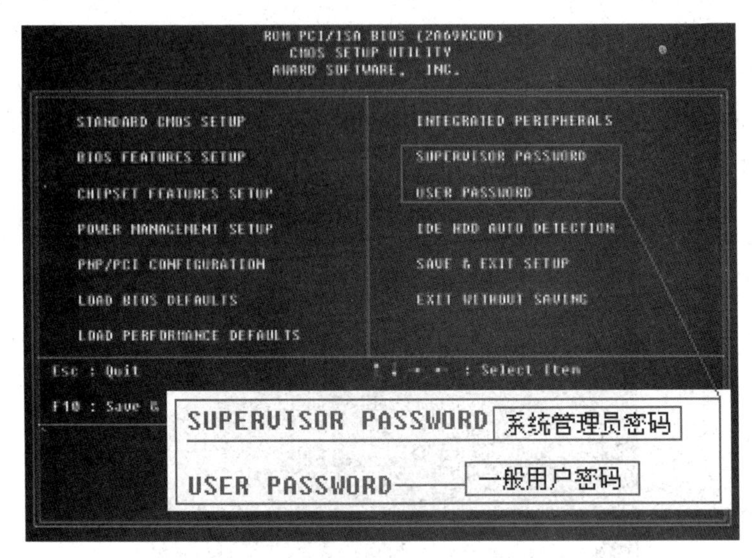

图 3–5 CMOS 设置（3）

计算机在启动时会询问一个密码，回答其中一个密码计算机就可以启动；如果要进入 CMOS 设置则需要高级用户密码。密码等级如图 3–6 所示。

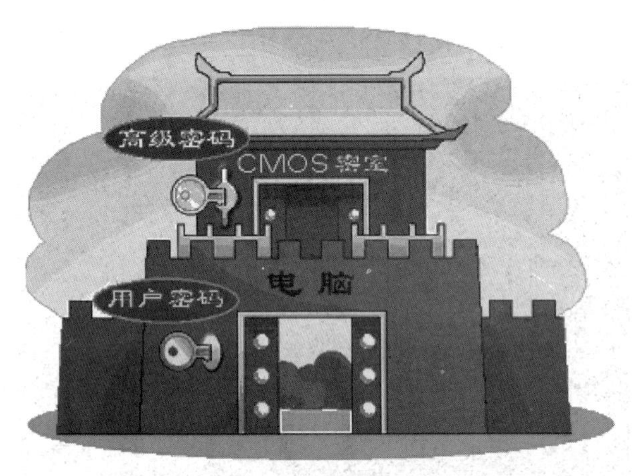

图 3–6 密码等级

计算机将 CMOS 设置认为是高度机密，防止他人乱改，而高级密码比用户密码的权限就高在 CMOS 的设置上。

简单地说，如果两个密码都设好了，那么用高级密码可以进入工作状态，也可以进入 CMOS 设置，而使用用户密码能进入工作状态，也能进入 CMOS 修改用户自身的密码，但除此之外不能对 CMOS 进行其他的设置。如果只设置了一个密码，无论是谁，都同时拥有这两个权限。

将光标移到密码设置处，回车，输入密码（图 3–7），再回车，计算机提示重新再输入密码确认一下，如图 3–8 所示，输入后再回车就可以了。如果想取消已经设置的密码，就在提示输入密码时直接回车，计算机提示密码取消，请按任意键，按键后密码就取消了。

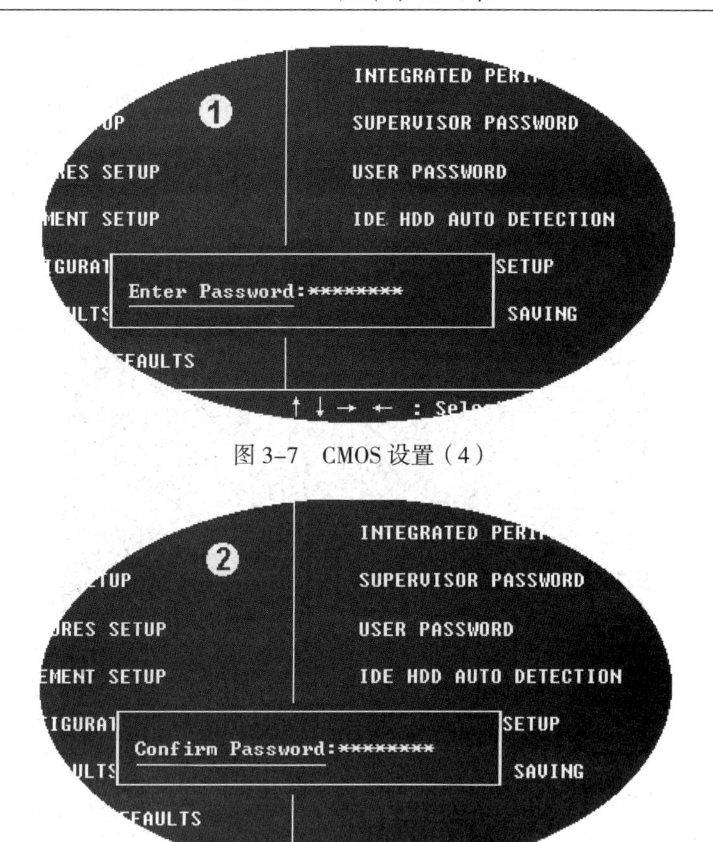

图 3-7 CMOS 设置（4）

图 3-8 CMOS 设置（5）

特别注意，一旦设置了密码，就要牢牢记住。如果忘记开机密码，则无法使用计算机，便会耽误工作了。

如果因忘记密码而无法启动计算机，对于高手来说，拆开计算机主机然后进行 CMOS 放电，就可以让计算机将密码“忘掉”（图 3-9）。但这种做法只有对计算机硬件非常熟悉的人参照主板说明书才可以办到。而且，CMOS 在“忘掉”密码的同时，会把“忘掉”所有已设定好的值，以致必须全部重新设置，所以最好把密码记牢了。

图 3-9 密码管理

2. 激活密码

设置了高级密码和用户密码，但并不一定会生效。要激活密码，还需要在“BIOS Features Setup”中将“Security Option”设为“System”。这一安全选项提供了三种设置：System、Setup 和 Disabled。当选择“System”选项时，每次计算机开机时都必须输入密码，不输入正确的密码，系统就不会启动。选择“Setup”选项，只有进入 BIOS 设定时才需输入密码。如果是选择“Disabled”选项，则所有密码都不生效了。高级密码和用户密码激活如图 3-10 所示。

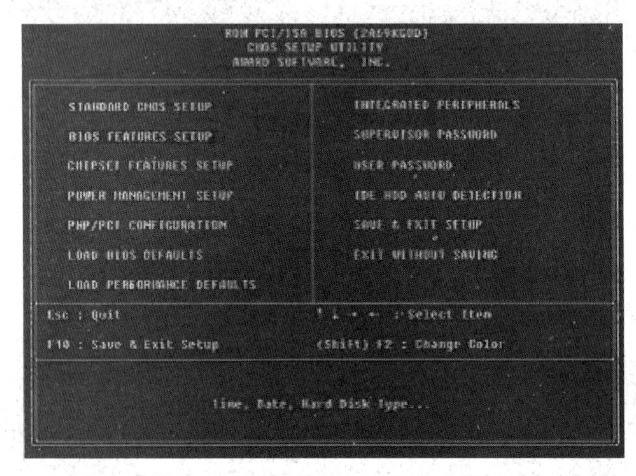

图 3-10　高级密码和用户密码激活

3. 保存设置并退出

还有最关键的一步，就是要将刚才设置的所有信息进行保存。选择“SAVE & EXIT SETUP”这一项，它是保存并退出的意思，如图 3-11 所示。

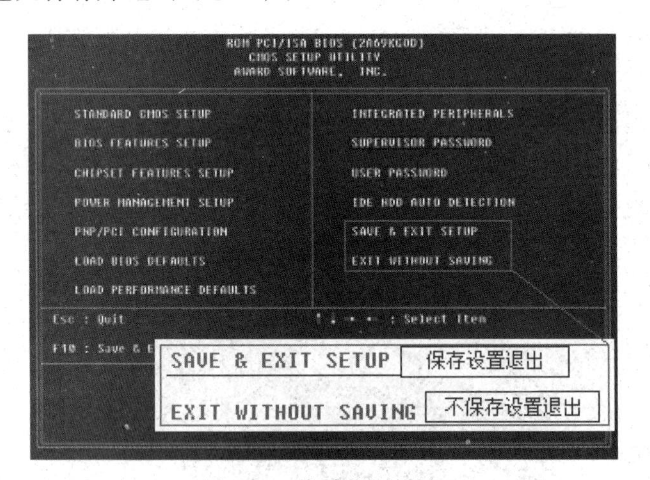

图 3-11　保存设置退出

如果不想保存刚才的设置，只是想进来看一下，那就选择“EXIT WITHOUT SAVING”。它表示退出不保存，那么本次进入 CMOS 所做的任何改动都不起作用。

在这里，选择保存并退出，回车，计算机提示进行确认，输入“Y”即可。

计算机重新启动，设置就完成了。

这样计算机就可以正常工作了，如果没有特殊情况，一般 CMOS 设置好之后就不必改动了。

【理论知识】

一、什么是 BIOS

BIOS 就是计算机领域的一个重要参数（术语），在计算机领域是“Basic Input Output System”的缩略语，译为“基本输入输出系统”，它实际上是被固化到计算机中的一组程序，为计算机提供最低级的、最直接的硬件控制。准确地说，BIOS 是硬件与软件程序之间的一个“转换器”或者说是接口（虽然它本身也只是一个程序），负责解决硬件的即时需求，并按软件对硬件的操作要求具体执行。

计算机在运行时，首先会进入 BIOS，它在计算机系统中起着非常重要的作用。一块主板性能优越与否，很大程度上取决于主板上的 BIOS 管理功能是否先进。

二、BIOS 的功能

从功能上看，BIOS 分为三个部分：

（1）自检及初始化程序

（2）程序服务请求

（3）硬件中断处理

下面逐一介绍一下各部分功能：

1. 自检及初始化

这部分负责启动计算机，具体有三个部分：

第一个部分是用于计算机刚接通电源时对硬件部分的检测，也叫作加电自检（POST）。功能是检查计算机是否良好，例如内存有无故障等。

第二个部分是初始化，包括创建中断向量、设置寄存器、对一些外部设备进行初始化和检测等。其中很重要的一部分是 BIOS 设置，主要是对硬件设置的一些参数。当计算机启动时会读取这些参数，并和实际硬件设置进行比较，如果不符合，会影响系统的启动。

第三个部分是引导程序，功能是引导 DOS 或其他操作系统。BIOS 先从软盘或硬盘的开始扇区读取引导记录，如果没有找到，则会在显示器上显示没有引导设备；如果找到引导记录，会把计算机的控制权转给引导记录，由引导记录把操作系统装入计算机。在计算机启动成功后，BIOS 的这部分任务就完成了。

2. 程序服务处理和硬件中断处理

这两部分是两个独立的内容，但在使用上密切相关。

程序服务处理程序主要是为应用程序和操作系统服务，这些服务主要与输入输出（I/O）设备有关，例如读磁盘、文件输出到打印机等。为了完成这些操作，BIOS 必须直接与计算机的 I/O 设备打交道，它通过端口发出命令，向各种外部设备传送数据以及从它们那儿接收数据，使程序能够脱离具体的硬件操作。而硬件中断处理程序则负责处理计算机硬件的需求。因此这两部分分别为软件和硬件服务，组合到一起，使计算机系统正常运行。

BIOS 的服务功能是通过调用中断服务程序来实现的，这些服务分为很多组，每组有一个专门的中断。例如：视频服务，中断号为 10H；屏幕打印，中断号为 05H；磁盘及串行口服务，中断号为14H等。每一组又根据具体功能细分为不同的服务号。应用程序需要使用哪些外设、进行什么操作只需要在程序中用相应的指令说明即可，无须直接控制。

三、BIOS的种类

由于BIOS直接和系统硬件资源打交道，因此总是针对某一类型的硬件系统，而各种硬件系统又各有不同，所以存在各种不同种类的BIOS。随着硬件技术的发展，同一种BIOS也先后出现了不同的版本，新版本的BIOS比起老版本来说，功能更强。

目前市场上主要的BIOS有AMI BIOS和Award BIOS。

1. AMI BIOS

AMI BIOS是AMI公司出品的BIOS系统软件，最早开发于20世纪80年代中期，为多数的286和386计算机系统所采用，因其对各种软/硬件的适应性好、硬件工作可靠、系统性能较佳、操作直观方便的优点而受到用户的欢迎。

20世纪90年代，AMI又不断推出新版本的BIOS以适应技术的发展。但在绿色节能型系统开始普及时，AMI似乎显得有些滞后，Award BIOS的市场占有率借此机会大大提高。在这一时期，AMI研制并推出了具有窗口化功能的Win BIOS。这种BIOS设置程序使用非常方便，而且主窗口的各种标记也比较直观。例如，一只小兔子表示优化的默认设置，而一只小乌龟则表示保守的设置，一个骷髅用来表示反病毒方面的设置，画笔和调色板则表示色彩的设置。

AMI WinBIOS已经有多个版本，目前用得较多的有奔腾机主板的Win BIOS，具有即插即用、绿色节能、PCI总线管理等功能。

2. Award BIOS

AWARD公司是世界最大的BIOS生产厂商之一，其产品也被广泛使用。许多586主板机都采用Award BIOS，其功能比较齐全，对各种操作系统提供良好的支持。Award BIOS也有许多版本，现在用得最多的是4.X版。但由于AWARD BIOS里面的信息都是基于英文且需要用户对相关专业知识的理解相对深入，因此普通用户设置起来感到困难很大。而如果这些设置不当，则将会影响整台计算机的性能，甚至导致计算机不能正常使用，所以一份详细的设置说明是十分必要的。

四、BIOS设置程序的进入方法

进入BIOS设置程序通常有三种方法：

1. 开机启动时按热键

在开机时按下特定的热键可以进入BIOS设置程序，不同类型的机器进入BIOS设置程序的按键不同，有的在屏幕上给出提示，有的不给出提示。几种常见的BIOS设置程序的进入方式如下：

Award BIOS：按“Ctrl+Alt+Esc”组合键，屏幕有提示；

AMI BIOS：按“Del”键或“Esc”键，屏幕有提示；

COMPAQ BIOS：屏幕右上角出现光标时按“F10”键，屏幕无提示；

AST BIOS：按“Ctrl+Alt+Esc”组合键，屏幕无提示。

2. 用系统提供的软件

现在很多主板都提供了在DOS下进入BIOS设置程序而进行设置的程序，在Windows 95

的控制面板和注册表中已经包含了部分 BIOS 设置项。

3. 用一些可读写 CMOS 的应用软件

部分应用程序，如 QAPLUS 提供了对 CMOS 的读、写、修改功能，通过它们可以对一些基本系统配置进行修改。

任务三　硬盘分区与格式化

工厂生产的硬盘必须经过低级格式化、分区和高级格式化（文中均简称为格式化）三个处理步骤后，才能被计算机用于存储数据。其中磁盘的低级格式化通常由生产厂家完成，目的是划定磁盘可供使用的扇区和磁道，并标记有问题的扇区；而用户则需要使用操作系统所提供的磁盘工具如“fdisk.exe、format.com”等程序进行硬盘“分区”和“格式化”。根据目前流行的操作系统来看，常用的分区格式有四种，分别是 FAT16、FAT32、NTFS 和 Linux。所以本任务学习的主角就是大名鼎鼎的 Fdisk 和魔术师 PQ。

【任务描述】

让学生对硬盘分区的操作和格式化有个系统的认识与理解。

【任务实施】

中文版分区的图解教程见图 3–12 至图 3–20。

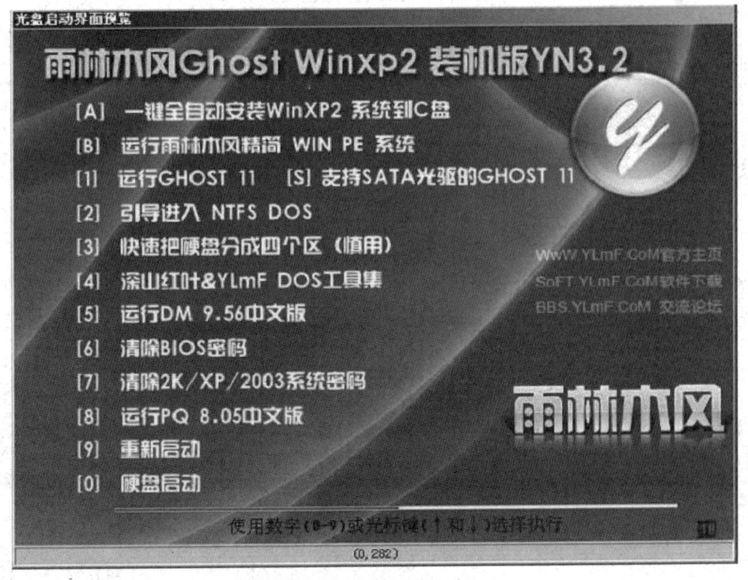

图 3–12　硬盘分区（1）

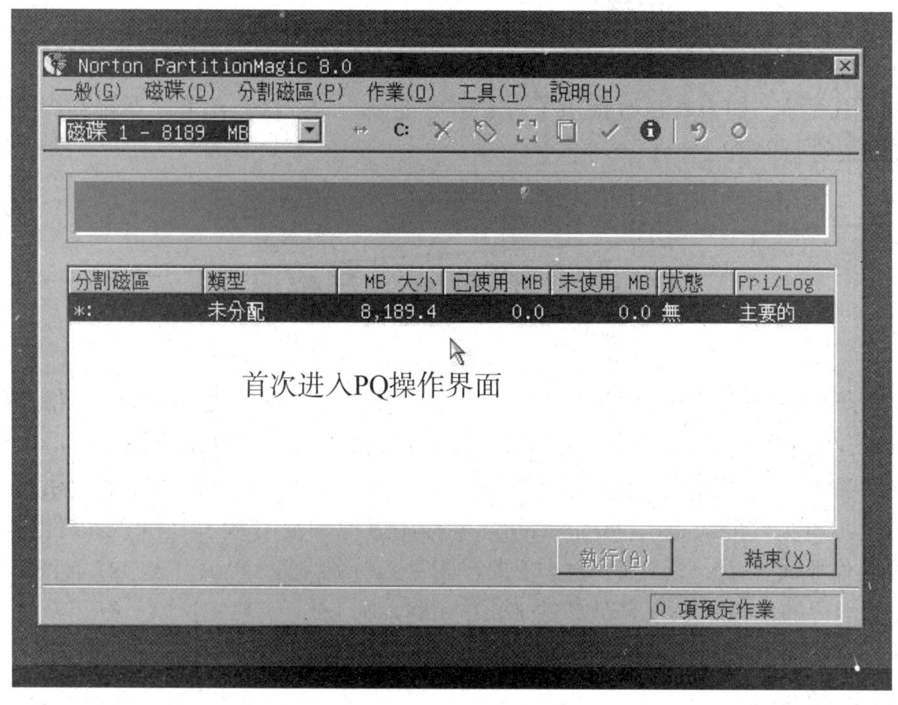

图 3–13 硬盘分区（2）

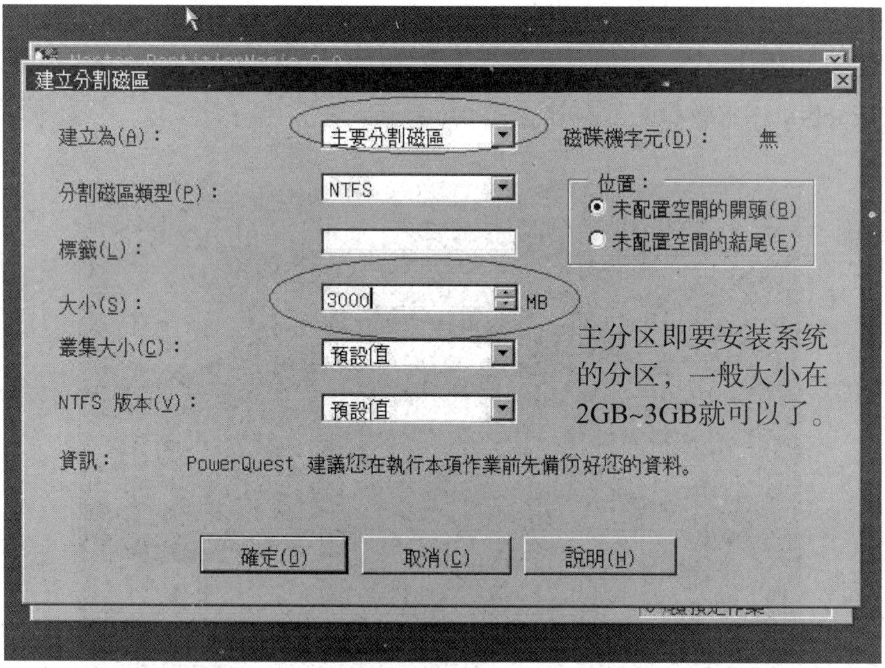

建立分割磁區
建立為(A)： 主要分割磁區
磁碟機字元(D)： 無
分割磁區類型(P)： NTFS
位置：
未配置空間的開頭(B)
未配置空間的結尾(E)
標籤(L)：
大小(S)： 3000 MB
叢集大小(C)： 預設值
NTFS 版本(V)： 預設值
主分区即要安装系统的分区，一般大小在2GB~3GB就可以了。
資訊： PowerQuest 建議您在執行本項作業前先備份好您的資料。
確定(O) 取消(C) 說明(H)

图 3–14 硬盘分区（3）

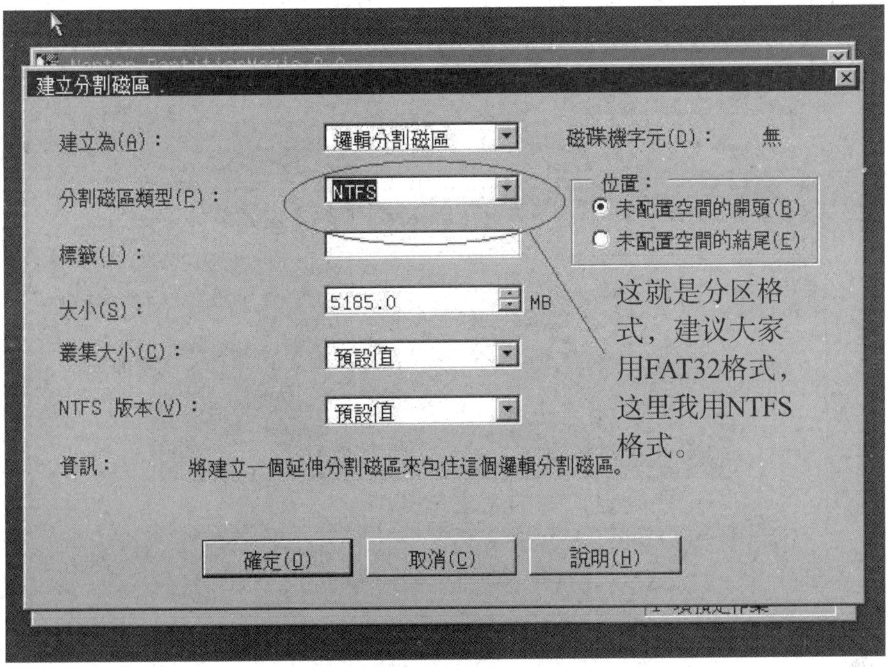

建立分割磁區
建立為(A)：
邏輯分割磁區
磁碟機字元(D)：
無
分割磁區類型(P)：
NTFS
位置：
未配置空間的開頭(B)
未配置空間的結尾(E)
標籤(L)：
大小(S)：
5185.0
MB
叢集大小(C)：
預設值
NTFS 版本(V)：
預設值
資訊：
將建立一個延伸分割磁區來包住這個邏輯分割磁區。
这就是分区格式，建议大家用FAT32格式，这里我用NTFS格式。
確定(O)
取消(C)
說明(H)

图 3-15　硬盘分区（4）

Norton PartitionMagic 8.0
一般(G)
磁碟(D)
分割磁區(P)
作業(O)
工具(T)
說明(H)
磁碟 1 - 8189 MB
調整大小/移動(R)...
建立(T)...
刪除(D)...
取消刪除(U)...
標籤(L)...
格式化(F)...
複製(Y)...
合併(M)...
檢查錯誤(C)...
資訊(I)...
轉換(V)
進階(A)
分割磁區
類型
NTFS
延伸
NTFS
狀態
Pri/Log
,987.6
無
主要的
0.0
無
主要的
,157.1
無
邏輯的
損壞的扇形磁區重新測試(B)...
隱藏分割磁區(H)...
調整根目錄大小(O)
設定為作用(S)...
調整叢集大小(R)...
这一步一定要做，要不没有可引导分区，就开不了机了。
執行(A)
結束(X)
3 項預定作業

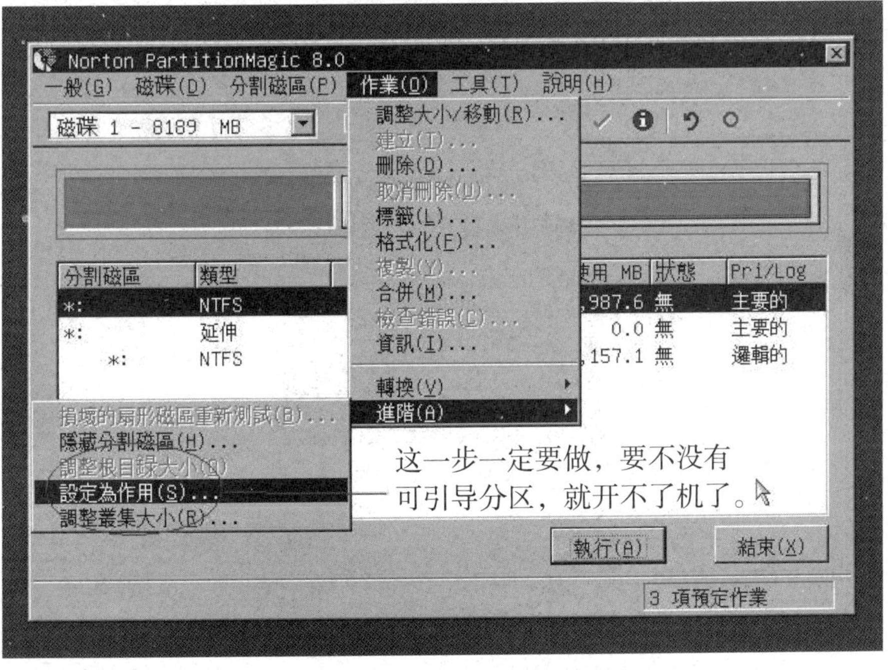

图 3-16　硬盘分区（5）

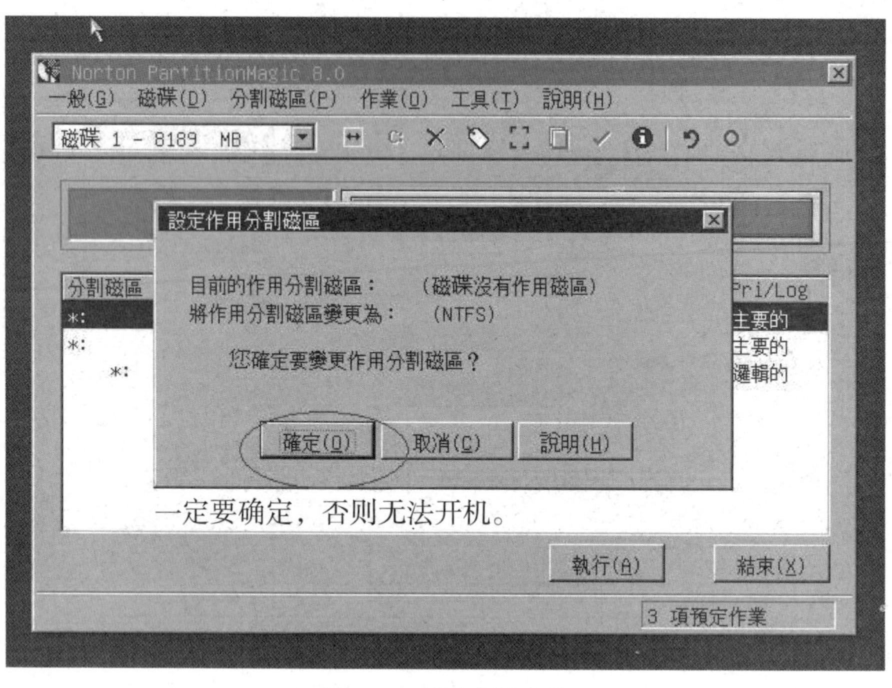

图 3-17　硬盘分区（6）

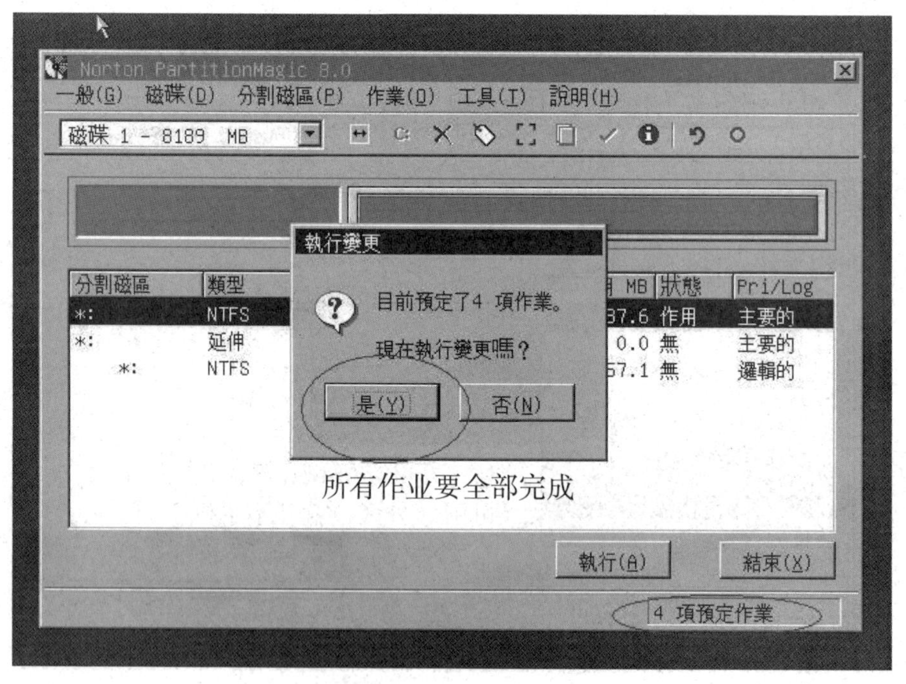

图 3-18　硬盘分区（7）

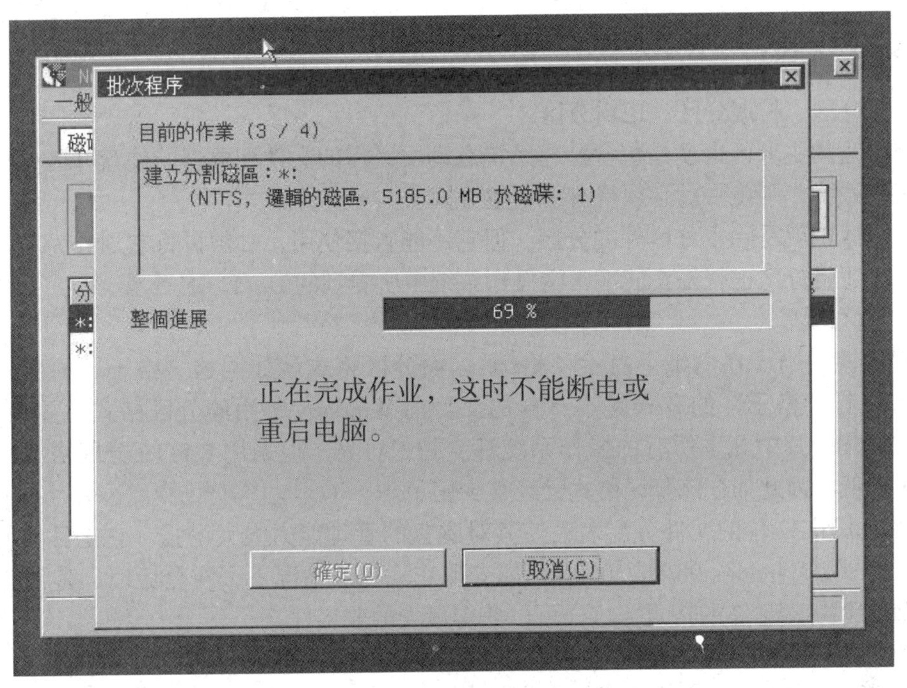

图 3-19　硬盘分区（8）

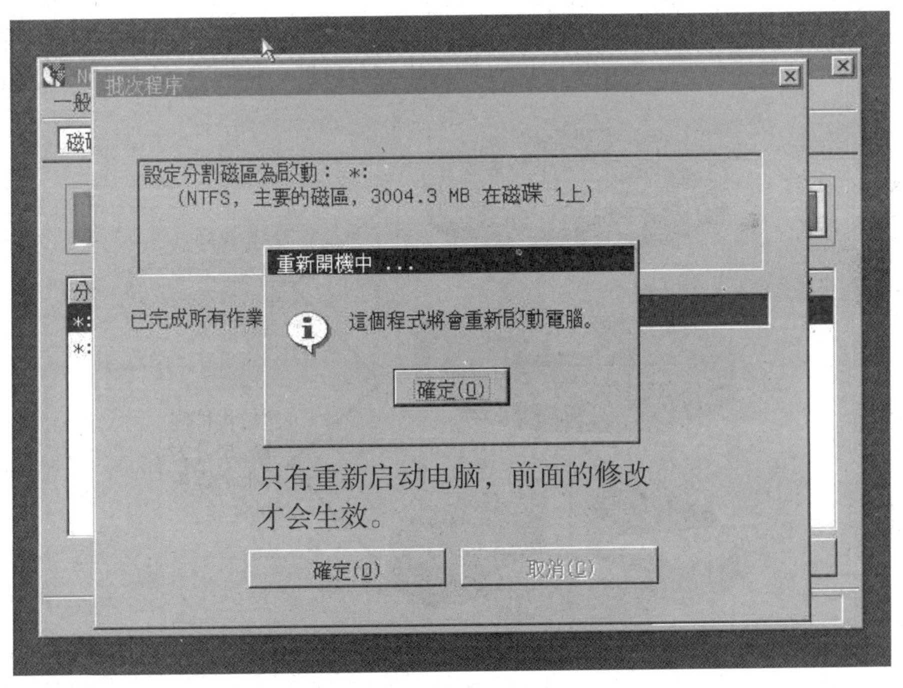

图 3-20　硬盘分区（9）

【理论知识】

一、主分区、扩展分区、逻辑分区

一个硬盘的主分区也就是包含操作系统启动所必需的文件和数据的硬盘分区，要在硬盘上安装操作系统，则该硬盘必须得有一个主分区。

扩展分区也就是除主分区外的分区，但它不能直接使用，必须再将它划分为若干个逻辑分区才行。逻辑分区也就是我们平常在操作系统中所看到的D、E、F等盘。

二、分区格式

格式化就相当于在白纸上打上“格子”，而分区格式就如同这“格子”的样式，不同的操作系统打“格子”的方式是不一样的。目前Windows所用的分区格式主要有FAT16、FAT32、NTFS。其中几乎所有的操作系统都支持FAT16，但采用FAT16分区格式的硬盘实际利用效率低，因此如今该分区格式已经很少用了。

FAT32采用32位的文件分配表，使其对磁盘的管理能力大大增强。它是目前使用得最多的分区格式，Windows 98/Me/2000/XP都支持它。一般情况下，在分区时，建议大家最好将分区都设置为FAT32的格式，这样可以获得最大的兼容性。

NTFS的优点是安全性和稳定性极其出色。不过除了Windows NT/2000/XP外，其他的操作系统都不能识别该分区格式，因此在DOS、Windows 9X中是看不到采用该格式的分区的。

三、分区原则

不管使用哪种分区软件，在给新硬盘上建立分区时都要遵循以下顺序：建立主分区→建立扩展分区→建立逻辑分区→激活主分区→格式化所有分区，如图3-21所示。

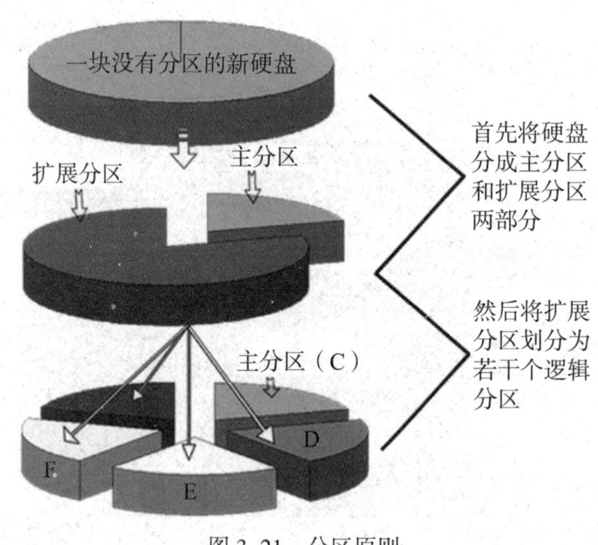

图3-21 分区原则

任务四　安装操作系统

【任务描述】

让学生对怎么安装系统有个直观的认识。

【任务实施】

（1）首先在 BIOS 中设置为光驱引导计算机或 U 盘启动项，在此我们应用的是光驱引导，将 Windows 7 的安装光盘放入光驱中，在此会出现以图 3–22（a）所示画面。按任意键，从光盘引导开始引导计算机，进入安装程序，如图 3–22（b）所示。

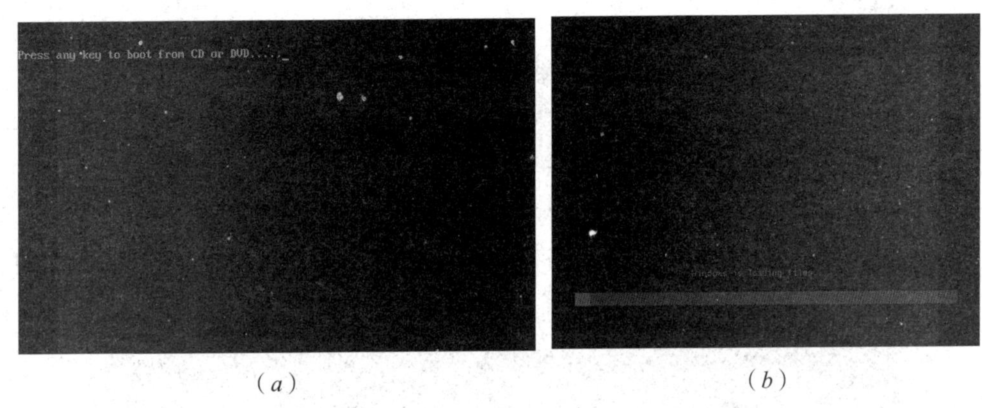

（a）　　（b）

图 3–22　从光驱引导计算，进入安装程序

（2）引导完成后，出现语言选择界面，选择简体中文，进入下一步（图 3–23）。

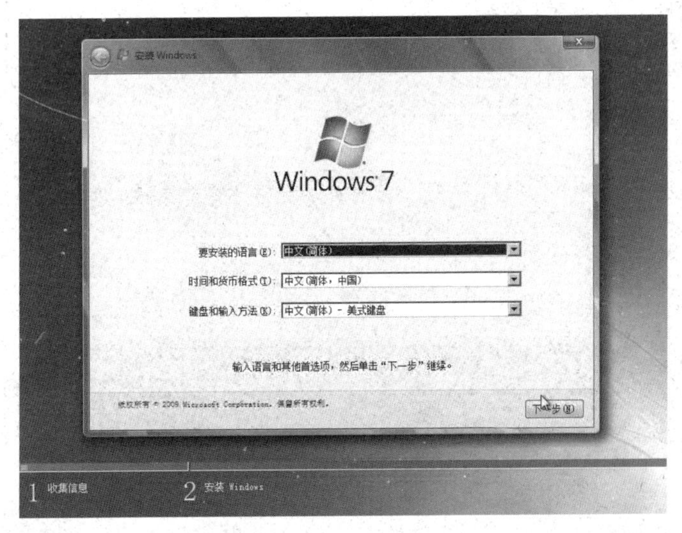

图 3–23　语言选择界面

（3）出现版本选择界面，选择要安装的版本，单击“下一步”按钮（图 3-24）。

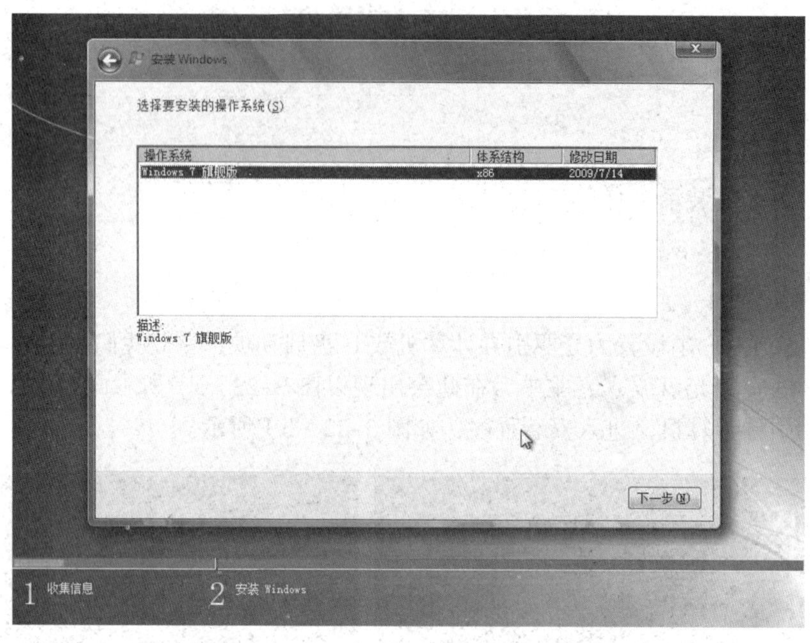

图 3-24 版本选择界面

（4）进入选择磁盘分区界面，选择要将系统安装在哪个分区。如磁盘尚未分区，可单击驱动器选项进行分区（图 3-25、图 3-26）。

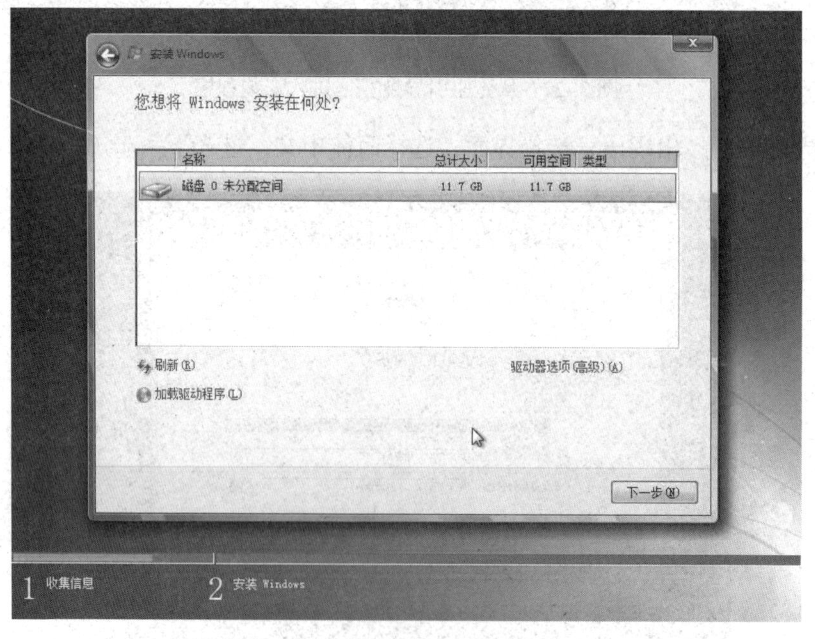

图 3-25 磁盘分区选择界面（1）

图 3-26　硬盘分区选择界面（2）

（5）选择分区后，系统开始在目标分区复制并解压缩安装文件，进行系统配置（图 3-27），完成后，会自动重新启动计算机（图 3-28）。

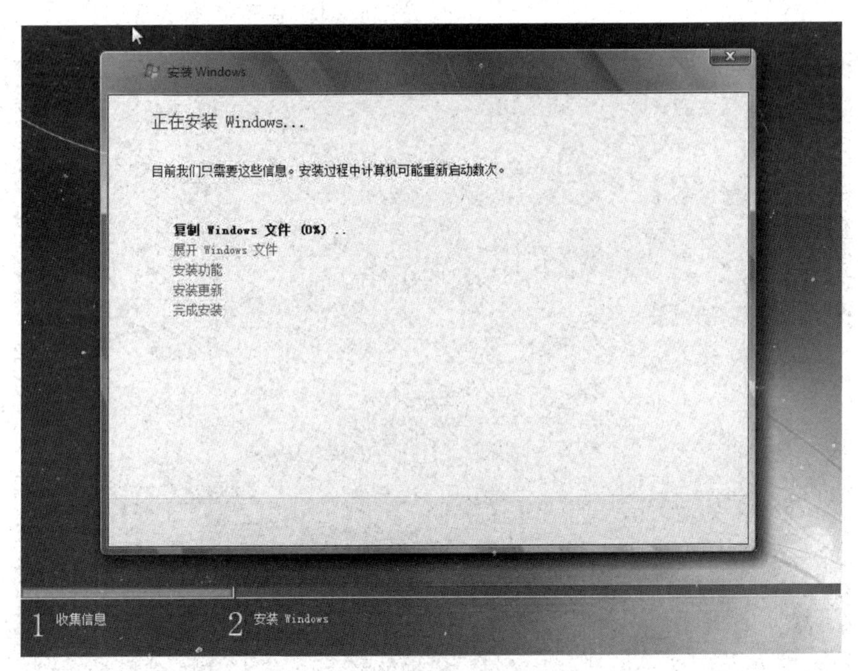

图 3-27　安装 Windows（1）

图 3–28　安装 Windows（2）

（6）安装完成后首次启动系统（图 3–29），会提示输入一些必要的信息，如用户名、计算机名、用户密码、时间，设置完成后即可进入系统（图 3–30 ~ 图 3–32）。

图 3–29　首次启动系统

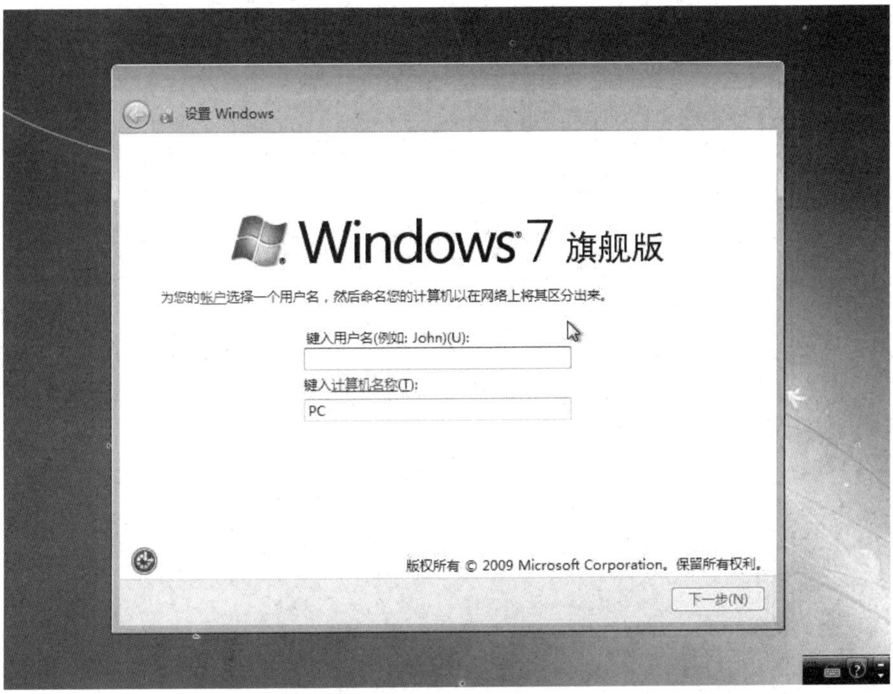

设置 Windows

Windows 7 旗舰版

为您的帐户选择一个用户名，然后命名您的计算机以在网络上将其区分出来。

键入用户名(例如: John)(U):

键入计算机名称(T):

PC

版权所有 © 2009 Microsoft Corporation。保留所有权利。

下一步(N)

图 3-30　输入用户名和计算机名

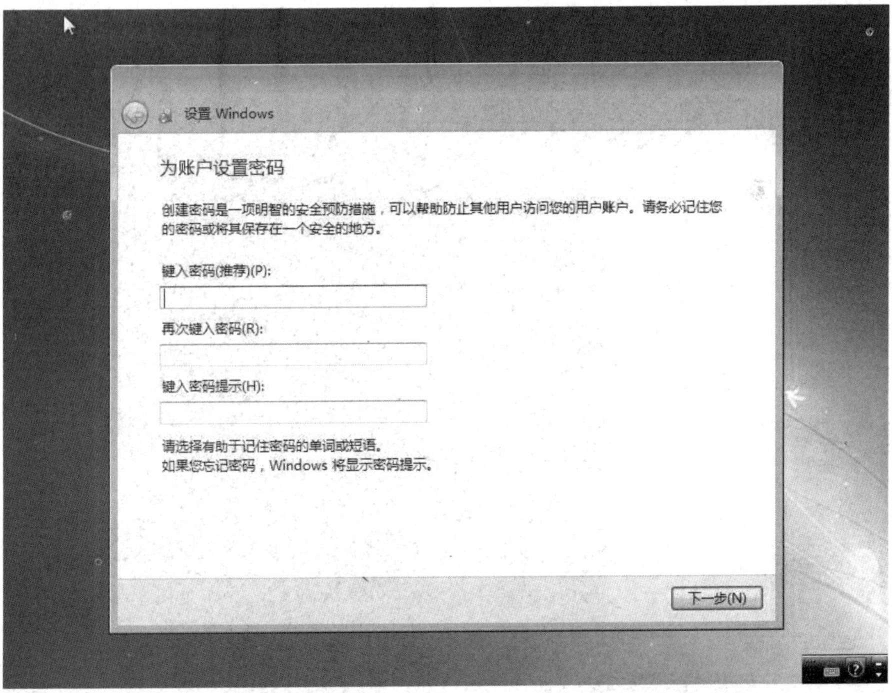

设置 Windows

为账户设置密码

创建密码是一项明智的安全预防措施，可以帮助防止其他用户访问您的用户账户。请务必记住您的密码或将其保存在一个安全的地方。

键入密码(推荐)(P):

再次键入密码(R):

键入密码提示(H):

请选择有助于记住密码的单词或短语。
如果您忘记密码，Windows 将显示密码提示。

下一步(N)

图 3-31　输入密码和密码提示

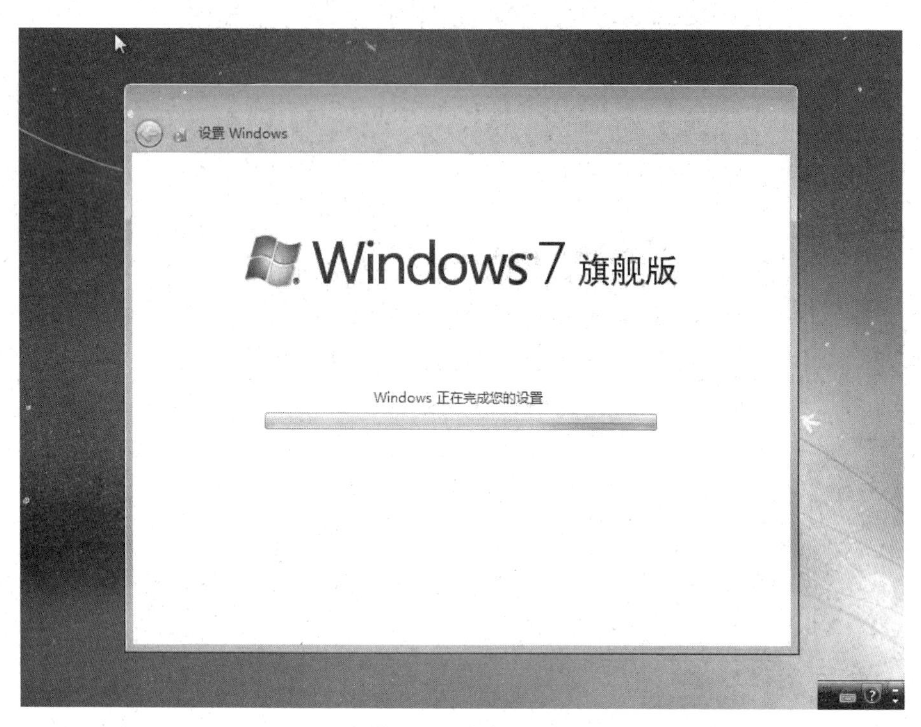

图 3-32 完成设置

（7）进入界面，系统安装完成（图 3-33）。

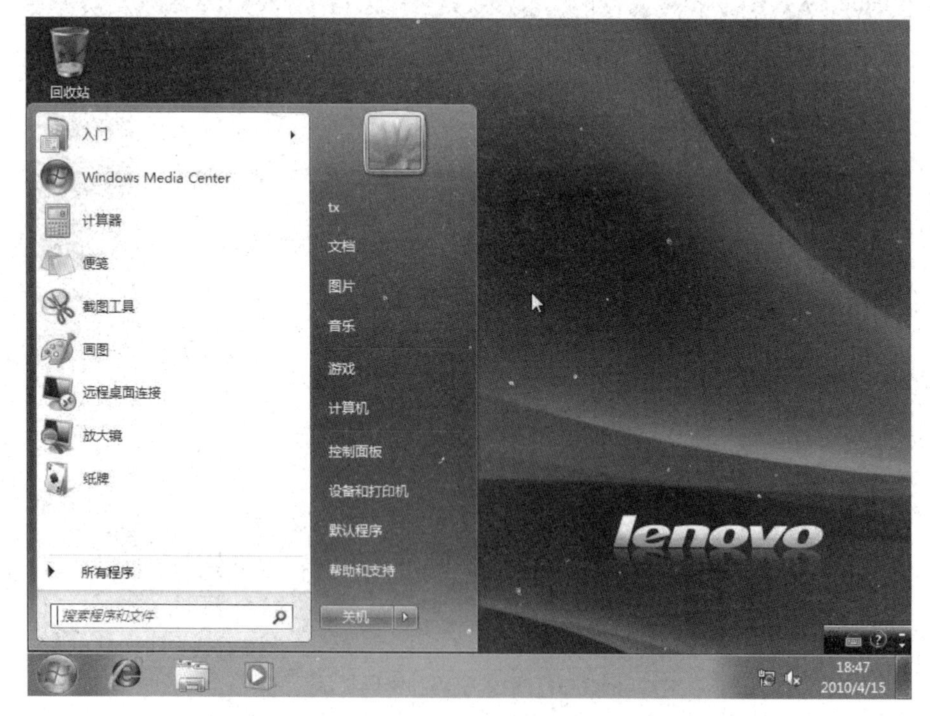

图 3-33 进入界面

下面介绍 VMware 虚拟机的安装。

现在很多人都拥有计算机，但多数人都只有一两台。想组建一个自己的局域网或者是做个小规模的实验，一台机器是不够的，最少也要两三台。可为此再买计算机并不划算。好在有许多虚拟机可以帮助解决这个问题。虚拟机可以在一台计算机上虚拟出很多的主机，只要真实主机的配置足够就可以。这里主要介绍一下老牌的虚拟机 VMware。

VMware Workstation 是 VMware 公司设计的专业虚拟机，可以虚拟现有任何操作系统，而且使用简单，容易上手。要知道所有微软员工的机器上都装有一套正版的 VMware，足见它在这方面的权威。下面介绍最新的 VMware 4 的使用方法。

这个软件的安装和其他软件没什么区别，所以不再介绍安装过程。下面将把 VMware 的完整使用过程分为建立一个新的虚拟机、配置安装好的虚拟机、配置虚拟机的网络三个部分，并依次进行介绍。

使用的软件：VMware Workstation v5.5 特别版，引自网址“http://www.fzpchome.com/Soft/serversoft/200710/434.html”。

VMware Workstationv 5.5 汉化补丁，引自网址“http://www.fzpchome.com/Soft/serversoft/200710/435.html”。

建立一个新的虚拟机的步骤如下：

（1）首先来认识一下 VMware 界面（图 3-34）。

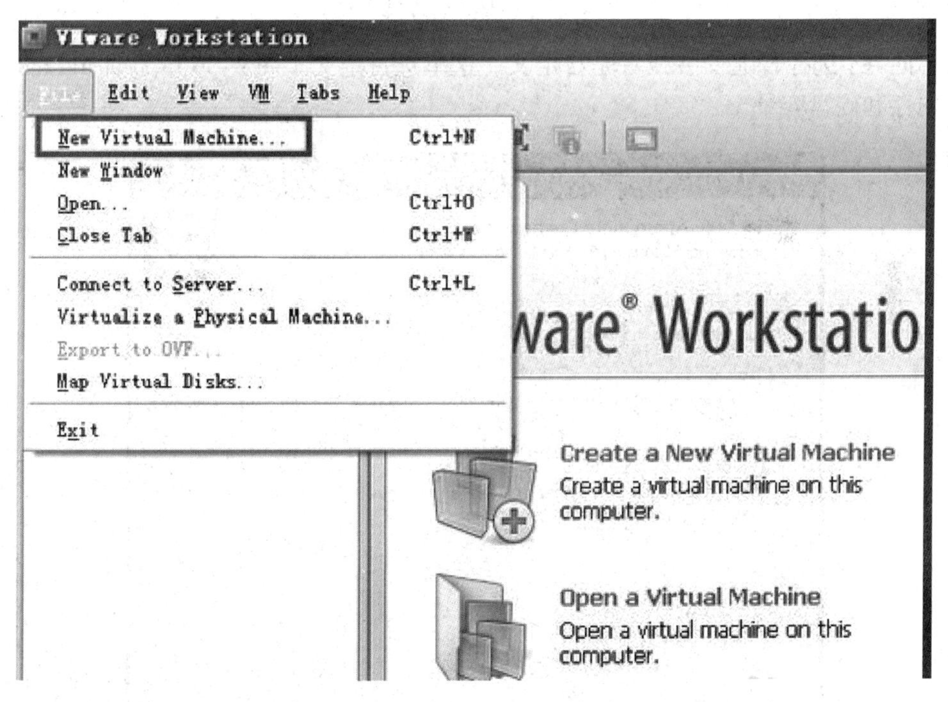

图 3-34　VMware 界面

（2）建立一个新的虚拟机（图 3-35）。

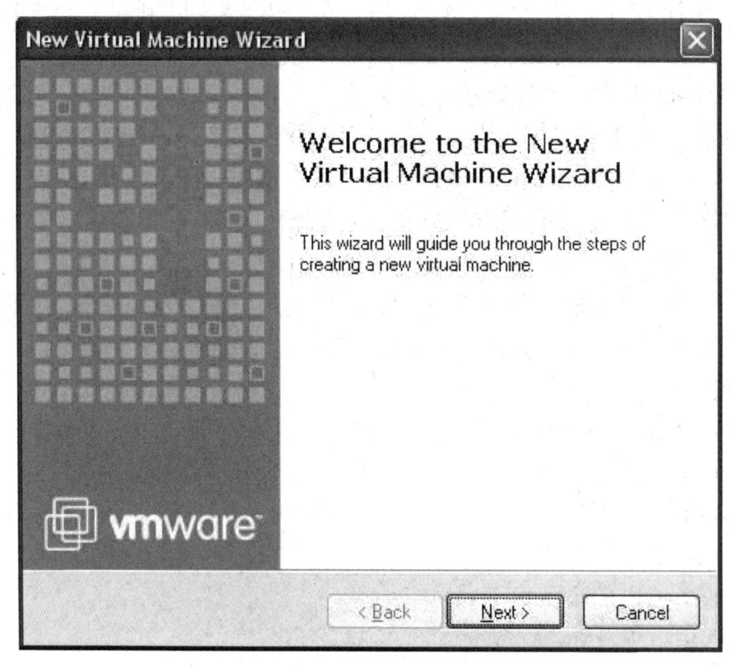

图 3-35 虚拟机的安装（1）

（3）向导：选择普通安装或者是自定义。这里选自定义（图 3-36），后面可以自行规划设备、内存和硬盘容量。

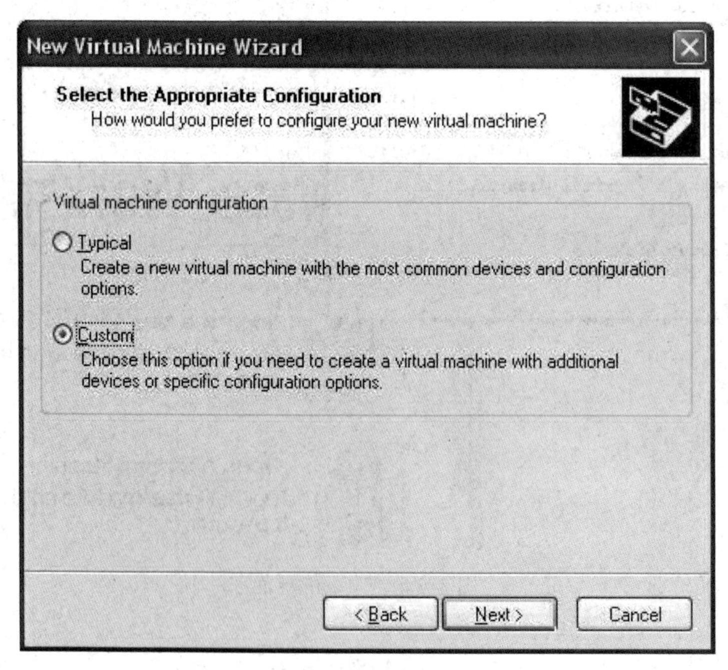

图 3-36 虚拟机的安装（2）

（4）选择想要虚拟的系统（图 3–37）。

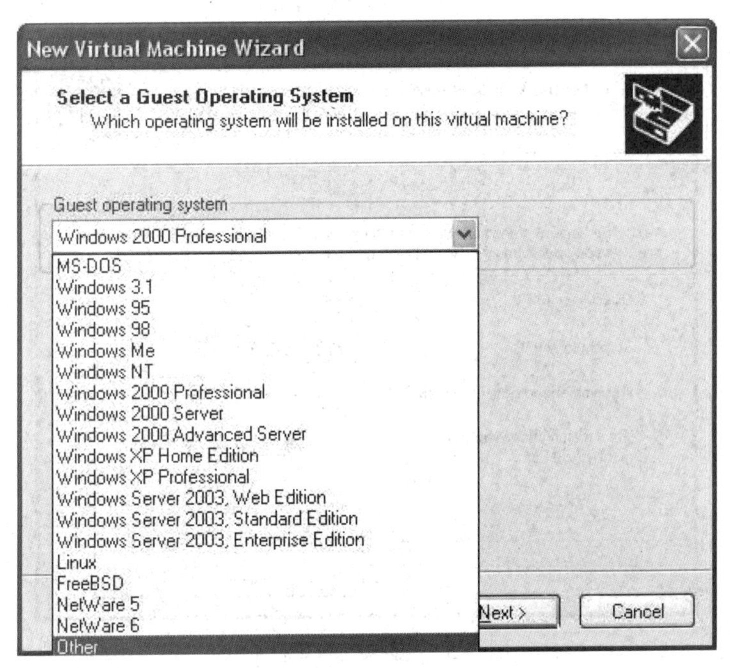

图 3–37　虚拟机的安装（3）

（5）给虚拟机起个名字，指定它的存放位置（图 3–38）。

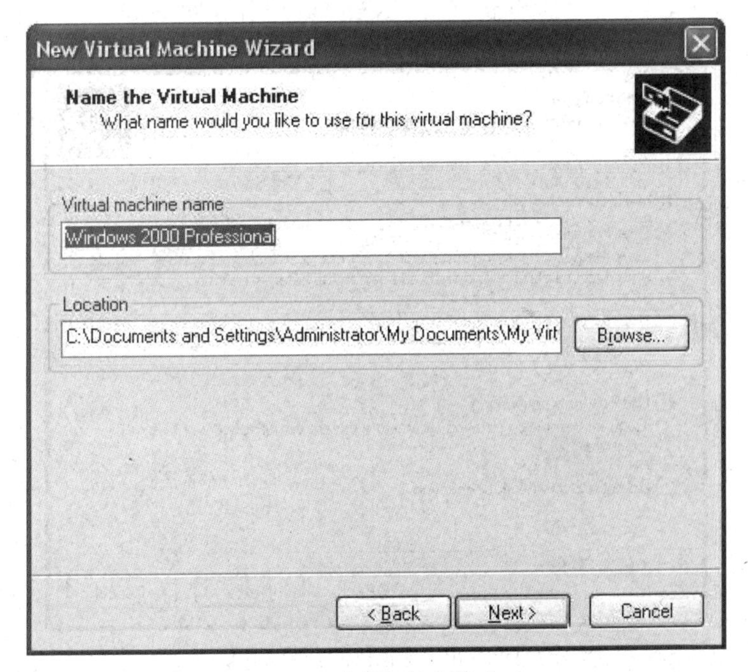

图 3–38　虚拟机的安装（4）

（6）分配内存大小（图 3–39）。

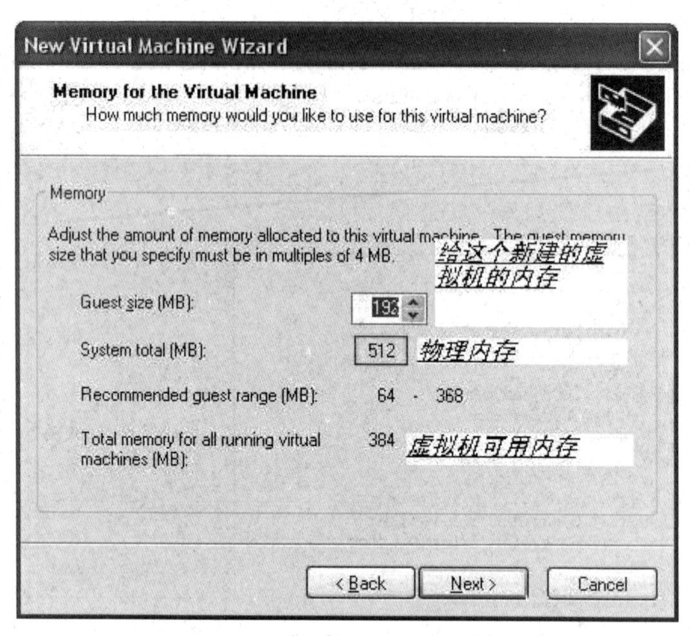

图 3–39 虚拟机的安装（5）

（7）网络设置模式。这里比较复杂，安装的时候可以先随便选一个（图 3–40），装好后也可以修改。但千万不要选最后一个，否则将无法创建网络。

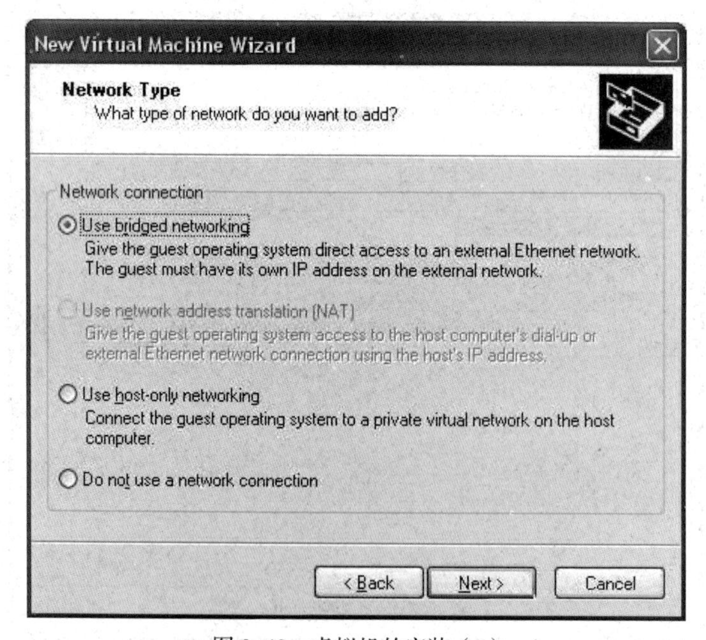

图 3–40 虚拟机的安装（6）

（8）创建一块磁盘。当第一次建立虚拟机时，请选择第一项（图 3–41）。第二项适用于建立第二个或更多虚拟机，即使用已经建立好的虚拟机磁盘，这样可以减少虚拟机占用的真实磁盘空间。第三项则允许虚拟机直接读写磁盘空间，比较危险，所以适合熟悉使用磁盘的高级用户，否则如果操作失误会把真实磁盘里的内容删掉。

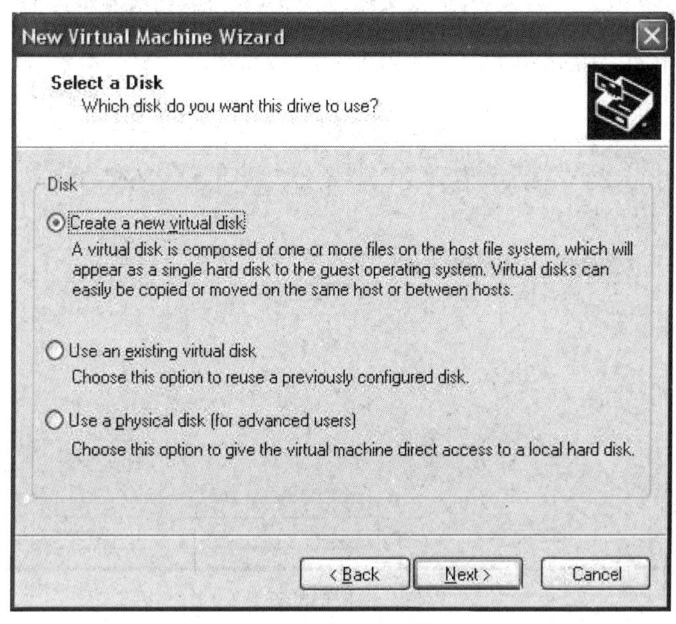

图 3–41　虚拟机的安装（7）

（9）设置虚拟机磁盘容量。第一项可以定义磁盘大小；第二项允许虚拟机无限使用磁盘空间，但需要真实磁盘足够大；第三项则限制了每块虚拟磁盘的最大容量为 2GB（图 3–42）。

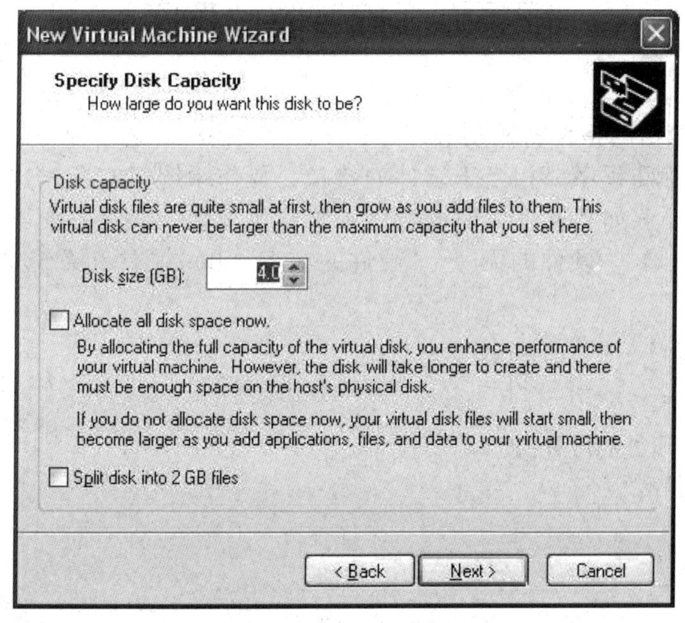

图 3–42　虚拟机的安装（8）

（10）这一步是最后一步，虚拟磁盘即将被创建，单击“Advanced”按钮，在弹出的对话框中可以更改虚拟磁盘的接口为 SCSI 或是 IDE，请选择 SCSI（图 3–43）。

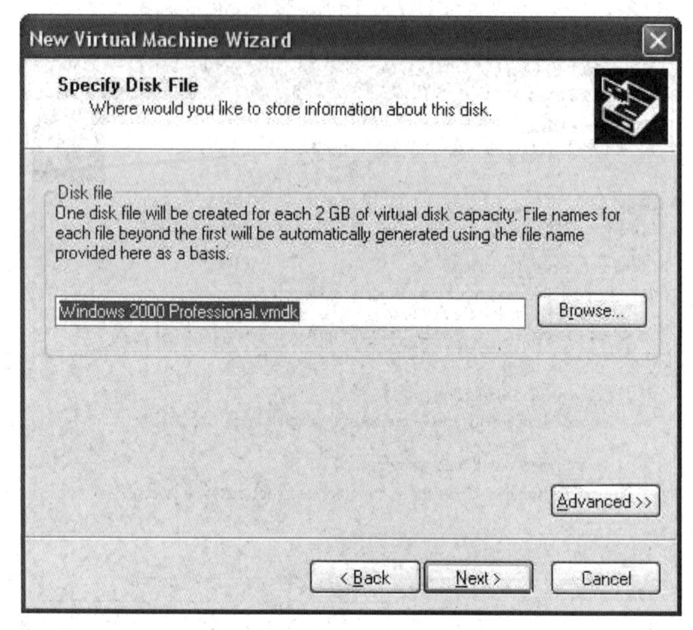

图 3–43 虚拟机的安装（9）

到此为止，虚拟机的安装就完成了，和大多数软件的安装步骤是类似的。

任务五 安装驱动程序

驱动程序一般指的是设备驱动程序（Device Driver），是一种可以使计算机和设备进行相互通信的特殊程序。相当于硬件的接口，操作系统只有通过这个接口才能控制硬件设备的工作，假如某设备的驱动程序未能正确安装，此设备便不能正常工作，因此，驱动程序被比作“硬件的灵魂”“硬件的主宰”和“硬件和系统之间的桥梁”等。

【任务描述】

（1）了解驱动程序；

（2）了解驱动所处的位置；

（3）驱动的选择；

（4）安装驱动；

（5）驱动实例。

【任务实施】

使用“驱动精灵”升级驱动程序，运行界面如图 3–44~ 图 3–46 所示。

图 3–44　基本状态

图 3–45　立即检测

图 3–46　驱动程序

【理论知识】

一、驱动程序概述

驱动程序全称为“设备驱动程序”，是一种可以使计算机和设备通信的特殊程序，可以说相当于硬件的接口，操作系统只有通过这个接口才能控制硬件设备的工作，假如某设备未能正确安装驱动程序，便不能正常工作。正因为这个原因，驱动程序在系统中所占的地位十分重要，一般当操作系统安装完毕后，首要的便是安装硬件设备的驱动程序。

在对驱动程序有了了解之后，可以直观地感受一下驱动程序的存在，进入控制面板，进入“性能和维护”中的“系统”，然后在里面的硬件选项可以看到“设备管理器”这个选项，单击打开就能看到如图 3–47 所示的一个窗口。

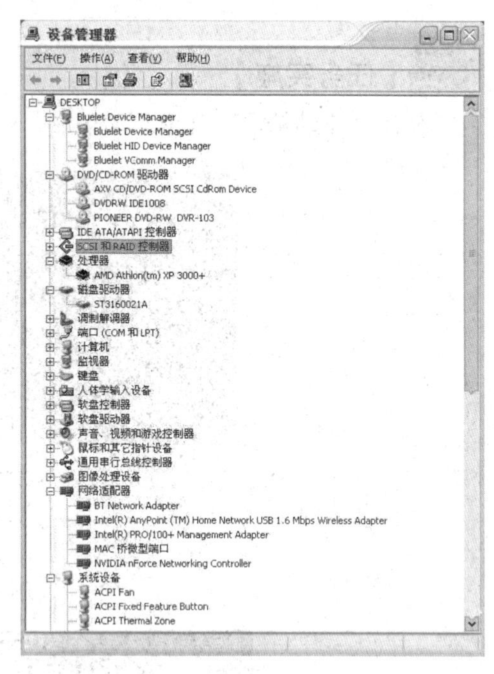

图 3–47 设备管理器（1）

在这个设备管理器中，可以看到所有的硬件列表。上至中央处理器，下到小小的一块网卡、一个鼠标，每个硬件背后都有一个驱动在默默地支持着。

继续单击感兴趣的硬件，就可以看到详细的驱动信息，如图 3–48 所示。

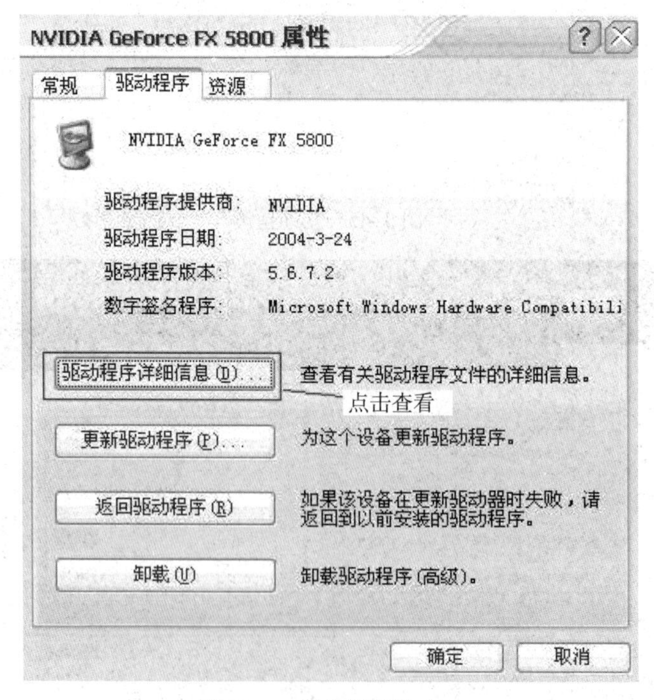

图 3–48 设备管理器（2）

单击用方框圈着的按钮，就会出现如图 3-49 的窗口。

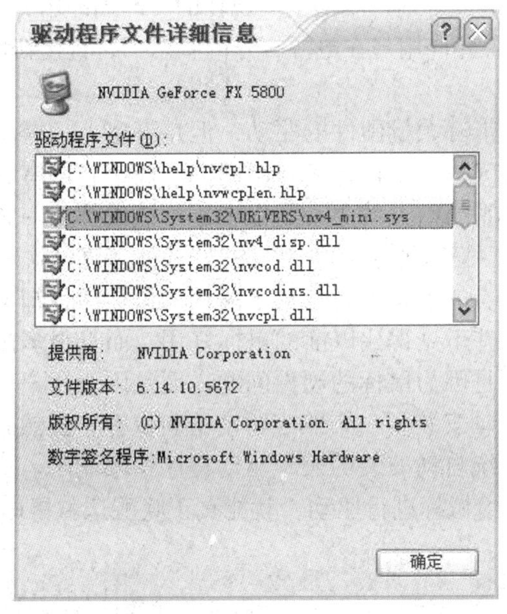

图 3-49　设备管理器（3）

在这里，可以看到很详尽的驱动程序的信息，包括供应商、文件版本、发行日期等。

二、驱动的选择

当确定了硬件的名称，在驱动之家寻找相应的驱动时，通常都会找到很多款不同的驱动，那么如何选择一款最适合自己的驱动呢？

首先要搞清楚自己使用的是什么版本的 Windows 系统，因为不同的系统工作机制并不相同，所以针对不同的 Windows 系统厂商们通常都要编写不同的驱动。在获得驱动时，可以看到说明中写明了这款驱动适用于 Windows 9X/ME 或者 Windows 2000/XP 等的字样，一定要根据自己的操作系统正确地选择驱动。若是强制把为 Windows 98 编写的驱动安装在 Windows XP 上，很可能不能正常使用，甚至会造成系统的崩溃。

当确定驱动的对应系统后，还是能发现很多不同版本的驱动。以很多人都在使用的 GeForce 显卡为例，可以发现有 ForceWare 驱动 53.03、56.72，甚至 61.11 等版本。版本号的原则一般就是数字越大，版本越新。但最新的不一定就是最合适的，虽然最新的驱动拥有最新的技术，理论上自然也会有最好的性能，但事实上，还要注意新驱动到底是什么样的驱动。很多时候，一些最新的驱动为了抢先推出占领市场，或仅仅为了测试一些新的技术而并没有通过非常重要的 WHQL 认证。

【知识拓展】

一、什么是即插即用规范

即插即用（Plug and Play，台湾称作随插即用，简称“PnP”）是一种计算机硬件的一般术语，指在计算机上加上一个新的外部设备时，能自动侦测与配置系统的资源，而不需要重新配置或手动安装驱动程序。PnP 会在每次系统启动时自动侦测及配置，因此，必须先关闭计算机电源，才能安装 PnP 设备到扩展槽中。现在的“即插即用”一词又加上了热插拔的意义，它是一个类似的功能，允许用户在电源打开的状态下，直接新增或移除硬件设备，例如 USB 或 IEEE 1394。

虽然现在的操作系统带有大量硬件的驱动，但是事实上，操作系统内置的驱动只是基本保证硬件可以使用。因为每个硬件都来自不同的厂商，它们有着各自的特点及各自的微小的差异，所以只靠操作系统内置的驱动是根本不可能发挥出一款硬件的全部性能的。举个简单的例子，CS 是一款大家都爱打的游戏，爱好者都知道一款好的鼠标可以使自己在 CS 中的枪法更加精准。但是有的人花了高价买了高档的鼠标后，却会抱怨这个鼠标除了拿着的手感好一些，在游戏中并不见得比以前的鼠标好用，而且很多按键都不能自己定制。其实出现这种情况，通常不是因为鼠标的硬件问题，而是因为用户只是简单地把新鼠标插到机器中，然后 Windows 自动安装了一个兼容驱动给新鼠标，虽然新鼠标可以正常使用，但是它的真正潜力完全被系统自动安装的兼容驱动程序给限制了。这时，只要利用鼠标的生产商所发布的驱动程序来给鼠标进行驱动，就能真正唤醒这款鼠标的功能（图 3-50）。

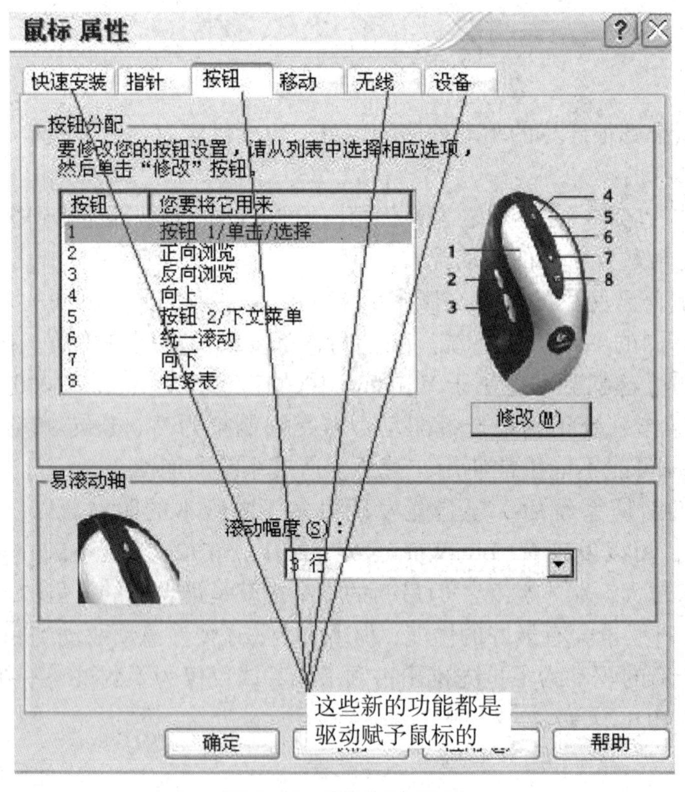

图 3-50　鼠标属性窗口

厂商发布的鼠标驱动中的控制面板中拥有丰富的可以定制的功能，如此一个小小的鼠标的驱动就能有千差万别的改变，可见使用正确的驱动对于计算机使用体验来说是多么的重要。

二、驱动去哪里找

那么如何选择一款合适的驱动呢？首先要知道到哪里去寻找驱动程序。在购买计算机时会送一些光盘，其中就有驱动盘，当一个新硬件发售初始，相应的配套驱动程序也就同时由厂商发布了，并且通常都会随着硬件一起送给用户。但是这种随盘而来的驱动程序并不是最好的选择，因为当一款硬件推出后，它的硬件能力虽然不变，但是它在系统中所能发挥的实际效能通常就是由驱动程序这个“传令兵”的效率来决定的。因此，有实力的厂商都会定期更新驱动程序提供给他们的用户。在硬件从发售到退出历史舞台的过程中，不断进行着最优化，开发的新驱动程序就会不断地涌现，而硬件的性能（包括兼容性、稳定性和速度）都会随着驱动程序的升级而不断地趋于完美。在优化良好的状况下，有些硬件可能会在某些应用中性能翻倍提高，著名的显卡芯片生产商 nVIDIA 的“雷管”系列驱动就很好地诠释了这个例子。图 3–51 所示就是通过驱动程序升级后的 GeForce FX5900 显卡在 DX9 游戏《光晕 Halo》中的性能走势。

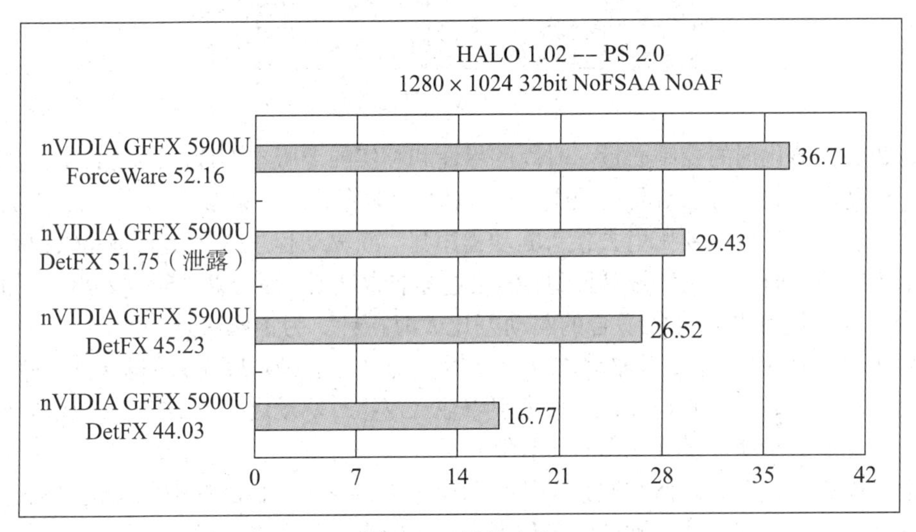

图 3–51　性能走势

可以看到，使用 44.03 版的驱动程序时，FX5900 运行这个游戏的速度只有每秒 16.77 帧。但随着驱动的升级，运行游戏的速度也在不断地提高，到了 52.16 版时，就达到了每秒 36.71 帧。这个成绩足足是之前的 218%。同样的硬件、同样的环境和同一款游戏，只是改动了驱动程序，运行速度就有如此巨大的提升。不过需要说明的是，以上的这个例子是通过驱动优化完成性能飞跃的一个比较极端的例子，通常驱动程序升级提升一般是不会有如此巨大的幅度的。

更新驱动不但可以获得更快的速度，还可能会获得更多的功能。ATI 的显卡的驱动叫作催化剂，如图 3–52 就是它的驱动程序的进化对比。

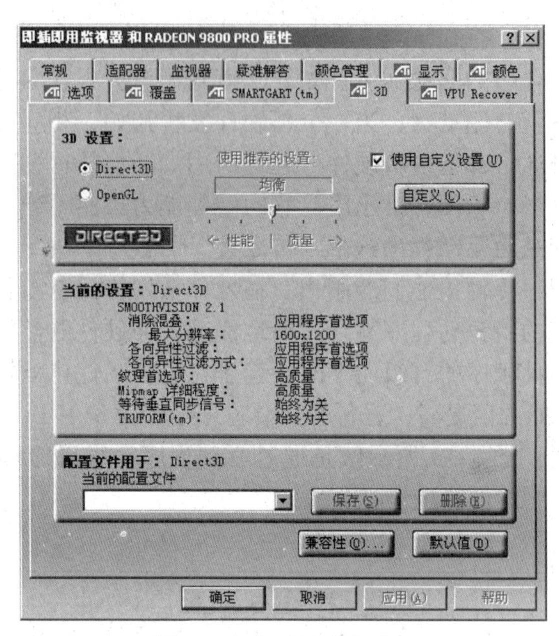

图 3–52 驱动的进化对比

这是新一代催化剂的控制面板。时尚的界面和朴实的老版本形成了巨大的视觉反差。所以“计算机高手”们，对于新驱动程序的追求就好像对新游戏、新软件一样总是非常热衷。

除了驱动盘，还可以到哪里去找新驱动程序呢？新驱动程序既然是厂商提供的服务，那么到各个相应的厂商主页应该可以找到，但是这样非常麻烦，因为硬件经常来自不同的厂商，访问多个不同的网址并且寻找适合的驱动好比大海捞针。为了解决这一问题，“驱动之家”应运而生了。自从 1998 年 9 月驱动之家成立后，就致力于建立最完善的驱动程序库。所以当你想要驱动程序时，只要打开任何搜索引擎输入汉字“驱动之家”或者直接在地址栏敲入网址，一个无穷的驱动宝库就在你的面前敞开了。

驱动宝库有了，但是如何在这繁多的驱动程序中寻找适合自己的呢？首先要确定自己的硬件是什么才能够对症下药。硬件的名称可以在包装盒、说明书、保修卡等上面找到，这些上面都标有硬件的相关名称信息。另外在 Windows 的设备管理器中也可以分门别类地查看到所有已经存在的硬件的名称。

其中显卡被选中的部分就是这个系统中的显卡的硬件名称。这样，只要打开设备管理器就可以找到硬件设备的名称，然后就能够有的放矢地寻找合适的驱动程序了。

三、什么是 WHQL 认证

全球最大的个人操作系统软件生产商微软公司为了保证系统的稳定性与兼容性推出了 WHQL 认证制度，它是“Microsoft Windows Hardware Quality Lab”的缩写，中文意思是“微软操作系统硬件质量实验室（认证）”。这个实验室主要从事计算机硬件产品、驱动程序与 Windows 操作系统的兼容性和稳定性测试。如果通过测试就证明这款产品与 Windows 操作系统可以达到 100% 兼容，从而使计算机系统达到前所未有的稳定性。所以购买的主板是否通过微软 WHQL 认证就成为计算机运行稳定的关键所在。为了使消费者可以直观地了解到产品是否通过了认证，微软规定凡是通过 WHQL 认证的产品都被授予“Designed for Windows”

标志，并且产品的品牌型号都会出现在微软官方网站和操作系统的硬件兼容列表（HCL）中，以方便查询。WHQL 认证过程十分严格，因此一款通过了 WHQL 认证的驱动程序在 Windows 系统中基本不存在兼容性问题，用户可以放心地使用。

任务六　应用软件的安装和卸载

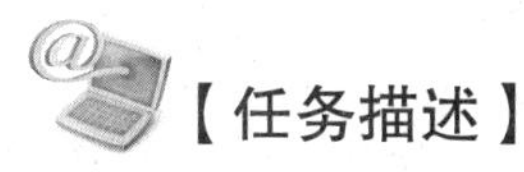

【任务描述】

（1）应用软件的安装；

（2）应用软件的卸载。

【任务实施】

一、应用软件的安装

应用软件的种类繁多，应用软件的发布方式也多种多样，有的通过光盘发布，有的通过网络以压缩包方式发布。虽然发布方式不同，但安装方法基本相同。

（1）光盘发布的软件一般都是自运行的，只要把它插入光驱，就会自动弹出一个安装窗口，进入安装界面，单击“安装”按钮即可开始安装。如果光驱禁止了自动运行功能，那么可以打开光盘根目录中的 AUTORUN.INF 文件，看里面指定了哪个自动运行的程序，手工启动它即可，或者在安装目录里查找类似 SETUP.EXE 或者 INSTALL.EXE 这样的文件，这就是安装程序，运行它同样也可以进行安装。

（2）压缩包方式发布的软件要先把它解压到磁盘的某一个目录中，一般情况下是执行其中的 SETUP.EXE 程序进行安装，具体安装方式与光盘发布的软件的安装方式大同小异。

在安装有些大型软件的时候，时常会弹出一个对话框让用户选择安装方式，最常见的有最小安装、典型安装、自定义安装和安全安装。这几种安装方式各有用处。

1. 最小安装

只安装运行此软件必需的部分，主要是满足硬盘空间紧张的用户的需要。比如在安装字体处理软件时，选择此方式会放弃安装一些不常用的字体，而只安装很少几种必需的字体。

2. 典型安装

选择典型安装后，安装程序将自动安装最常用的选项。它是为初级用户提供的最简单的安装方式，无须为安装进行任何选择和设置。用这种方式安装的软件可实现各种最基本、最常见的功能。

3. 安全安装

选择安全安装会自动将软件中的所有功能全部安装，但它需要的磁盘空间最多。如果想全面地了解某个软件，又拿不准到底要安装哪些部分时，最好选择安全安装，以免少安装了什么组件而不能使用其中的某个功能。

4. 自定义安装

自定义安装可以选择要安装软件的功能组件。选择它后，安装程序会提供一张清单列表，用户可以根据自己的实际需要选择要安装的项目，并清除不需要的安装项目。

二、应用软件的卸载

要想删除已安装的软件，恰当地说是卸载软件，常用方法有如下几种：

1. 用软件自带的卸载工具

现在有越来越多的软件提供卸载（Uninstall）程序，只需从“程序”里运行卸载程序就可以了，它会自动将原来安装的软件从系统里清除出去。这也是最好最省事的卸载办法。因而，一个好的应用程序都应提供这种卸载的快捷方式。

2. 用“添加 / 删除程序”

运行“控制面板”，单击“添加 / 删除程序”，选择要删除的程序，然后单击“添加 / 删除”按钮，在确认要删除此程序后，系统自动将程序清除。如果程序本身没有提供卸载程序，不妨试试这个办法。

3. 直接将文件夹删除

如果用以上两种方式都不能卸载软件，而你又对系统不太了解，且急于要删除应用软件，那么可以找到程序安装的目录，直接删除。但不建议用这种办法删除软件，因为软件在安装时往往还要向 Windows 目录下拷贝一些文件，这样删除不能将安装文件全部清除干净。因而这种卸载软件的方法是下策。

【理论知识】

下面介绍绿色软件的安装与卸载。

1. 绿色软件不是拿来就能用

从网络下载来的绿色软件一般是用压缩包形式提供的，多为 RAR 压缩包，只要把它们解压出来，执行其中的可执行文件就能运行了，不再需要安装。当然，如果这个软件只有一个可执行程序，那也可能下载之后直接双击它来运行。

2. 别为绿色软件的卸载发愁

一般来说，如果软件是通过正常途径安装的，它可能会在开始菜单中建立属于自己的程序组，其中包括用来卸载软件的快捷方式；或者，它也可能会在安装时记录下安装的过程，然后提供给系统一个安装记录，以便通过控制面板的“添加 / 删除程序”来卸载程序。

如果没有在这两个地方找到这些痕迹，软件很可能是一款绿色软件。就是那种不用安装就能运行的软件。既然这种软件拷贝来就能直接运行，不会在系统中添加什么，那么，直接把它所在的文件夹删除就可以了。当然，如果在桌面上或快捷启动栏等处建立了快捷方式，把这些快捷方式手动删除就可以了。

【项目小结】

本项目讲解了软件系统安装的详细方法，并且着重对 BIOS 的设置、硬盘分区与格式化以及安装操作系统进行了细致的讲解。通过本项目的学习，便可能对计算机软件系统进行整体地安装了。

【独立实践】

项目任务描述见表 3–1。

表 3–1　任务单

1	BIOS 设置
2	硬盘的分区与格式化
3	安装操作系统
4	安装驱动程序
5	应用软件的安装与卸载

任务一：通过对 BIOS 进行设置，使 U 盘作为第一启动项。

任务二：用命令 FDISK 分区，并用命令 format 格式化。

任务三：通过 U 盘安装系统。

任务四：安装显卡驱动。

任务五：安装 Office 办公软件。

【思考与练习】

（1）如果忘记了设置的开机密码，该如何解决？

（2）怎样禁用 U 盘及 MP3？

（3）对已有的系统进行分区应该怎么做？

（4）安装操作系统并且安装好相应的驱动程序。

（5）驱动去哪里找？

【实验一】

实验操作：对一台计算机进行重新分区（不破坏原有数据）。

一、实验准备（准备材料）

二、实验过程

步骤一：

步骤二：

三、实验总结

【实验二】

实验操作：重新安装操作系统。

一、实验准备（准备材料）

二、实验过程

步骤一：

步骤二：

三、实验总结

【实验三】

实验操作：安装 VMware 虚拟机。

一、实验准备（准备材料）

二、实验过程

步骤一：

步骤二：

三、实验总结

项目四　计算机的其他外部设备

【项目需求】

一台完整的计算机系统、调制解调器、打印机、扫描仪、各种移动存储设备和影像采集设备。

【项目分析】

外设就是除计算机（主机、显示器、键盘、鼠标）以外的部分，包括打印机、扫描仪、投影仪、摄像头……外设可以简单地理解为输入设备和输出设备。外设对数据和信息起着传输、转送和存储的作用，是计算机系统中的重要组成部分。

为了很好地完成教学，本项目又分为五个任务。

任务一　安装常用外设的硬件及软件

【任务描述】

（1）安装调制解调器；

（2）安装打印机；

（3）安装扫描仪；

（4）安装移动存储设备；

（5）安装影像采集设备。

【任务需求】

一台完整的计算机系统、调制解调器、打印机、扫描仪、各种移动存储设备和影像采集设备。

【相关知识点】

外部设备是指连在计算机主机以外的设备，它一般分为输入设备和输出设备。

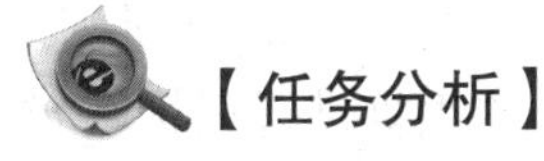【任务分析】

向学生展示各种外部设备的安装和使用方法。

子任务一　安装路由器

路由器又可以称为网关设备。路由器是在OSI/RM中完成网络层中继以及第三层中继任务，对不同的网络之间的数据包进行存储、分组转发处理，其主要作用就是在不同的逻辑分开网络。而数据在一个子网中传输到另一个子网中，可以通过路由器的路由功能进行处理。

【任务描述】

让学生对安装路由器有个直观的认识。

【任务实施】

一、路由器的原理

1. 路由器原理

网络中的设备相互通信主要是用它们的IP地址，路由器只能根据具体的IP地址来转发数据。IP地址由网络地址和主机地址两部分组成。在Internet中采用的是由子网掩码来确定网络地址和主机地址。子网掩码与IP地址一样都是32位的，并且这两者是一一对应的，子网掩码中“1”对应IP地址中的网络地址，“0”对应的是主机地址，网络地址和主机地址就构成了一个完整的IP地址。在同一个网络中，IP地址的网络地址必须是相同的。计算机之间的通信只能在具有相同网络地址的IP地址之间进行，如果想与其他网段的计算机进行通信，则必须经过路由器转发出去。不同网络地址的IP地址是不能直接通信的，即便它们距离非常近，也不能进行通信。路由器的多个端口可以连接多个网段，每个端口的IP地址的网络地址都必须与所连接的网段的网络地址一致。不同的端口的网络地址是不同的，所对应的网段也是不同的，这样才能使各个网段中的主机通过自己网段的IP地址把数据发送到路由器（图4-1）上。

图4-1　路由器

2. 路由器的结构

电源接口（Power）：接口连接电源。

复位键（Reset）：此按键可以还原路由器的出厂设置。

调制解调器(Modem)或者是交换机与路由器连接口（WAN）：此接口用一条网线与家用

宽带调制解调器（或者与交换机）进行连接。

计算机与路由器连接口（LAN1~4）：此接口用一条网线把计算机与路由器进行连接。如图 4-2 所示。

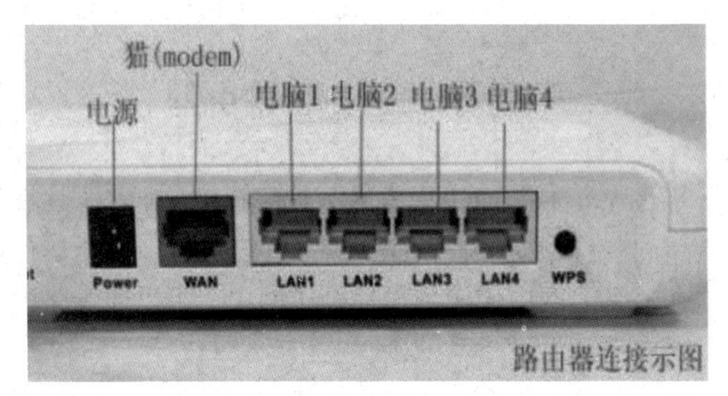

图 4-2　路由器连接示意图

3. 路由器的启动过程

路由器有一个类似于 PC 系统中 BIOS 一样作用的部分，叫作 MiniIOS。MiniIOS 可以使在路由器的 Flash 中不存在 IOS 时，先引导起来，进入恢复模式，来使用 TFTP 或 X-MODEM 等方式去给 Flash 中导入 IOS 文件。所以，路由器的启动过程应该是这样的：

（1）路由器在加电后首先会进行 POST(Power On Self Test，上电自检，对硬件进行检测的过程）。

（2）POST 完成后，首先读取 ROM 里的 BootStrap 程序进行初步引导。

（3）初步引导完成后，尝试定位并读取完整的 IOS 镜像文件。在这里，路由器将会首先在 Flash 中查找 IOS 文件，如果找到了 IOS 文件，那么读取 IOS 文件，引导路由器。

（4）如果在 Flash 中没有找到 IOS 文件，那么路由器将会进入 BOOT 模式，在 BOOT 模式下可以使用 TFTP 上的 IOS 文件，或者使用 TFTP/X-MODEM 来给路由器的 Flash 中传一个 IOS 文件(一般我们把这个过程叫作灌 IOS)。传输完毕后重新启动路由器，路由器就可以正常启动到 CLI 模式。

（5）当路由器初始化完成 IOS 文件后，就会开始在 NVRAM 中查找 STARTUP-CONFIG 文件，STARTUP-CONFIG 叫作启动配置文件。该文件里保存了我们对路由器所做的所有的配置和修改。当路由器找到了这个文件后，就会加载该文件里的所有配置，并且根据配置来学习、生成、维护路由表，并将所有的配置加载到 RAM(路由器的内存）里后，进入用户模式，最终完成启动过程。

（6）如果在 NVRAM 里没有 STARTUP-CONFIG 文件，则路由器会进入询问配置模式，也就是俗称的问答配置模式，在该模式下所有关于路由器的配置都可以以问答的形式进行配置。不过一般情况下是不用这样的模式的。一般都会在进入 CLI(Command Line Interface) 命令行模式后对路由器进行配置。

二、路由器的安装

路由器的基本设置需要配备 TP-LINK 无线路由器一台，计算机一台，网线若干。具体操作可参考以下步骤：

（1）首先正确连接各设备，宽带进线接路由器的 WAN 口，计算机接路由器的 LAN 口，如图 4–3 所示。

图 4–3　各设备的连接

（2）设置路由器前，先在网卡对应的“本地连接”选择“属性”→“网络”→“Internet 协议版本 4（TCP/IPv4）”，点击“属性”，设置为自动获取 IP 地址和自动获取 DNS 服务器地址，如图 4–4 所示。

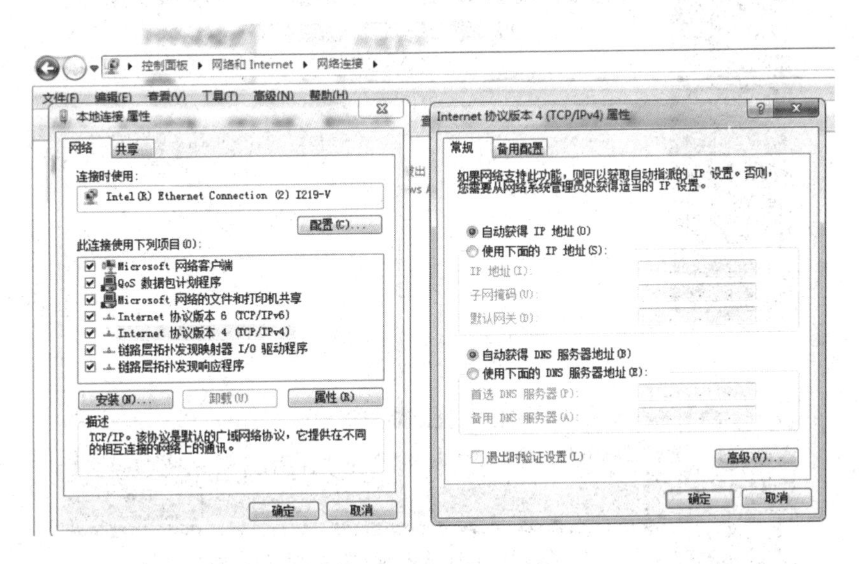

图 4–4　设置 IP 地址和 DNS 服务器地址

（3）打开浏览器，输入 http://192.168.1.1 后按回车键，输入默认的用户名 admin 和默认的密码 admin 确定即可，如图 4–5 所示。

（4）打开设置向导（有些路由器是默认第一次进入时打开设置向导的），单击“下一步”按钮，如图 4–6 所示。

（5）设置上网方式为 PPPOE（ADSL 虚拟拨号）完成后单击“下一步”按钮，如图 4–7 所示。

（6）填入宽带账号和宽带账号的密码，再重复输入一遍密码，完成后单击“下一步”按钮，如图 4–8 所示。

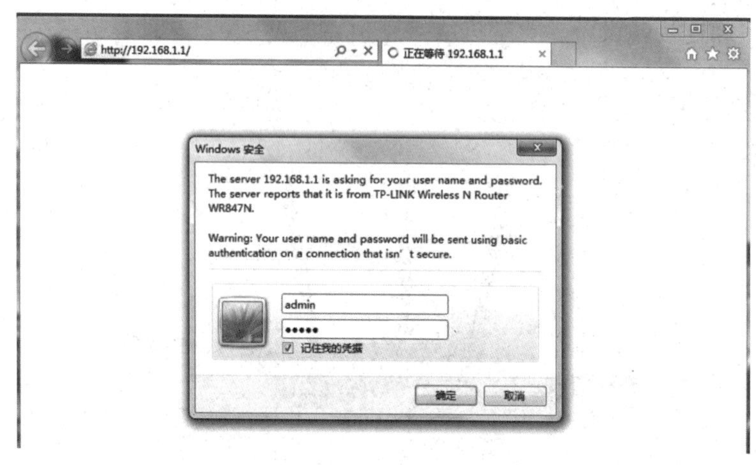

图 4-5 输入用户名和密码

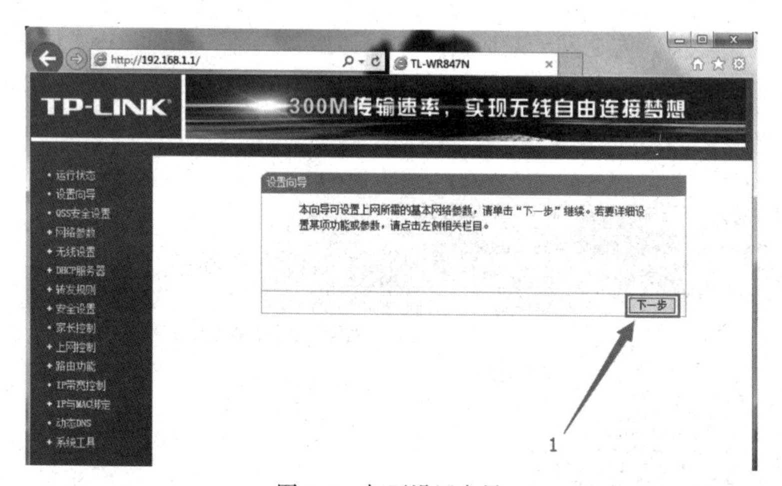

图 4-6 打开设置向导

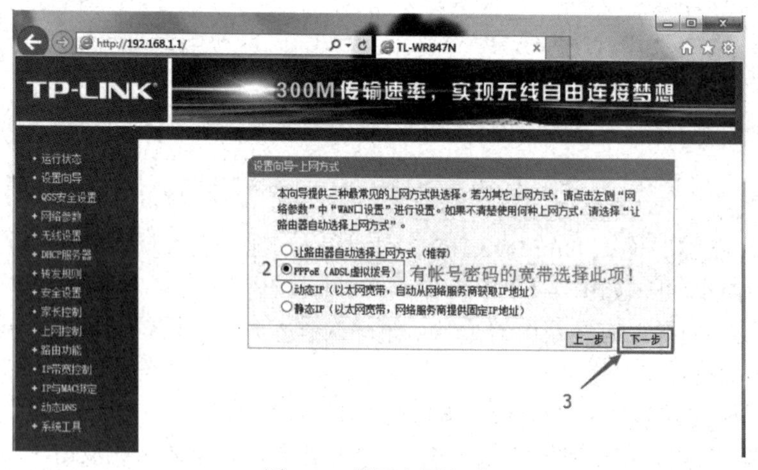

图 4-7 设置上网方式

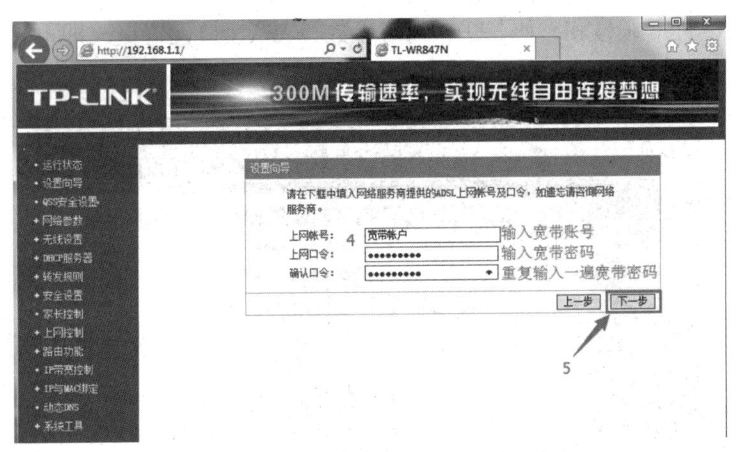

图 4–8　填入宽带账号和宽带账号的密码

（7）设置无线名称和无线密码，完成后单击“下一步”按钮，如图 4–9 所示。

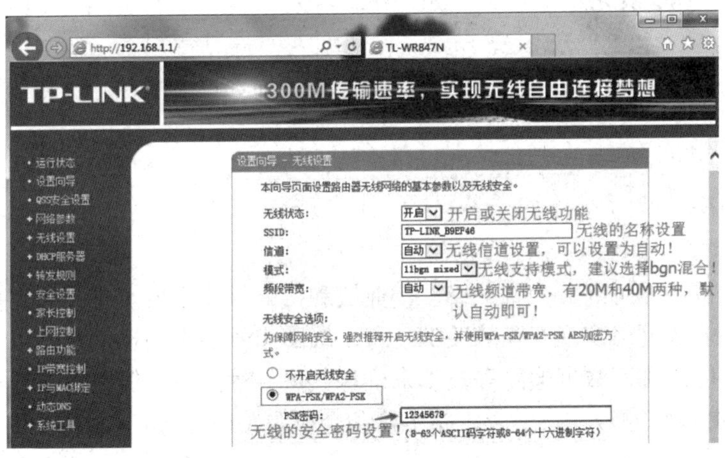

图 4–9　设置无线名称和无线密码

（8）所有设置完成后，单击“重启”按钮，让路由器保存设置并重启，重启后路由器就能正常上网，并使用刚刚设置的无线名称连接 WiFi 了，如图 4–10 所示。

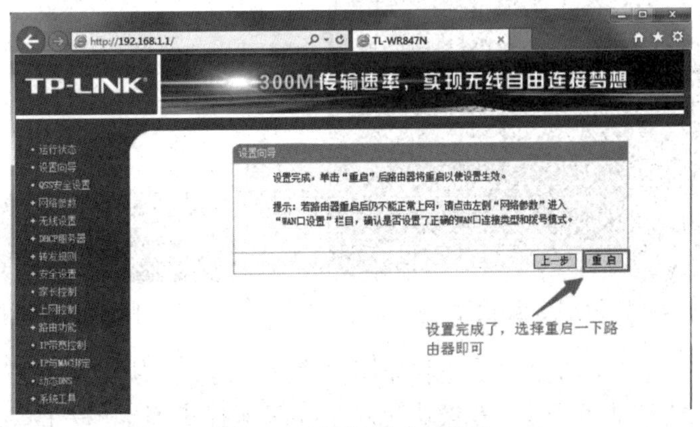

图 4–10　设置完成后重启

（9）如需调整宽带账号和密码，打开网络参数→ WAN 口设置更改即可，如图 4-11 所示。

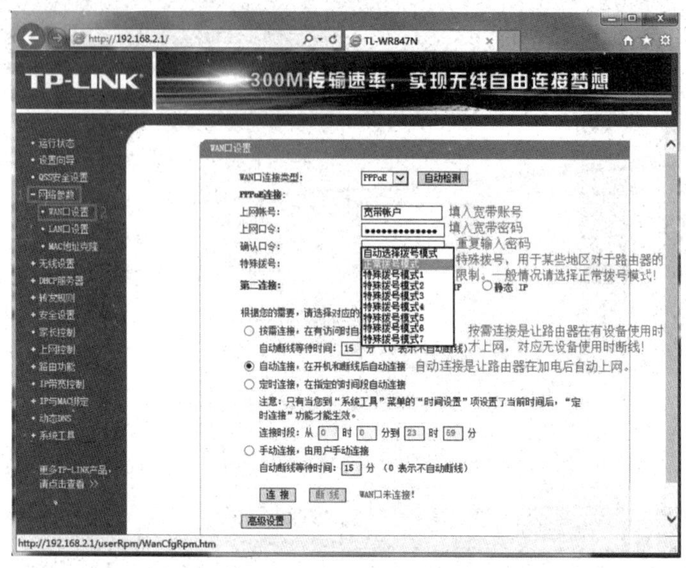

图 4-11 调整宽带账号和密码

【理论知识】

一、路由器的分类

（1）路由器按功能可划分为骨干级、企业级和接入级路由器。骨干级路由器数据吐量较大且重要，是企业级网络实现互联的关键。骨干级路由器要求高速度及高可靠性。网络通常采用热备份、双电源和双数据通路等技术来确保其可靠性。企业级路由器连接对象为许多终端系统，简单且数据流量较小。骨干级路由器和企业级路由器分别如图 4-12 和图 4-13 所示。

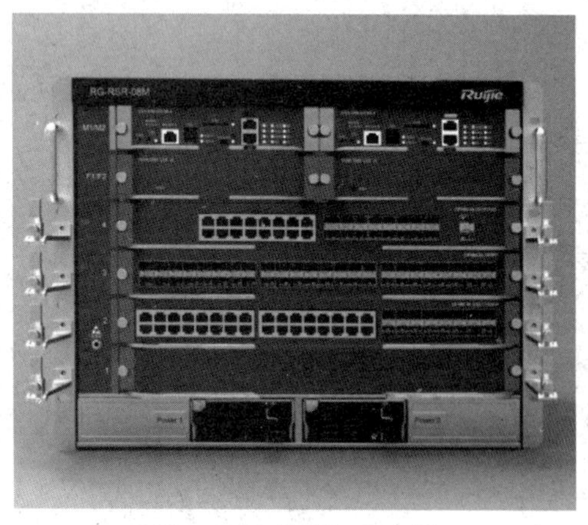

图 4-12 骨干级路由器

图 4-13 企业级路由器

（2）路由器按结构可划分为模块化和非模块化路由器。模块化路由器可以实现路由器的灵活配置，适应企业的业务需求；非模块化路由器只能提供固定单一的端口。通常情况下，高端路由器是模块化结构，低端路由器是非模块化结构的。模块化路由器和非模块化路由器分别如图 4–14 和图 4–15 所示。

图 4–14　模块化路由器

图 4–15　非模块化路由器

（3）路由器按所处网络位置划分为“边界路由器”和“中间节点路由器”。在广域网范围内的路由器按其转发报文的性能可以分为两种类型，即边界路由器和中间节点路由器。

尽管在不断改进的各种路由协议中，对这两类路由器所使用的名称可能有很大的差别，但它们所发挥的作用却是一样的。很明显 " 边界路由器 " 是处于网络边缘，用于不同网络路由器的连接；而“中间节点路由器”则处于网络的中间，通常用于连接不同网络，起到一个数据转发的桥梁作用。

中间节点路由器在网络中传输时，实现报文的存储和转发。同时根据当前的路由表所保持的路由信息情况，选择最好的路径传送报文。由多个互联的 LAN 组成的公司或企业网络一侧和外界广域网相连接的路由器，就是这个企业网络的边界路由器。它一方面从外部广域网收集向本企业网络寻址的信息，转发到企业网络中有关的网络段；另一方面，集中企业网络中各个 LAN 段向外部广域网发送的报文，对相关的报文确定最好的传输路径。

二、路由器的技术指标及选购

1.CPU 型号、主频

这主要决定了路由的 NAT 性能，和计算机 CPU 一样，自然是越强越好。这点很容易被忽视，一些品牌也不会把这些详细的信息标注出来，但它决定了高负载下的稳定性、延迟，大量设备同时使用下的表现，以及使用其他功能时的表现。

2. 内存和 Flash 大小

内存越大越好，其意义和计算机内存差不多。而 Flash 大小对深度用户更重要，如果 Flash 只有 2MB 大小，那么几乎没办法刷新第三方固件，一般路由器只有 4~8MB，推荐 16MB 以上。

3. 频段与带宽

这是路由器最基础的参数。频段主要分为 2.4GHz 和 5GHz，现在的很多路由器两者都有（2.4G 是基础），前者信号覆盖广，但设备多容易受信号干扰，后者速度相对更快。选择上自然是 5GHz 更好。

带宽指的是信道的宽度，2.4GHz 总带宽 60MHz，5GHz 总带宽 460MHz，每条信道 20MHz。某些协议能够将相邻信道同时使用，以增加带宽。无线芯片的型号也起到重要的作用，不过一般用户很难比较谁好谁坏，所以不必太过纠结。

4. 协议与网口

这也是基础参数。指的是 802.11g、802.11n、802.11ac 等无线协议，11g 只有 54Mbps，11n 速度可达 300Mbps。通过 MIMO、OFDM 等技术可以高达 600Mbps，11ac 通过 2.4GHz+5GHz 混合，使得最高速率可达 1000Mbps。所以选择高速的无线协议总归是没错的。

相信很多人已经用上了 100Mbps 以上的网络，所以选择 1000Mbps 有线网口的路由器还是很重要，否则普通的 100Mbps 路由器达不到满速。

5. 天线增益

这个基础参数大大影响了无线信号的强度和覆盖范围，如果房子够大或者墙多，需要高增益的天线才能正常流畅上网，否则信号不好很容易造成网络卡顿和高延迟。

需要注意的是，不同国家和地区的规定不同，一般国内的路由器都被限制在了最高 20dBm（100mW），低端路由器能有 5dBm，所以不要迷信“穿墙王”，若信号不好，只能选择用“无线中继”“电力猫”“Mesh 路由器”来大幅改善信号问题，少数路由器可以自定义功率，突破限制。

天线多不代表信号好，更不代表性能强，主要看方案，而不是看样子、看噱头。

6. 做工、设计、价格

和计算机硬件一样，功能都达到了比较强的水准以后，就开始追求做工和设计了，要好看、有档次。做工在于路由器内部，如黑色沉金 PCB、干扰屏蔽罩、高端晶振、网络滤波器等。

选择路由器人们最关心的还有价格，高配低价的产品才有高性价比，但一般都是高价才有高配。路由器太差体验不好，太贵的又不合算，所以根据自己的网络情况和居住环境来选购路由器才是最合适的。

7. 特殊需求

比如 USB 存储、USB 供电、远程 App 控制等，都是比较实用的功能，但相信人们最关注的还是要有“第三方固件支持”。有了第三方固件的支持，则可以使用非常全面的功能。

所以选择路由要注意原厂固件是否好用、功能是否齐全，有些品牌的高端路由器都有自家独占的功能。选择的路由器型号有没有第三方固件支持是很重要的。

子任务二　安装打印机

打印机是计算机的输出设备之一，用于将计算机处理结果打印在相关介质上。衡量打印机好坏的指标有三项：打印分辨率、打印速度和噪声。

【任务描述】

让学生掌握安装打印机的方法。

【任务实施】

打印机的安装分 2 个步骤：硬件安装和驱动程序安装。这两个步骤的顺序不定，视打印机不同而不同。如果是串口打印机一般先接打印机，然后再装驱动程序；如果是 USB 口的打印机，一般先装驱动程序再接打印机。（细看说明书要求）

一、打印机硬件安装

实际上现在计算机硬件接口做得非常规范，打印机的数据线只有一端可以和计算机连接，所以不会接错。

二、驱动程序安装

如果驱动程序安装盘是以可执行文件方式提供的，则最简单的方法就是直接运行 SETUP.exe，按照其安装向导提示一步一步地就可以完成了。

如果只提供了驱动程序文件，则安装相对麻烦。这里以 Windows XP 系统为例来介绍。

（1）选择“开始”→“控制面板”命令，然后在弹出的窗口中单击“打印机和传真”图标，如图 4–16 所示。

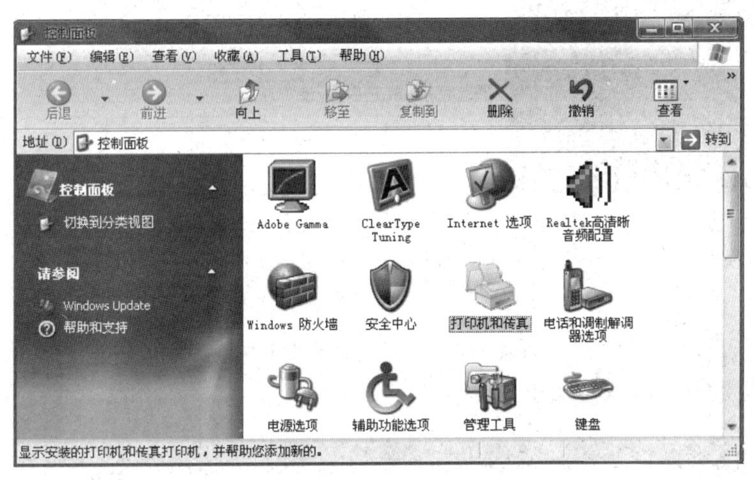

图 4–16 控制面板

接着弹出图 4–17 所示窗口。这个窗口将显示所有已经安装了的打印机（包括网络打印机）。安装新打印机直接点左边的“添加打印机”文字链接，接着弹出“添加打印机向导”，如图 4–18 所示。

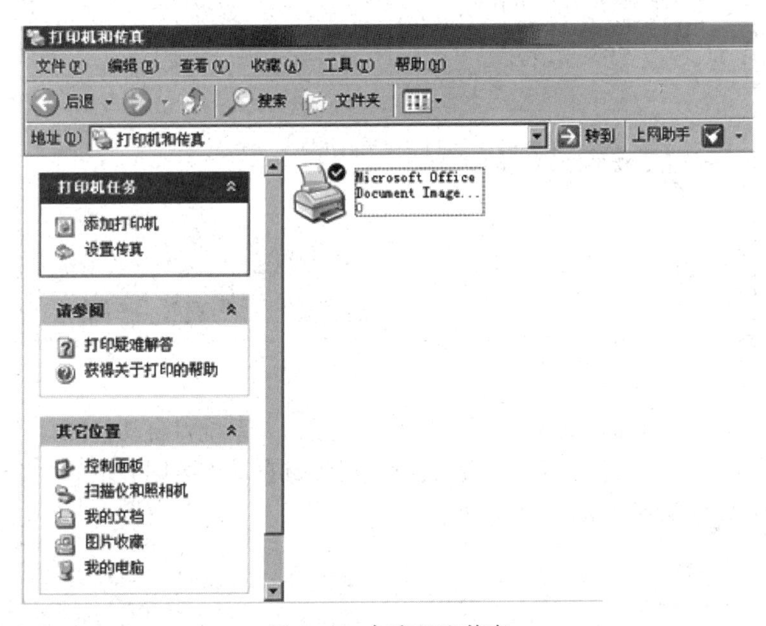

图 4–17 打印机和传真

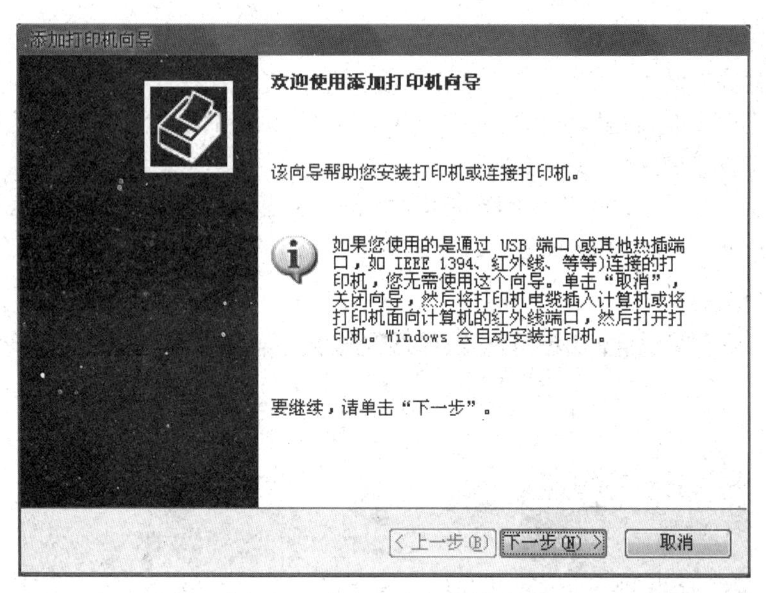

图 4–18 添加打印机向导（1）

（2）单击“下一步”按钮，弹出图 4–19 所示的对话框，询问是安装本地打印机还是网络打印机，默认是安装本地打印机。

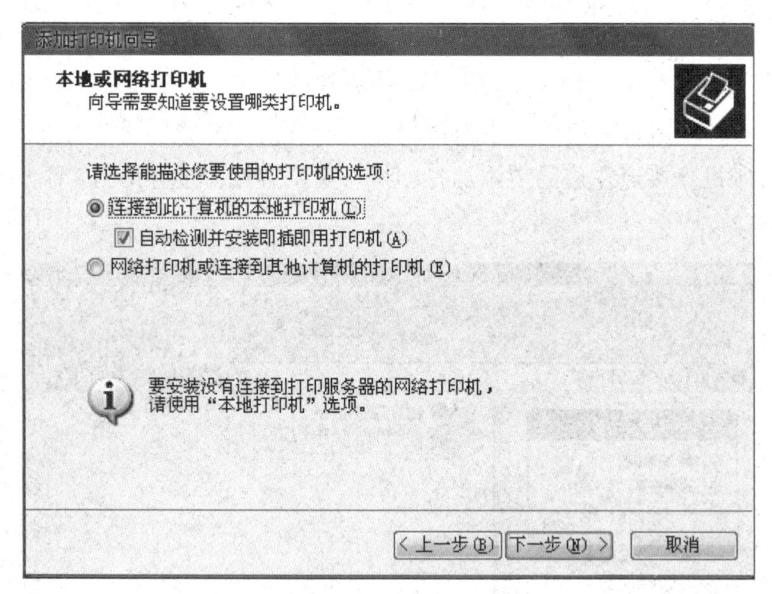

图 4–19 添加打印机向导（2）

（3）选择安装本地打印机直接单击“下一步”按钮，系统将自动检测打印机类型。如果系统里有该打印机的驱动程序，将自动安装。如果没有自动安装则会报一个错，单击“下一步”按钮，出现图 4–20 所示的窗口。

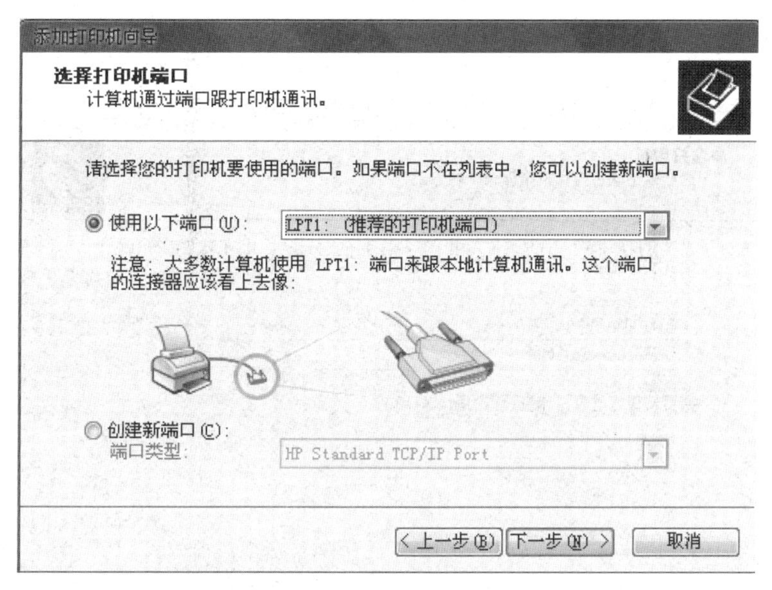

图 4–20　添加打印机向导（3）

（4）这里一般应使用默认值，单击“下一步”按钮，弹出询问打印机类型的窗口，如图 4–21 所示。

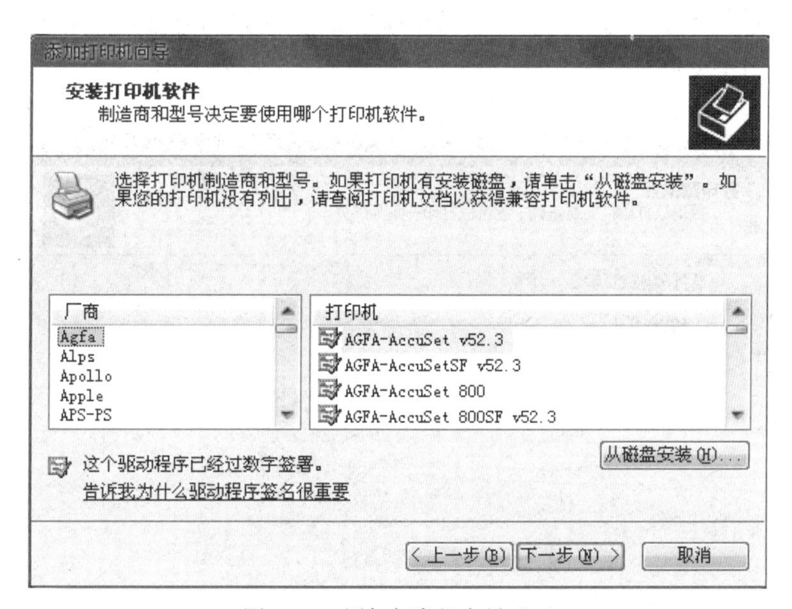

图 4–21　添加打印机向导（4）

（5）如果能在左右列表中找到对应厂家和型号，则直接选中然后单击“下一步”按钮；如果没有则需要用户提供驱动程序位置，单击“从磁盘安装”，然后在弹出的对话框中选择驱动程序所在位置，比如软驱，光盘等，找到正确位置后，单击“打开”按钮（如果提供位置不正确，单击“打开”按钮后将没有相应选择，这时会暗示你重新选择），系统将开始安装，然后系统提示给正在安装的打印机起个名字，并询问是否作为默认打印机（即发出打印命令后，进行打印的那一台），如图 4–22 所示。

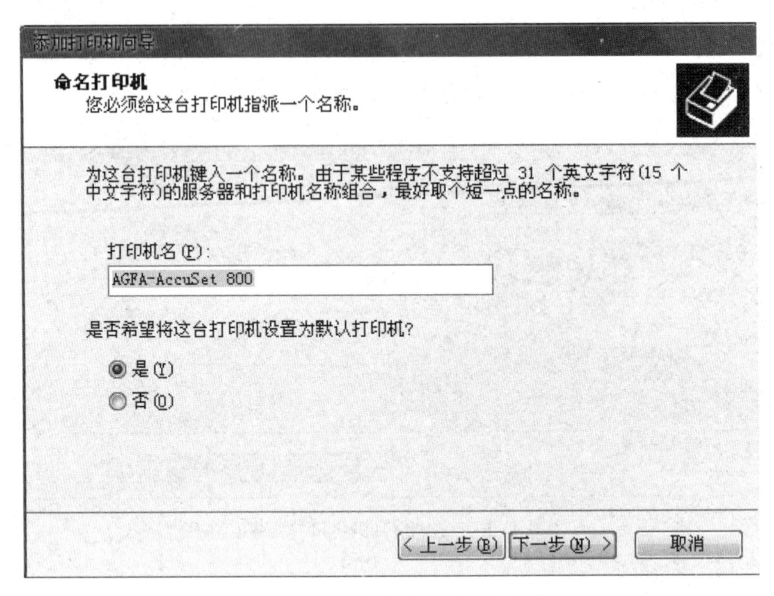

图 4–22 添加打印机向导（5）

（6）选择后单击“下一步”按钮，然后出现图 4–23 所示的窗口，询问是否打印测试页，一般新装的打印机都要测试。

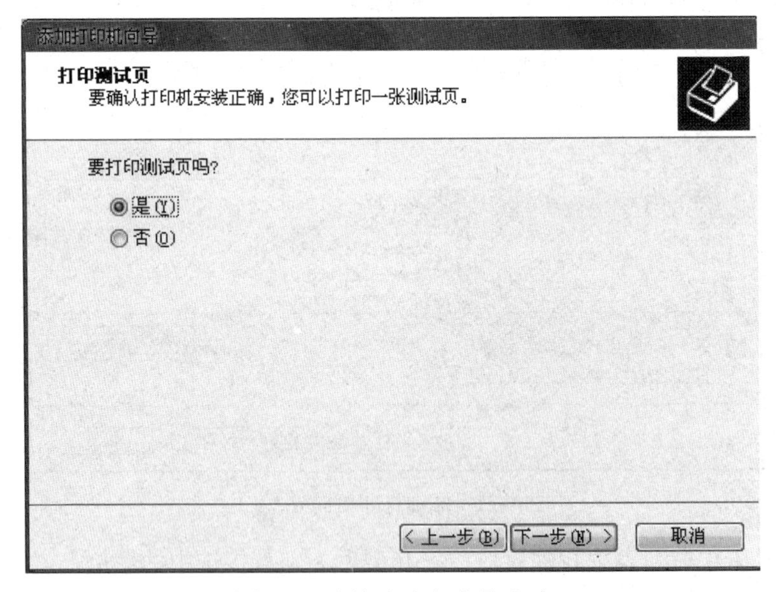

图 4–23 添加打印机向导（6）

（7）选择后单击“下一步”按钮，最后单击“确定”按钮，完成整个安装过程。

【理论知识】

打印机是由约翰·沃特、戴夫·唐纳德合作发明的。打印机是指将计算机的运算结果或中间结果以人所能识别的数字、字母、符号和图形等，依照规定的格式印在纸上的设备。打印机正向轻、薄、短、小、低功耗、高速度和智能化方向发展。

一、打印机的分类

（1）按照打印机的工作原理，将打印机分为击打式和非击打式两大类。

串式点阵字符非击打式打印机主要有喷墨式和热敏式打印机两种。喷墨式打印机是应用最广泛的打印机，如图 4–24 所示。热敏式打印机如图 4–25 所示。

图 4–24　喷墨式打印机

图 4–25　热敏式打印机

（2）按打印机的颜色分类可将打印机分为彩色打印机和单色打印机。

（3）按输出方式分类可将其分为逐行打印机和逐字打印机。

二、打印机的概述

1. 针式打印机

针式打印机以其便宜、耐用、可打印多种类型纸张等优点，普遍应用在多个领域，常用的 EPSON LQ–1600K、STAR CR–3240 等打印机属于宽行针式打印机。EPSON LQ – 100、NEC – P2000 打印机则属于窄行针式打印机。

宽行针式打印机可以打印 A3 幅面的纸，窄行针式打印机一般只能打印 A4 幅面的纸张；同时针式打印机可以打印穿孔纸，它在银行、机关、企事业单位计算机应用中发挥了很大作用；另外，针式打印机有其他机型所不能代替的优点，就是它可以打印多层纸，这使之在报表处理中的应用非常普遍。但针式打印机的打印效果比较普通，而且噪声较大，所以在普通家庭及办公应用中有逐渐被喷墨和激光打印机所取代的趋势。

2. 喷墨式打印机

喷墨打印机的价格较便宜，而且它打印时噪声较小，图形质量较高，成为当前家庭打印机的主流。它也有宽行和窄行之分，而且有很多型号可以打印彩色图像，提供了一个较高的性能价格比。

喷墨打印机适合打印单页纸，它的打印质量在很大程度上取决于纸张的质量。它的进纸方式及面板控制和针式打印机相似，但它是通过墨盒喷墨打印。

喷墨打印机的墨盒用完了也要及时更换，但相对于针式打印机来说消耗较高。更换墨盒的方法比较简单，首先打开电源，打印机启动正常后，按下“切换”键约3秒，此时打印头开始活动，松开按键，稍等一会，打印头便停在更换墨盒的位置上了，接着打开墨盒上的保护夹，取出旧墨盒，换上新墨盒；然后再按一下“切换”键即可。注意有些打印机需要在断电后更换墨盒，具体要参看说明书。

彩色喷墨打印机除了有黑色墨盒外，还有彩色墨盒，较高档的打印机的两个墨盒是同时安装在打印机上的，而有些比较便宜的打印机的两个墨盒需要替换使用，稍有不便，但质量是可以保证的。

喷墨打印机在安装了新的墨盒后，一般都需要清洗打印头才能正常打印，在打印机的面板上通常都会有一个“清洗”打印头的按钮，有一些打印机在更换了墨盒后会自动地进行清洗。最好依据说明书来进行清洗操作。

3. 激光打印机

激光打印机更趋于智能化，比如HP6L打印机，它没有电源开关，平时自动处于关机状态，当有打印任务时自动激活。它有自己的内存和处理器，能单独处理打印任务，大大减轻了计算机的负担。

激光打印机的分辨率很高，有的能达到600dpi以上，打印效果精美细致，但其价格较高，所以常用于激光照排系统以及办公室应用。

激光打印机也有宽行、窄行及彩色、黑白之分，但宽行和彩色机型都很昂贵，所以用于打A4单页纸的窄行黑白机型是目前比较普遍应用的。

激光打印机的操作很简单，需要我们设置或操作的很少，一般只要接上电源，用打印电缆线连接到计算机主机就行了。

但在装纸时应该注意每次打印后，取出所有完成打印的纸张；加纸前，先取出所有的纸张对齐，加纸后，要调紧纸夹，并要使用辅助送纸器和辅助送出器。只要我们把纸张安好，打印机会自行处理其他的打印工作。

激光打印机的耗材是硒鼓，HP5L/6L打印机的一个硒鼓可以打印机3000~4000页A4纸，当硒鼓中的碳粉消耗尽后，打印机输出的文字就不清晰了，这时就要更换硒鼓，方法比较简单，断开电源，打开打印机的外壳，捏住硒鼓上的手柄，将其拔出，然后将新硒鼓上的封条抽出，安装上即可。

对比来说，在针式、喷墨、激光打印机中，激光的效果最好，喷墨其次，而且这两种的噪声都很小，针式打印机的噪声相对较大，但它可以打多层纸，而且消耗材料相对较便宜，所以使用量仍然很大。

三、打印机的接口类型

目前，世界上比较有名的打印机的生产商主要有：惠普、爱普生、佳能和三星，用户可根据不同的需要选择不同的型号。为了方便用户使用，打印机提供了多种不同类型的接口，主要有LTP、USB、SCSI和无线接口这4种接口。

1. LTP并口

LTP并口也称并行接口，简称并口。每块计算机主板上都有一个LTP接口，采用LTP接口的打印机通用性高。在USB接口的打印机出现之前，几乎所有打印机都是采用LTP接口。但是，LTP接口速度慢，随着USB接口的出现，LTP接口的打印机逐渐减少。

2. USB 接口

USB 接口的打印机因为支持热插拔和即插即用，使用非常方便，在目前得到广泛应用。USB 接口传输速度比 LTP 接口速度快，并且安装简单，通用性也好，所以迅速代替了 LTP 接口，成为现在的主流接口形式。

3. SCSI 接口

SCSI 接口传输速度快，一般用在高档专业的打印机上，但是需要在计算机上再安装 SCSI 卡，导致成本上升，并且安装复杂，所以现在应用较少，只有少数的专业打印机还在采用这种 SCSI 接口。

4. 无线接口

随着无线技术的发展，打印机也用上了无线接口。无线接口的好处就是无须任何电缆连接，通过无线电波就可以实现打印机与计算机（或其他设备）之间数据的传输，简化了数据线的连接。无线接口通常有红外线和蓝牙这两种接口形式。

（1）红外线接口。

红外线接口的外部传输速度最高是 115.2Kb/s，通信距离最长约为 1m，两个设备红外接口只能在 30° 角范围内活动，如果两个红外接口距离过长、偏差太大或中间被物体隔断，就会出现数据传输中断的故障。尽管红外接口有这么多缺点，但是因为红外传输技术成熟，很多设备都支持并随机都带有红外线接口，且成本低，这种打印机非常适合与移动或手持设备连接使用。红外线接口打印机如图 4-26 所示。

图 4-26　红外线接口打印机

（2）蓝牙。

蓝牙用微波作为传输载体，是爱立信公司率先开发的一种短距离无线连接技术，提供两台以上带有蓝牙芯片或适配器的设备进行无线连接，通信距离最长大约 10m（增加功率后可以达到 100m），无方向性（不受角度或固体遮蔽物影响），可实时进行数据传输，传输速度理论值是 1Mb/s（蓝牙 2.0 规格的传输速度将达到 12 Mb/s）。蓝牙比起红外线来说有很多优势，但是成本高，支持的设备少，目前应用还不是很广泛。蓝牙接口打印机如图 4-27 所示。

图 4–27　蓝牙接口打印机

四、打印机的主要技术指标

1. 打印分辨率

该指标是判断打印机输出效果好坏的一个很直接的依据，也是衡量打印机输出质量的重要参考标准。打印分辨率其实就是指打印机在指定打印区域中，可以打出的点数，对于喷墨打印机来说，就是表示每英寸的输出面积上可以输出多少个喷墨墨滴。打印分辨率一般包括纵向和横向两个方向，它的具体数值大小决定了打印效果的好坏。一般情况下激光打印机在纵向和横向两个方向上的输出分辨率几乎是相同的，但是也可以人为来进行调整控制；而喷墨打印机在纵向和横向两个方向上的输出分辨率相差很大，一般情况下所说的喷墨打印机分辨率就是指横向喷墨表现力。

在当前的激光打印机市场上，主流打印分辨率为 600dpi × 600dpi，更高的分辨率可以达到 1200dpi × 1200dpi，这样的输出分辨率是普通针式打印机无法达到的。由于激光打印机在工作时可能会因抖动或其他问题而在打印纸张上出现锯齿现象，因此为了保证打印效果，大家应尽量选择 600dpi 以上的激光打印机。对于喷墨打印机来说，打印分辨率越高的话，图像输出效果就越逼真。目前喷墨打印机的分辨率有 600dpi × 1200dpi、1200dpi × 1200dpi、2400dpi × 1200dpi 这几种。

2. 打印速度

打印速度指标，表示打印机每分钟可输出多少页面，通常用 ppm 和 ipm 这两种单位来衡量。ppm 标准通常用来衡量非击打式打印机输出速度的重要标准，而该标准可以分为两种类型，一种类型是指打印机可以达到的最高打印速度，另外一种类型就是打印机在持续工作时的平均输出速度。不同款式的打印机在操作说明书上所标明的 ppm 值可能所表示的含义不一样，所以我们在挑选打印机时，一定要向销售商确认一下，操作说明书上所标明的 ppm 值到底指的是什么含义。

目前激光打印机市场上，普通产品的打印速度可以达到 35ppm，而那些高价格、好品牌的激光打印机打印速度可以超过 80ppm。不过，激光打印机的最终打印速度还可能受到其他一些因素的影响，比如激光打印机的数据传输方式、激光打印机的内存大小、激光打印机驱动程序和计算机 CPU 性能，都可以影响到激光打印机的打印速度。

对于喷墨打印机来说，ppm 值通常表示的是该打印机在处理不同打印内容时可以达到的最大处理速度，而实际打印过程中，喷墨打印机所能达到的数值通常会比说明书上提供的 ppm 值小一些。影响喷墨打印速度的最主要因素就是喷头配置，特别是喷头上的喷嘴数目，喷嘴的数量越多，喷墨打印机完成打印任务需要的时间就越短暂。

3. 打印成本

由于打印机不是属于一次性资金投入的办公设备，因此打印成本自然也就成为用户必须关注的指标之一。打印成本主要考虑打印所用的纸张价格和墨盒或者墨水的价格，以及打印机自身的购买价格等。对于普通打印用户来说，在购买打印机时应该考虑选择使用成本低的产品。例如对于喷墨打印机来说，要是使用黑色墨水来输出黑色内容，就能节省费用相对昂贵一点的彩色墨盒，这样就能实现节约打印成本的目的；而有的喷墨打印机产品没有提供黑色墨水，那么使用这些打印机来输出黑色文字时，它就会通过其他颜色来合成而实现打印黑色字迹的目的，显然选择这种产品打印成本将会很高。此外许多类型的喷墨打印机，在普通打印纸上输出黑白文字时会产生不错的效果，不过要输出色彩很丰富的图像时，需要在专业打印纸上进行，才能达到理想效果，这样就意味着日后的打印成本将会增加。因此，大家在选择打印机时，一定要从长远角度出发，选择一款打印成本低廉的打印机。当然，我们也不能片面追求打印成本的低廉，而去使用那些伪劣的打印耗材，这样做表面上是节省了打印费用，实际上会给打印机的寿命带来潜在的危害。

4. 打印幅面

不同用途的打印机所能处理的打印幅面是不相同的，不过正常情况下，打印机可以处理的打印幅面包括 A4 幅面以及 A3 幅面这两种。对于个人家庭用户或者规模较小的办公用户来说，使用 A4 幅面的打印机绝对是绰绰有余了；对于使用频繁或者需要处理大幅面的办公用户或者单位用户来说，可以考虑选择使用 A3 幅面的打印机，甚至使用更大的幅面都可以，比如在处理条幅打印或者是处理数码影像打印任务时，都有可能使用到 A3 幅面的打印机。特别是那些有着专业输出要求的打印用户，例如工程晒图、广告设计等，都需要考虑使用 A2 或者更大幅面的打印机了。

5. 打印接口

该指标是间接反映打印机输出速度快慢的一种辅助参考标准。目前市场上打印机产品的主要接口类型包括常见的并行接口、专业的 SCSI 接口以及新兴的 USB 接口。目前并行接口类型的打印机在市场上还占据主流。而 SCSI 接口的打印机由于利用专业的 SCSI 接口卡和计算机连接在一起，能实现信息流量很大的交换传输速度，从而能达到较高的打印速度。不过由于这种型号的接口在与计算机相连接时，操作比较烦琐，每次安装时必须先打开计算机的机箱箱盖，对于那些没有专用SCSI插槽的计算机来说，这种接口类型的打印机就不能使用了，因此这种接口类型的打印机适用范围不是非常广泛。针对 SCSI 接口卡安装烦琐的缺陷，人们又推出了一种新兴的 USB 接口，这种类型接口的打印机不但输出速度快，而且还能支持即插即用功能，因此使用起来非常方便，而且最新购买的计算机都会带有这种型号的打印接口。

6. 打印可操作性

打印可操作性指标对于普通用户来说非常重要，因为在打印过程中，经常会涉及如何更换打印耗材、如何让打印机按照指定要求进行工作，以及打印机在出现各种故障时该如何处理等问题。面对这些可能出现的问题，普通用户就必须考虑到打印机的可操作性是不是很强。具体地说，设置方便、更换耗材步骤简单、遇到问题容易排除的打印机，就应该成为普通大众的选择目标。

7. 纸匣容量

纸匣容量指标表示打印机输出纸盒的容量与输入纸盒的容量，换句话说就是打印机到底支持多少输入、输出纸匣，每个纸匣可以容纳多少打印纸张。该指标是打印机纸张处理能力大小的一个评价标准，同时还可以间接说明打印机的自动化程度的高低。要是打印机同时支持多个不同类型的输入、输出纸匣，并且打印纸张存储总容量超过10000张，另外还能附加一定数量的标准信封的话，那么就说明该打印机的实际纸张处理能力很强，使用这种类型的打印机，可以在不需更换托盘的情况下，就能支持各种不同尺寸的打印纸张工作，这样就能减少更换、填充打印纸张的次数，从而有效提高打印机的工作效率。

8. 驱动程序

无论是激光打印机还是喷墨打印机，在正确、高效地工作之前，都必须要安装好打印机驱动程序，因为驱动程序在整个打印过程中发挥着控制和调度的作用，只有正确地安装并使用好原装的打印机驱动程序，打印机的各种功能才有可能被全部发挥出来；否则的话，很容易造成打印机在整体功能上的闲置与浪费。并且在使用过程中，要是没有原装打印机驱动程序支持的话，打印机还有可能出现各种稀奇古怪的打印故障，从而影响最终的打印效率。

9. 售后服务

售后服务并不是打印机的什么性能参数，不过却是用户在挑选打印机时必须关注的指标之一，并应将它提高到和打印质量相同等的地位上。一般来说，打印机销售商都会许诺一年的免费维修，不过这免费维修中还有很多的学问。比如对于“身材”庞大的打印机来说，用户无法像笔记本计算机那样随意移动携带，这就要求打印机生产厂商要在全国范围内提供免费的上门维修服务，要是厂家没有办法或者无力提供上门服务，需要用户自己想办法送到维修站去维修，这显然将变得很麻烦，用着心理也不踏实。所以，购买打印机时一定要注重良好的售后服务，因为它关系着自己能否用着舒心。

10. 整机价格

在挑选打印机的过程中，价格绝对是挑选者关注的重要指标。尽管“一分价钱一分货”是市场经济竞争永恒不变的规则，不过对于许多挑选者来说，价格指标往往左右着他们的购买欲望。前几年刚刚流行的彩色喷墨打印机，就是凭借其高昂的销售价格来显示出它的“高贵”的。而再看现在的彩色喷墨打印机，其价格大幅缩水，其“身份”也变成了许多计算机厂商的一种“赠品”了。彩色激光打印机的价格以前也是一直“居高不下”，让人望而生畏，现在它的价格也已变得平民化，成为许多个人用户开始考虑配备的办公设备了。总之，对待价格指标，建议尽量不要去选择价格太高的打印机产品，因为价格越高，其缩水的程度也将越严重。

子任务三　安装扫描仪

扫描仪是利用光电技术和数字处理技术，以扫描方式将图形或图像信息转换为数字信号的装置。扫描仪通常被用作计算机外部仪器设备，它可以捕获图像并将之转换成计算机可以显示、编辑、存储和输出的数字化输入设备。扫描仪可以把照片、文本页面、图纸、美术图画、照相底片、菲林软片，甚至纺织品、标牌面板、印制板样品等三维对象作为扫描对象，提取和将原始的线条、图形、文字、照片、平面实物转换成可以编辑及加入文件中的格式。扫描仪属于计算机辅助设计（CAD）中的输入系统，通过计算机软件和计算机、输出设备（激光打印机、激光绘图机）接口，组成网印前计算机处理系统，而适用于办公自动化（OA），广泛应用在标牌面板、印制板、印刷行业等。

【任务描述】

让学生对扫描仪的安装有个直观的认识。

【任务实施】

第一步，安装扫描仪。Windows XP 下的安装过程和通常在 Windows 98、Windows 2000 下的安装过程相似。安装成功后，在“控制面板”窗口中单击“打印机和其他设备”图标，在弹出的窗口中会出现扫描仪的图标（图 4–28）。

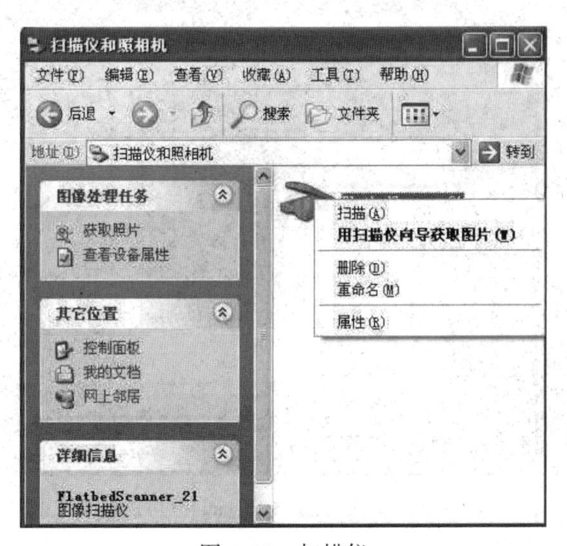

图 4–28　扫描仪

第二步：启动扫描仪。由于 Windows XP 自带了扫描程序，因此扫描仪的启动方式最多可以有三种：Windows XP 自带、驱动程序独立运行和其他应用程序调用，三种方式都可以启动一台扫描仪。

驱动程序独立运行：指驱动程序在安装的时候，同时安装了一个可以调用扫描仪的程序。这种方式一般都会在桌面和开始菜单中建立快捷方式（图 4–29），直接双击运行即可。

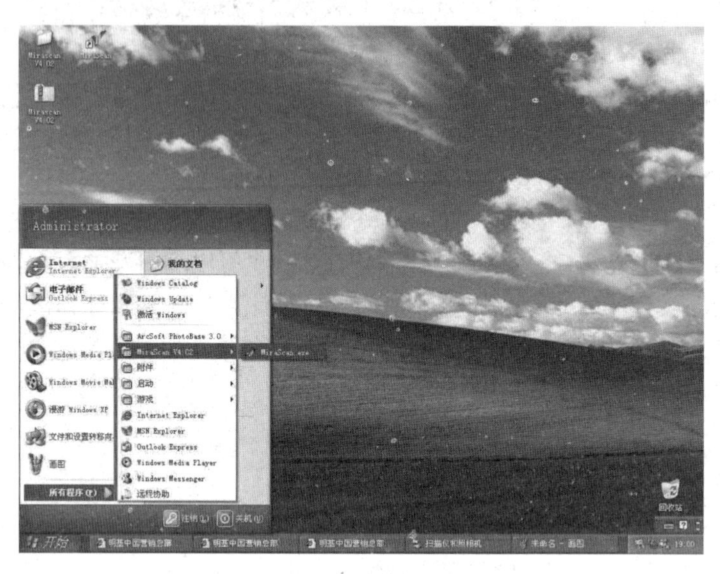

图 4–29 快捷方式

提示：并不是所有的扫描仪厂家都提供这样启动扫描仪的方式。

双击桌面的图标或使用开始菜单项启动明基 Mirascan4.0 后的画面如图 4–30 所示。

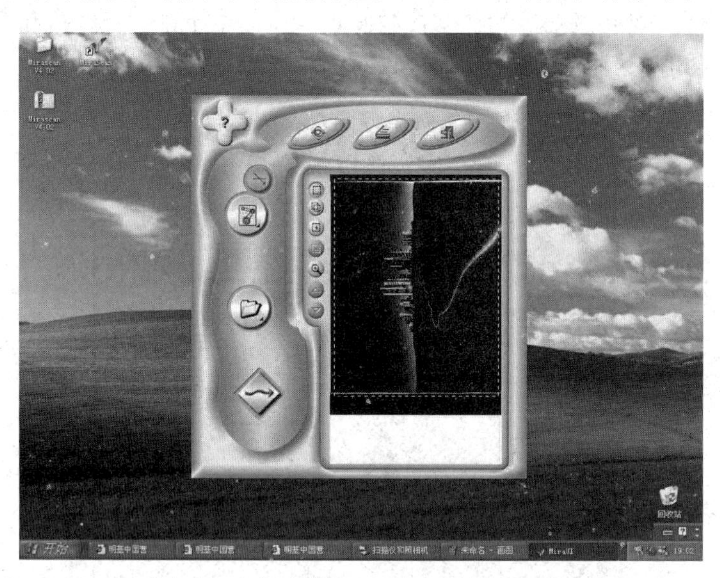

图 4–30 启动明基 Mirascan4.0 后的画面

其他程序调用：指需要从其他运行中的程序来启动扫描仪，例如在 Microsoft Word 中，如果要从扫描仪扫描一张图片并插入到文档中，则在菜单项中单击“插入”→“图片”→“从扫描仪和数码相机”命令便可以直接启动扫描仪；在 Photoshop 中则是单击主菜单“文件”→“获取”命令来启动扫描仪扫描图片。

Windows XP 自带方式：指直接使用操作系统自带的标准程序来启动扫描仪。

【理论知识】

一、分类

扫描仪可分为三大类型：滚筒式扫描仪、平面扫描仪和近几年才有的笔式扫描仪。

二、工作原理

平面扫描仪的工作原理如下：平面扫描仪获取图像的方式是先将光线照射到扫描的材料上，光线反射回来后由 CCD（电荷耦合器件）光敏元件接收并实现光电转换。

当扫描不透明的材料如照片、打印文本以及标牌、面板、印制板实物时，材料上黑的区域反射较少的光线，亮的区域反射较多的光线，而 CCD 可以检测图像上不同光线反射回来的不同强度的光；通过 CCD 将反射光波转换成为数字信息，用 1 和 0 的组合表示，最后控制扫描仪操作的扫描仪软件读入这些数据，并重组为计算机图像文件。

而当扫描透明材料如制版菲林软片、照相底片时，扫描工作原理基本相同，所不同的是此时不是利用光线的反射，而是让光线透过材料，再由 CCD 接收。扫描透明材料需要特别的光源补偿—透射适配器（TMA）装置来完成。

三、扫描仪的技术参数

就像打印机一样，扫描仪的技术也在日新月异地发展着，也越来越人性化。了解清楚关于扫描仪的技术发展以及未来的发展趋势，对选购机器是十分有利的。下面从选购时需要注意的参数入手对扫描仪的技术发展做一个介绍。

1. 光学分辨率

光学分辨率是选购扫描仪最重要的因素。扫描仪有两大分辨率，即最大分辨率和光学分辨率，直接关系到平时使用的就是光学分辨率。扫描仪分辨率的单位严格定义应当是 ppi，但人们通常也称为 dpi。ppi 是指每英寸的像素（Pixel）数。一般使用横向分辨率来判定扫描仪的精度，因为纵向分辨率可通过扫描仪的步进电机来控制，而横向分辨率则完全由扫描仪的 CCD 精度来决定。刚开始的时候，主流光学分辨率为 300dpi；1999 年之后就大概为 600dpi；2000 年以后逐步过渡到 1200dpi；而现在，主流光学分辨率已经到了 2400dpi。因此，现在作为普通用户，购买 2400dpi 光学分辨率的扫描仪就足够了。

2. 扫描方式

扫描方式主要是针对感光元件来说的。感光元件也叫扫描元件，它是扫描仪完成光电转换的部件。目前市场上扫描仪所使用的感光元件主要有四种：电荷耦合元件 CCD、接触式感光元件 CIS、光电倍增管 PMT 和互补金属氧化物导体 CMOS。1969 年美国贝尔实验室发明 CCD（Charge Coupled Device，电荷耦合装置），体积小、造价低，广泛应用于扫描仪。

3. 色彩位数

色彩位数是扫描仪所能捕获色彩层次信息的重要技术指标，简称色位。高的色位可得到较高的动态范围，对色彩的表现也更加艳丽逼真。色位是影响扫描效果的色彩饱和度及准确度。色位的发展很快，从 8 位到 16 位，再到 24 位，又从 24 位到 36 位、48 位。这与对扫描的物件色彩还原要求越来越高是直接相关的，因此，色位值越大越好。虽然目前市场上的家用扫描仪多为 42 位（36 位还将继续存在），但 48 位的扫描仪正在逐渐向主流行列迈进。

4. 接口类型

扫描仪的接口是指扫描仪与计算机主机的连接方式。发展是从SCSI接口到EPP(Enhanced Parallel Port 的缩写）接口技术，再到如今的 USB 时代，并且多是 2.0 接口的。USB 接口作为近年新兴的行业标准，在传输速度、易用性及计算机相容性方面均有较好的表现，自 1999 年推出以后，在家用市场的占有率节节上升，已经成为公认的标准。虽然目前市场上还能看到 EPP 接口的扫描仪，但是几乎所有的厂商都已经停产 EPP 接口扫描仪。

5. 软件配置及其他

扫描仪配置包括软件图像类、OCR 类和矢量化软件等。OCR 是目前扫描仪市场比较重要的软件技术，它实现了将印刷文字扫描得到的图片转化为文本文字的功能，提供了一种全新的文字输入手段，大大提高了用户工作的效率，同时也为扫描仪的应用带来了进步。

此外，我们还要说一下现在扫描仪快捷键的发展。快捷键已经成为发展潮流，对于家用扫描仪来说，除了分辨率、色位、接口类型外还有其他一系列辅助的技术指标，来增强扫描仪的易用性和其他功能。如 Microtek 系列扫描仪中配备自动预扫描功能、“GO” 键设计、节能设计等。快捷功能键的出现，简化了用户使用扫描仪的步骤。

子任务四　认识移动存储设备

随着信息技术和互联网技术的高速发展，为了更方便、快捷地交流文字、图像、音频及视频文件，各类移动存储设备被广泛应用于台式机、笔记本计算机、掌上计算机、数码相机、数码摄像机、MP3、PDA（掌上计算机）、移动通信系统等领域，成为 IT 市场中一道亮丽的风景。

【任务描述】

让学生对移动存储设备有个直观的认识。

【任务实施】

各种移动存储设备外形展示如图 4-31、图 4-32、图 4-33 所示。

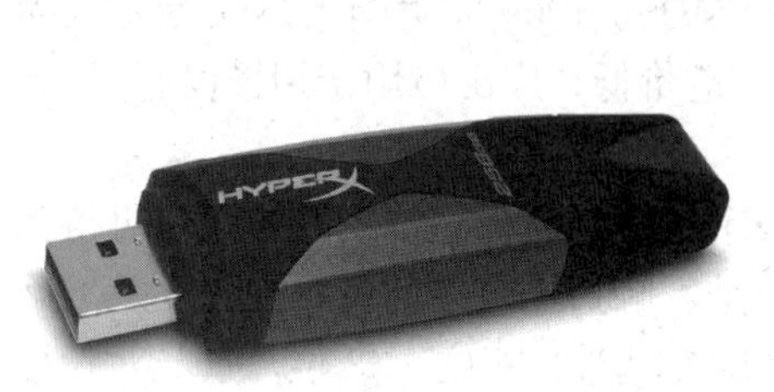

图 4-31　U 盘

图 4-32　闪存

图 4-33　移动硬盘

【理论知识】

一、各种移动存储设备的特点

常见的移动存储设备有很多，下面介绍比较具有代表性的 U 盘、数据存储卡和移动硬盘的特点。

1. 计算机移动存储设备——U 盘

U 盘是一种以半导体芯片作为存储介质的数据存储设备，如图 4-31 所示，它通常使用计算机的 USB 接口来进行数据交换。U 盘由于体积小、重量轻、不易损坏且价格便宜，因而成为目前普及速度最快的电子产品之一。

2. 计算机移动存储设备——数据存储卡

数据存储卡是一种专门用在数码相机、MP3 播放器、PDA 和手机等产品上的存储设备，它能对这些数码产品本身有限的存储能力进行扩展。目前比较常见的数据存储卡包括 SD 卡、CF 卡、xD 卡、MMC 卡、MS 卡（即 SONY 记忆棒）等。

3. 计算机移动存储设备——移动硬盘

移动硬盘是一种可以随身携带的大容量硬盘，它的工作方式和普通硬盘一样，是用可高速旋转的盘片作为存储介质，如图 4-33 所示。一般移动硬盘使用 USB 接口传输数据。目前常见的移动硬盘存储容量有 40GB、80GB、100GB 和 120GB 等。另外，还有一种将普通硬盘装入专用硬盘盒后当作移动硬盘使用的设备。

二、移动存储设备的选购方法

1. 优盘的选购方法

（1）从品牌入手。

选中几个质量有保证的 U 盘品牌，然后根据自己的购买力和需求选购合适的 U 盘。推荐使用：闪迪、金士顿、威刚等 U 盘。以上品牌均在数码存储领域具有多年积累经验，企业历史均在 5 年以上，不管是企业实力和服务能力均是那些“山寨小厂”无法比拟的。多年的技术积累，也能够让购买这些品牌的消费者享受到更多的技术服务。这些强大的技术和实力支持后盾是消费者放心使用其产品的强大保障。

超低价 U 盘往往都是些根本没有听说过品牌的“杂牌军”，其内部使用了回收、返修或者次品配件，偷工减料，外壳做工粗糙。这些产品稳定性差，兼容性非常不好，而且根本没有售后服务。

（2）U 盘选购看需求。

确定好品牌后，再根据自己的购买力和需求选购合适的 U 盘。在购买前我们应该明确自己的需求。

U 盘不但类型多样，而且容量也有大小之分。目前主流 U 盘容量为 4GB、8GB、16GB、32GB 四个档次，消费者不必一味追求大容量产品，够用即可永远都是选购时的金科玉律。普通学生及家庭用户可以选择价格不高、功能够用的中低端产品。商务用户的选购规格相对就要高一些，需要对产品外观设计、品牌知名度、性能品质、特色功能进行重点考虑。

（3）U 盘的安全性。

U 盘是移动存储数据的产品，所以数据的安全性很重要。

（4）选择合适的购买时机。

U盘作为消费数码类产品，价格经常出现大幅波动，大幅暴跌时有发生，因此找准购买时机会给你节约很大一部分开支。

通常U盘的容量越大，其单位平均价格越低，但选购时还要结合自己的实际需求情况，可以采取“适当超前，不盲目求大”的策略，这也为以后的需求留下了一定的空间。

（5）看价格选U盘。

除了品牌之外，价格就是最直接的决定因素。往往会在几个有实力的厂家之间选最优性价比的U盘。

（6）USB3.0才是正道。

U盘的传输速度是购买的重要衡量指标之一，毕竟速度越快效率才越高。

现在，大部分的接口都是USB2.0接口，中高端机箱有USB3.0接口。USB2.0已经得到了计算机厂商普遍认可，接口更成了硬件厂商必备接口。USB2.0的最高传输速率为480Mb/s（即60MB/s），而USB3.0的最大传输带宽高达5.0Gb/s（即640MB/s）。USB 3.0是最新的USB规范，该规范由Intel等大公司发起。USB3.0与USB2.0外观区别在于USB本身插口和计算机上USB插口中间的塑料片颜色：USB3.0——蓝色；USB2.0——黑色。当然，一些设备颜色区分并不规范，比如一些主控芯片支持的非原生USB3.0就有可能不是蓝色的，一些USB2.0的设备比如MP3数据线等有可能是黑色或白色塑料片。

（7）一定要注重服务。

现在的U盘容量和速度已经不是大问题，大品牌的产品都可以保证这两点。目前因为U盘使用不当或发生损坏给用户带来损失是比较普遍的现象，因此选择具备优秀服务的品牌是免除后顾之忧的最好办法。除了应该提供的“三包”服务之外，有实力的移动存储厂商已经实现了更优异的服务标准。道勤酷优系列产品提出的“一年包换、五年保修”“客户零等待”等服务政策受到了很多消费者的欢迎。

（8）购买中的注意事项。

购买U盘时一定要在店里试用，而且要试用很多款U盘，才能选择出最适合自己的U盘。

检查USB接口处是否有大量划痕，有划痕的产品很可能是商家自己使用了一段时间再拿出来销售的产品。

要检查外壳的喷漆色泽是否均匀。外壳的喷漆色泽均匀一方面表示产品制作工艺过关，另一方面也是新品的保证。

检查包装盒上的厂商信息（网址、电话、地址、产品信息等）是否完整。正品在这些信息的标注上都比较详细。

2. 移动硬盘的选购方法

（1）简单易用。

目前常见的移动硬盘生产商已经生产USB3.0接口的移动硬盘，其标称传输速率为640MB/s，远高于USB2.0。USB移动硬盘的核心处理器芯片上固化的固件版本决定了其是否支持与兼容系统，目前这些固件都是采用国外的，所以都是支持Windows和MAC，但不支持Linux。不过最新的固件版本已经开始支持Linux，国内的生产厂商都在加紧研制各自所需的驱动程序。用不了多久，移动硬盘就可以支持Linux了。

（2）速度方面。

不管是什么接口，速度、标称、商家都清清楚楚印在包装上。不过有报道称，USB3.0 的实际使用速率达不到那么高，因此要注意看网站的相关评测。另外还要注意在移动硬盘使用当中，也就是传数据的时候用手拿起，左右反转几下，看其是否因角度的不同而影响传输的稳定，这也是对移动硬盘的考验。

（3）安全方面。

安全性包含两个方面：一方面就是数据的加密，这个方面各大厂家都做得不错，采取了不留后路的方法，也就是说当忘记密码时，数据只有毁掉这个唯一的解决办法，从而保证数据不会被任何人用任何方法拿到。安全性另一方面是指防止外界对移动硬盘的物理性伤害，移动硬盘本身的移动特性决定了它在使用的过程中必须具备一些特性以能够承受一些残酷的环境，确保数据不丢失，这其中包括：①耐高温，也就是说硬盘要能经受日光曝晒几小时而安然无恙。②防磁，有磁铁的干扰还能够照常使用。③抗摔，移动硬盘不像 IDE 硬盘，做到抗震就可以了，它必须能够做到不会因意外的坠落（一般是桌子的高度在 1~1.5m）而损伤产品本身，也就是不能对盘内的数据构成威胁。同时，移动硬盘还要能够做到防潮、防静电、耐低温，这样才是一个出色的移动硬盘。

（4）容量方面。

一般常见的移动硬盘容量有 320GB、500GB 或更高。因为容量的增加并不需要增加其他成本，所以价格并不因为容量的翻倍而成倍增加，容量每递增一个级别，价格也就只是多 200~300 元。

（5）轻便方面。

移动硬盘当然比不上以 FLASH 闪存芯片为存储介质的“拇指盘”小巧轻便，因为它的内部构造一般都是一个硬盘加一个集成电路板，所以重量方面没法比较。但“方便”方面在选购时要注意了，应选那些看上去比较精细的，握在手里手感比较好的，不易脱手掉落的，硬盘背部带有防滑脚垫的。至于产品驱动程序的携带安装方面，Windows ME 和 Windows 2000/XP/2003 以上系统，由于已和相关厂商合作，因此在这些系统上不用安装驱动程序，但其他系统在使用前就需要安装驱动程序了。还有移动硬盘的供电问题，原则上说移动硬盘的电源是由 USB 总线提供的，无须外接电源。

子任务五　认识影像采集设备

【任务描述】

让学生对影像采集设备有个直观的认识。

【任务实施】

各种影像采集设备外形展示如图 4-34~ 图 4-36 所示。

图 4-34　索尼摄像机

图 4-35　尼康单反相机

图 4-36　罗数摄像头

【理论知识】

一、各种影像采集设备的概述和工作原理

1. 数码摄像机

数码摄像机就是 DV，DV 是 Digital Video 的缩写，译成中文就是“数字视频”的意思，它是由索尼、松下、胜利、夏普、东芝和佳能等多家著名家电巨擘联合制定的一种数码视频格式。然而，在绝大多数场合 DV 则是代表数码摄像机。按使用用途可分为：广播级机型、专业级机型、消费级机型。按存储介质可分为：磁带式、光盘式、硬盘式、存储卡式。

数码摄像机进行工作的基本原理简单地说就是光—电—数字信号的转变与传输，即通过感光元件将光信号转变成电流，再将模拟电信号转变成数字信号，由专门的芯片进行处理和过滤后得到的信息还原出来就是我们看到的动态画面了。

数码摄像机的感光元件能把光线转变成电荷，通过模数转换器芯片转换成数字信号，主要有两种：一种是广泛使用的 CCD（电荷耦合）元件；另一种是 CMOS（互补金属氧化物导体）器件。

2. 数码相机

数码相机，英文全称为 Digital Still Camera（DSC），简称为 Digital Camera（DC），是数码照相机的简称，又名数字式相机，是一种利用电子传感器把光学影像转换成电子数据的照相机。按用途分为：单反相机、卡片相机、长焦相机和家用相机等。

数码相机是集光学、机械、电子于一体的产品。它集成了影像信息的转换、存储和传输等部件，具有数字化存取模式、与计算机交互处理和实时拍摄等特点。光线通过镜头或者镜头组进入相机，通过成像元件转化为数字信号，数字信号通过影像运算芯片储存在存储设备中。数码相机的成像元件是 CCD 或者 CMOS，该成像元件的特点是光线通过时，能根据光线的不同转化为电子信号。数码相机最早出现在美国，20 多年前，美国曾利用它通过卫星向地面传送照片，后来数码相机转为民用并不断拓展应用范围。

3. 数码摄像头

数码摄像头是一种数字视频的输入设备，利用光电技术采集影像，通过内部的电路把这些代表像素的“点电流”转换成为能够被计算机所处理的数字信号 0 和 1，而不像视频采集卡那样首先用模拟的采集工具采集影像，再通过专用的模数转换组件完成影像的输入。一般根据所用感光器件的不同有 CCD 和 CMOS 两类之分。摄像头又分为内置和外接摄像头，外接摄像头主要是通过相关设备上的摄像头接口与摄像头相连，实现拍照的功能。一般来说，一个型号的摄像头可能会对应同一个品牌同一系列的某几款相机，但不可能兼容不同品牌的产品。

二、数码相机的主要技术参数

1. CCD 尺寸

说到 CCD 尺寸，其实是说感光器件的面积大小。现在市面上的消费级数码相机主要有 2/3 英寸、1/1.8 英寸、1/2.7 英寸、1/3.2 英寸四种。一般都用“1/？英寸”表示，“1”后面的数值越小，CCD 尺寸越大，成像质量越好，比较好的有 1/1.8 英寸。CCD/CMOS 越大，感光面积越大，成像效果越好。目前更大尺寸 CCD/CMOS 加工制造比较困难，成本也非常高。因此，CCD/CMOS 尺寸较大的数码相机的价格也较高。感光器件的大小直接影响数码相机的体积重量。超薄、超轻的数码相机一般 CCD/CMOS 尺寸也小，而越专业的数码相机的 CCD/CMOS 尺寸也越大。

2. 有效像素数

有效像素数英文名称为 Effective Pixels。与最大像素不同，有效像素数是指真正参与感光成像的像素值。最高像素的数值是感光器件的真实像素，这个数据通常包含了感光器件的非成像部分，而有效像素是在镜头变焦倍率下所换算出来的值。以美能达的 DiMAGE7 为例，其 CCD 像素为 524 万（5.24Megapixel），因为 CCD 有一部分并不参与成像，有效像素只为 490 万。在选择数码相机的时候，应该注重看数码相机的有效像素是多少，有效像素的数值才是决定图片质量的关键。

3. 最高分辨率

数码相机能够拍摄的最大图片的面积，就是这台数码相机的最高分辨率。从技术上说，数码相机能产生的图片在每寸图像内以点数表示，通常以 dpi 为单位，英文为 dot per inch。分辨率越大，图片的面积越大。

分辨率是用于度量位图图像内数据量多少的一个参数。通常表示成 ppi（每英寸像素，pixel per inch）和 dpi（每英寸点）。包含的数据越多，图形文件的体积就越大，也能表现更丰富的细节。

分辨率和图像的像素有直接的关系：一张分辨率为 640×480 的图片，它的分辨率就达到了 307200 像素，也就是常说的 30 万像素；而一张分辨率为 1600×1200 的图片，它的像素就是 200 万。这样就可以知道，分辨率的两个数字表示的是图片在长和宽上占的点数的单位。一张数码图片的长宽比通常是 4:3。

任务二　常用外设的故障案例分析及排除

由于 Windows 操作系统的组件相对复杂，计算机一旦出现故障，对于普通用户来说，想要准确地找出其故障的原因是很困难的。那么是否是说在遇到计算机故障的时候，就完全束手无策了呢？其实并非如此，下面就讲解一些最为常见也是最为典型的计算机外设故障的诊断、维护方法。

【任务描述】

在日常生活中，计算机外设是很容易出现各种故障的。如果外设出故障了，该如何来应对及解决所遇到的故障呢？下面列举了一些计算机外设的常见问题及解决方法。

【任务需求】

一台完整的计算机系统，万用表、路由器、打印机、扫描仪、USB 移动存储设备。

【相关知识点】

能够分析出外设故障产生的原因，并且能够掌握排除计算机故障的方法。

【项目分析】

（1）对所遇到的故障现象进行研究；
（2）分析所遇到故障的原因；
（3）总结相关的理论知识。

子任务一　路由器故障案例分析及排除

【任务描述】

（1）分析系统不能正常加电的原因；
（2）分析部件损坏的原因；
（3）分析系统软件损坏的原因；
（4）分析无法升级路由器的原因；
（5）分析网络规划存在问题的原因。

【任务实施】

1. 系统不能正常加电的原因

表现为当打开路由器的电源开关时，路由器前面板的电源灯不亮，风扇不转。这时要重点检查电源系统。看供电插座是否有电，电压是否在规定的范围内。如果供电正常，应该检查电源线是否完好，接触是否牢靠，必要时可以换一根，如果还不行，可以判定问题应该出在路由器的电源上。可以看看路由器电源保险是否完好，如果烧损了应该更换。如果还不行只好送修。

2. 部件损坏的原因

这类情况在硬件故障中是比较常见。这里的部件往往是接口卡，表现为当把有问题的部件插到路由器中时，系统其他部分都工作正常，但无法正确识别有问题的部件，这时往往是因为部件本身有问题。还有一种情况，就是部件可以被正确识别，但做完配置后(保证配置正确)，接口就是不能正常工作，这时往往是因为存在物理故障。要确认以上这两种情况，用相同型号的好的部件替换怀疑有问题的部件，就可以确认问题是否存在。

3. 系统软件损坏的原因

这种故障似乎应该归入软件故障,但由于这种情况往往是路由器本身存在的问题，且与硬件紧密相关，我们不妨把它归类于此。以 Cisco 的路由器为例，如果路由器开机后总是进入 rmon 状态，这时往往说明系统软件 IOS 存在问题，这时不妨将 IOS 重新写一遍。

4. 无法升级路由器原因

这里所要提到的是这样一些情况，有时在对系统软件进行升级时，发现系统无论怎样也不能完成升级,这时不妨检查一下要升级的软件的大小是否超过了路由器的 NVRAM 的容量。如果超过了，是无论如何也升级不了的，这时应该先扩充 NVRAM 的容量，然后再升级系统软件。这个问题容易被忽略。

5. 网络规划存在问题的原因

有些时候，配置似乎没有问题，可路由器就是不能正常工作，或者工作不稳定，总出现一些莫名其妙的问题。这时不妨先回过头来看看网络规划，看看这方面是不是有问题，比如是不是有重复使用的网段、网络掩码的计算是否正确等，往往问题就迎刃而解了。

子任务二　打印机故障案例分析及排除

【任务描述】

（1）分析新墨盒不能打印的原因；

（2）分析发出打印命令后，打印机没有反应的原因；

（3）分析打印页面中出现字符乱码的原因。

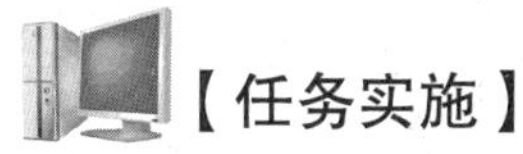

【任务实施】

1. 新墨盒不能打印

（1）在判断墨盒是否出现问题前，可以通过下面的方法检查一下。通常大多数的喷墨打印机在更换了墨盒后，都需要对打印头进行清洗，使墨水能充分进入打印头中，清洗的时间也随不同的机型而不同。参看打印机的说明书，清洗打印头，可以多试几次，清洁的过程中，打印头的频繁移动和一系列操作会使新换的墨盒工作正常。清完后再重新打印。

（2）如果清洗打印头后，仍没有恢复正常，这就可能是墨盒有问题。

2. 发出打印命令后，打印机没有反应

（1）首先看看打印机是否已经打开了电源，打印纸是否已经放好。

（2）检查一下打印机是否被设为默认打印机，打开“开始”，选择“设置”中的“打印机”，用右键单击打印机图标。如果不是默认打印机，那么选中它再重新打印一次。如果已经设置成了“默认打印机”，那么检查一下是否将打印机设置成了暂停状态。如果是，那么取消暂停选择，然后重新打印。如果仍然不行，可以检查一下打印机的端口设置情况。在“打印机”图标上单击右键，选择“属性”，打开“详细资料”选项卡，查看“端口”栏目，端口应该是 LPT1，如果不是就需要更改。如果还是不行，那么在“属性”的“常规”中试着打一下测试页。如果不能够打印，那么可能是打印机的信号线出了故障，换一条试试。也可以重新安装一次驱动程序。如果仍然无效，那么把打印机安装到其他计算机上试试。如果能打印，那么可能是主板的并口出了故障，换一个打印机试试。如果也不能打印，那么就可以肯定是并口的问题。如果换到其他计算机上也不能打印，那么打印机可能损坏，需要维修了。

3. 打印页面中出现字符乱码

（1）打印页面中出现字符乱码是经常遇到的事情，如图 4–37 所示。而据经验所知，打印机之所以会出现字符乱码现象，大半是由于操作者自身引起的，例如操作不当或不规范，造成数据系统或打印缓存中的内容发生混乱时，就会容易导致打印机打印出怪字符。如有些用户性子比较急，在向打印机发送了打印命令后，发现打印机没有任何动静时，往往又会不停地重复执行打印命令，这样每次发送的打印作业，将被打印机管理程序自动保存在打印缓存中。这时计算机系统如果无法及时应答这些打印请求，系统就会向打印机发出一些错误的指令，让打印机执行错误的操作，从而有可能出现打印非法字符的现象。

图 4–37 打印页面中出现字符乱码

（2）最快解决因系统混乱而引起的打印乱码现象的方法是：将计算机和打印机的电源都关闭掉，然后再打开电源重新启动它们，这样保存在系统缓存或打印机缓存中的所有打印任务，将会自动被清除。然后重新发送打印命令，这时系统多半就能正常响应打印机的工作请求。

（3）如果以上方法还是无法解决乱码现象，那么尝试重启打印服务器或更新驱动或者重新进行打印设置，乱码现象就会解决。如果还是不行，这时就需要对计算机系统进行杀毒。

子任务三　扫描仪故障案例分析及排除

【任务描述】

（1）分析找不到扫描仪的原因；

（2）分析扫描仪 Ready 灯不亮的原因。

【任务实施】

1. 找不到扫描仪的原因

确认是否先开启扫描仪的电源，然后才启动计算机。如果不是，可以按“设备管理器”的“刷新”按钮，查看扫描仪是否有自检，绿色指示灯是否稳定地亮着。假若答案肯定，则可排除扫描仪本身故障的可能性。如果扫描仪的指示灯不停地闪烁，表明扫描仪状态不正常。先检查扫描仪与计算机的接口电缆是否有问题，以及是否安装了扫描仪驱动程序。此外，还应检查“设备管理器”中扫描仪是否与其他设备冲突（IRQ 或 I/O 地址），若有冲突可以更改 SCSI 卡上的跳线。

2. 扫描仪 Ready 灯不亮

打开扫描仪电源后，若发现 Ready 灯不亮，先检查扫描仪内部灯管。若发现内部灯管是亮的，可能与室温有关。解决的办法是让扫描仪通电半小时后，关闭扫描仪。一分钟后再打开它，问题即可迎刃而解。若此时扫描仪仍然不能工作，则先关闭扫描仪，断开扫描仪与计算机之间的连线，将 SCSI ID 的值设置成 7，大约一分钟后再把扫描仪打开。在冬季气温较低时，最好在使用前先预热几分钟，这样就可避免开机后 Ready 灯不亮的现象。

子任务四　移动存储设备故障案例分析及排除

【任务描述】

（1）系统无法识别 USB 移动存储设备；

（2）使用移动存储设备时经常死机或蓝屏；

（3）无法停用并卸载移动磁盘；

（4）无法复制和删除移动磁盘上的文件。

【任务实施】

1. 系统无法识别 USB 移动存储设备

（1）前置 USB 线接错。当主板上的 USB 线和机箱上的前置 USB 接口对应相接时把正负接反就会发生这类故障，这也是相当危险的，因为正负接反很可能会使得 USB 设备烧毁。

（2）USB 接口电压不足。当把移动硬盘接在前置 USB 口上时就有可能发生系统无法识别出设备的故障。原因是移动硬盘功率比较大，对电压的要求相对比较严格，前置接口可能无法提供足够的电压，当然劣质的电源也可能会造成这个问题。解决方法是移动硬盘不要接在前置 USB 接口上，假如有条件的话，更换劣质低功率的电源或尽量使用外接电源的硬盘盒。

（3）系统或 BIOS 问题。当你在 BIOS 或操作系统中禁用了 USB 时就会发生 USB 设备无法在系统中识别的问题。解决方法是开启与 USB 设备相关的选项。

2. 使用移动存储设备时经常死机或蓝屏

如果在使用移动硬盘的时候，经常出现蓝屏或死机现象，则需要检查一下使用的是否为 VIA 芯片组的主板。较早的时候，VIA 芯片组的主板在使用 USB 设备时，会出现传输中断或死机的情况。解决方法是安装 VIA 主板所提供的主板补丁，这样你的问题就可以完全解决了。

3. 无法停用并卸载移动磁盘

当停用并卸载移动磁盘时提示“无法停用通用卷”，原因可能是磁盘正和计算机之间进行数据传输，或者是还保持数据传输的状态。此时可等待数据传输完成后再卸载移动磁盘，或是中断移动磁盘与计算机的数据传输。

4. 无法复制和删除移动磁盘上的文件

这是移动磁盘的文件存储结构出现错误，须使用系统磁盘扫描程序进行修复，或是重新格式化磁盘。

【项目小结】

本项目学习了计算机常用外部设备，如调制解调器、打印机、扫描仪、移动存储设备、影像采集设备等。这些设备的安装、调试在我们的日常生活、工作中非常重要，希望大家都能够熟练掌握。

【独立实践】

项目描述见表 4-1。

表 4–1　任务单

1	安装及使用路由器
2	安装及使用打印机
3	安装及使用扫描仪
4	安装及使用移动存储设备
5	安装及使用影像采集设备

【实验一】

实验操作：喷墨打印机更换新墨盒后，打印机在开机时面板上的“墨尽”灯亮，试解决其问题。

一、实验准备（准备材料）

二、实验过程

步骤一：

步骤二：

三、实验总结

【实验二】

实验操作：扫描仪在扫描过程中，有进度条，但到 100% 时，程序没有反应，不能正常退出，试解决其问题。

一、实验准备（准备材料）

二、实验过程

步骤一：

步骤二：

三、实验总结

项目五　计算机系统的日常维护

【项目描述】

（1）计算机硬件系统维护；

（2）计算机软件系统维护。

【项目需求】

如果一台计算机维护得好，那么它就会处于一个比较良好的工作状态，可以较好地发挥它的作用；相反，一台维护得不好的计算机，会处于不好的工作状态。比如：操作系统可能会频繁出错，预定的工作无法完成，更严重的可能会导致数据丢失，造成无法挽回的经济损失。因此，做好计算机系统的日常维护是十分必要的。

【需求分析】

为了最大限度地延长计算机的使用寿命，需要了解最基本的硬件系统维护方法和应该注意的事项，以便让计算机常常保持在比较稳定的状态，就像是刚买回来的一样。而一旦计算机系统出现了故障却无法得到很好的解决时，就需要重新安装计算机所涉及的常用系统工具软件。

为了更好地完成此项目，将其分为两个任务来执行。

任务一　计算机硬件维护

【任务描述】

（1）与使用环境有关的维护；

（2）计算机主机的清洁；

（3）计算机主要配件的保养；

（4）养成良好的使用习惯。

【任务需求】

一台完整的计算机系统，“一”字螺丝刀和“十”字螺丝刀各一把（打开机箱用），吸尘器，刷子。

【任务分析】

首先，打开机箱让学生来看主机的内部结构，复习计算机硬件系统的构成。然后，从分析寻找计算机主机箱内有灰尘的原因入手，向学生介绍计算机系统的基本维护常识。

子任务一　与使用环境有关的维护

一个合适的工作环境，会使一台计算机保持正常的工作状态并延长其寿命。

【任务描述】

打开机箱观察机箱内部环境与新买来的机器有什么不同。

【任务实施】

用螺丝刀打开机箱。

【理论知识】

所说的工作环境通常包含如下几个方面：

1. 温度

计算机适宜的工作温度在15~30℃范围内，超出这个范围的温度会影响电子元器件的工作稳定性或可靠性，存放计算机的温度也应控制在5~40℃。由于集成电路的集成度高，工作时将产生大量的热量，如机箱内热量不及时散发，轻则使工作不稳定、数据处理出错，重则烧毁一些元器件；反之，如温度过低，电子器件不能正常工作，也会增加出错率。

2. 湿度

通常计算机工作的相对湿度是40%~70%，存放时的相对湿度也应控制在10%~80%。湿度过高容易造成电子器件及线路板生锈、腐蚀而导致接触不良或短路，磁盘也会发霉，使存在上面的数据无法使用；湿度过低，则静电干扰明显加剧，可能会损坏集成电路，清掉内存或缓存区的信息，影响程序运行及数据存储。当天气较为潮湿时，最好每天开机使用1~2小时。

3. 洁净度

计算机的任何部件都要求干净的工作环境，尽量保持工作环境的干净是每一个使用计算机的人都应注意的。机箱是不完全密封的，灰尘会进入机箱内，并附着于集成电路板的表面，造成集成电路板散热不畅，严重时会引起主板线路短路等。硬盘虽密封，但软驱的磁头或光驱的激光头表面却很容易进入灰尘或脏物；键盘各键之间的空隙、显示器上方用来散热的空隙也是极易进入灰尘的。所以除保持工作环境尽量干净外，还应定期用吸尘器或刷子等清除各部件的积尘，不用时要用罩子把机器罩起来。

4. 静电

静电释放的主要危害是毁坏电子元件的灵敏度。对于静电释放最为敏感的元件是以金属氧化物半导体（MOS）为主的集成电路。计算机中的 CMOS 芯片能够承受的静电冲击电压为 200V，DRAM、EPROM 芯片为 300V，TTL 芯片为 1000V。静电对计算机造成的危害主要表现为如下现象：磁盘读写失败、打印机打印混乱、芯片被击穿甚至主机板被烧坏等。

为避免静电释放的危害，通常在计算机维护过程中，其设备的外壳必须接地；一些电路板不使用时应包装在传导泡沫中，以避免静电伤害；维修人员在用手触摸芯片电路之前，应先把体内静电放掉。

5. 电源

通常，计算机工作的交流电压正常的范围应是 220V ± 10%，频率范围是 50Hz ± 5%，并且具有良好的接地系统。电压不稳易对计算机电路和器件造成损害；突然断电，则有可能会造成计算机内部数据的丢失，严重时还会造成计算机系统不能启动等各种故障。所以，要想对计算机进行电源保护，应该配备 UPS（不间断电源）来保证计算机的正常使用，使得计算机在电源突然断电时能继续运行一段时间。

子任务二　计算机主机的清洁

定期对主机进行清理，会使一台计算机保持正常的工作状态并延长其寿命。

【任务描述】

用螺丝刀打开机箱，清除主机箱内各零件的灰尘。

【任务实施】

（1）让室内保持适宜的湿度（如在室内装一个加湿器），如有条件就买一块防静电地毯。

（2）要准备干净的抹布、小刷子、吹风机或气球。

（3）首先断开主机、显示器等电源。对于机箱内部各部件，先用吹风机或气球除尘，再用刷子将附在主板上的尘土除去。对于软区，用棉球蘸上酒精，将磁头、索引灯、写保护灯的灰尘擦去。至于风扇声音大，除去正常的风声以外，主要是因为灰尘或风扇安装不正造成的。如果对风扇除尘后，并没有减少噪声，应再检查一下风扇是否有偏转。

【理论知识】

主板，又叫主机板（Mainboard）、系统版（Systemboard）和母版（Motherboard），它安装在机箱内，是计算机最基本的也是最重要的部件之一。主板芯片组（Chipset）又是主板的核心组成部分。如果说中央处理器（CPU）是整个计算机系统的心脏，那么芯片组将是整个身体的躯干。主板芯片组几乎决定着主板的全部功能，其中CPU的类型，主板的系统总线频率，内存类型、容量和性能，以及显卡插槽规格，是由芯片组中的北桥芯片决定的；而扩展槽的种类与数量、扩展接口的类型（如USB2.0/1.1、IEEE1394、串口、并口、笔记本计算机的VGA输出接口等）和数量，是由芯片组的南桥芯片决定的。还有些芯片组由于加入了3D加速显示（集成显示芯片）AC'94声音解码等功能，因此还决定着计算机系统的显示性能和音频播放性能等。

子任务三　计算机主要配件的保养

通常一台计算机的配件主要有：主板、CPU、内存、硬盘、显示器、显卡、鼠标和键盘等。

【任务描述】

选择一台计算机系统，根据需要打开机箱，对照其内部结构介绍其各配件的保养。

【任务实施】

（1）计算机主板的日常维护；

（2）CPU的日常维护；

（3）内存条的日常维护；

（4）硬盘的日常维护；

（5）显示器的日常维护；

（6）显卡和声卡的日常维护；

（7）鼠标和键盘的日常维护。

【理论知识】

1. 计算机主板的日常维护

计算机的主板是连接计算机中各种配件的桥梁，在计算机中的重要作用是不容忽视的。主板的性能好坏在一定程度上决定了计算机的性能，有很多的计算机硬件故障都是因为计算机的主板与其他部件接触不良或主板损坏所产生的。做好主板的日常维护，一方面可以延长计算机的使用寿命，更主要的是可以保证计算机的正常运行，完成日常的工作。计算机主板的日常维护主要应该做到防尘和防潮。CPU、内存条、显卡等重要部件都是插在主机板上的，如果灰尘过多，则有可能导致主板与各部件之间接触不良，产生许多未知故障；如果环境太潮湿，主板很容易变形而产生接触不良等故障，从而影响使用。

2. CPU的日常维护

CPU作为计算机的核心部件，对计算机性能影响极大。要想延长CPU的使用寿命，保证计算机正常工作，首先要保证CPU工作在正常的频率下。CPU的散热问题也是不容忽视的，如果CPU不能很好地散热，就有可能引起系统运行不正常、机器无缘无故重新启动或死机等故障，因此给CPU选择一款好的散热风扇是必不可少的。由于风扇转速可达4000~7200r/min，这就容易发生CPU与散热风扇的“共振”，导致CPU的内核被逐渐磨损，引起CPU与CPU插座接触不良。因此，应选择正规厂家生产的散热风扇，正确安装扣具，防止共振。另外，如果机器一直工作正常的话就不要动CPU，清理机箱清洁CPU以后，安装的时候一定注意要安装到位，以免引起机器不能启动的故障。

3. 内存条的日常维护

对于内存条来说，需要注意的是在升级内存条的时候，尽量要选择品牌、外频和以前一样的内存条来搭配使用，这样可以避免系统运行不正常等故障。

4. 硬盘的日常维护

为了使硬盘能够更好地工作，在使用时应当注意如下几点：

（1）硬盘正在工作时不可突然断电。

当硬盘开始工作时，通常处于高速旋转状态，如若突然断电，可能会使磁头与盘片之间猛烈摩擦而损坏硬盘。因此，在关机时一定要注意硬盘指示灯是否还在闪烁。如果硬盘指示灯还在闪烁，说明硬盘的工作还没有完成，此时不宜马上关闭电源，只有当硬盘指示灯停止闪烁，硬盘结束工作后方可关机。

（2）注意保持环境卫生。

在潮湿、灰尘和粉尘严重超标的环境中使用计算机时，会有更多的污染物吸附在印刷电路板的表面以及主轴电机的内部，影响硬盘的正常工作。在安装硬盘时要将带有印刷电路板的背面朝下，减少灰尘与电路板的接触。此外，潮湿的环境还会使绝缘电阻等电子器件工作不稳定，在硬盘进行读、写操作时极易产生数据丢失等故障。因此，必须保持环境卫生的干净，减少空气中的潮湿度和含尘量。

（3）在工作中不可移动硬盘。

硬盘是一种高精设备，工作时磁头在盘片表面的浮动高度只有几微米。当硬盘处于读写状态时，一旦发生较大的震动，就可能造成磁头与盘片的撞击，导致损坏。所以不要搬动运行中的计算机。在硬盘的安装、拆卸过程中应多加小心，硬盘移动、运输时严禁磕碰，最好用泡沫或海绵包装保护一下，尽量减少震动。

（4）控制环境温度。

硬盘工作时会产生一定热量，使用中温度以20~25℃为宜。温度过高会造成硬盘电路元件失灵，磁介质也会因热膨胀效应而影响记录的精确度；如果温度过低，空气中的水分就会凝结在集成电路元件上而造成短路。尽量不要使硬盘靠近如音箱、喇叭、电机、电视、手机等磁场，避免受干扰。

（5）不要自行打开硬盘盖。

如果硬盘出现物理故障，不要自行打开硬盘盖，因为如果空气中的灰尘进入硬盘内，在磁头进行读、写操作时会划伤盘片或磁头。如果确实需要打开硬盘盖进行维修，一定要送到专业厂家进行维修，千万不要自行打开硬盘盖。

5. 显示器的日常维护

显示器是计算机的一个重要部分。为了延长显示器的使用寿命，在使用时应注意以下几点：

（1）环境的湿度。当室内湿度≥80%，显示器内部就会产生结露现象；其内部的电源变压器和其他线圈受潮后也易产生漏电，甚至有可能霉断连线；而显示器的高压部位则极易产生放电现象；机内元器件容易生锈、腐蚀，严重时会使电路板发生短路。而当室内湿度≤30%，又会使显示器机械摩擦部分产生静电干扰，内部元器件被静电破坏的可能性增大，影响显示器正常工作。所以，要注意保持计算机周围的环境湿度。当天气干燥时，适当增加一些空气的湿度，以防止静电对计算机的影响。

（2）避免强光照射显示器。显示器在强光的照射下容易加速显像管荧光粉的老化，降低发光效率。故在摆放计算机时应尽量避免将显示器摆放在强光照射的地方。

（3）注意保持计算机周围的卫生环境，防止灰尘对显示器寿命的影响。

（4）减少计算机周围电磁场的干扰。

6. 显卡和声卡的日常维护

显卡也是计算机的一个发热大户。现在的显卡都单独带有一个散热风扇，平时要注意一下显卡风扇的运转是否正常，是否有明显的噪声，或者是运转不灵活，转一会儿就停等现象。如发现有上述问题，要及时更换显卡的散热风扇，以延长显卡的使用寿命。

对于声卡来说，必须要注意的一点是，在插拔麦克风和音箱时，一定要在关闭电源的情况下进行，千万不要在带电环境下进行上述操作，以免损坏声卡。

7. 鼠标和键盘的日常维护

鼠标和键盘是我们在日常使用计算机时最常用的输入设备，所以鼠标和键盘的维护也显得非常重要。

（1）鼠标。

常见的鼠标通常有机械式、光电机械式、光电式等。下面分别就这三种常见类型的鼠标的维护一一进行介绍。

① 机械式鼠标。机械鼠标在使用了一段时间后，橡胶球带入的黏性灰尘附着在传动轴上，会造成传动轴传动不均甚至被卡住，导致灵敏度降低，控制起来不再像刚买时那样方便灵活。这时候，只需要将鼠标翻过来，摘下塑料圆盖，取出橡胶球，用蘸有无水酒精的棉球清洗一下然后晾干，再重新装好，就可以恢复正常了。

② 光电机械式鼠标。光电机械鼠标中的发光二极管、光敏三极管都是较为单薄的配件，比较怕剧烈晃动和震动。在使用时一定要注意尽量避免摔碰鼠标，或是强力拉扯导线。点击鼠标按键时也不要用力过度，以免损坏弹性开关。最好给鼠标配备一个好的鼠标垫，既大大减少了污垢通过橡胶球进入鼠标中的机会，又增加了橡胶球与鼠标垫之间的摩擦力，操作起来更加得心应手，还起到了一定的减震作用，以保护光电检测器件。

③ 光电式鼠标。使用光电鼠标时，要特别注意保持感光板的清洁和感光状态良好，避免污垢附着在发光二极管或光敏三极管上，遮挡光线的接收。在任何紧急情况下，都要注意千万不要对鼠标进行热插拔，热插拔极易把鼠标和接口烧坏。此外，鼠标能够灵活操作的一个条件是鼠标具有一定的悬垂度。长期使用后，随着鼠标底座四角上的小垫层被磨低，鼠标球悬垂度也随之降低，鼠标的灵活性会有所下降。这时将鼠标底座四角垫高一些，通常就能解决问题。垫高的材料可以用办公常用的透明胶纸等，一层不行可以垫两层或更多，直到感

觉鼠标已经完全恢复了灵活性为止。

（2）键盘。

在键盘的日常维护中，需要注意以下几个方面：

① 保持键盘的清洁卫生。沾染过多的尘土会给键盘的正常工作带来困难，有时甚至出现错误操作。因此要定期清洁键盘表面的污垢。日常的清洁可以用柔软干净的湿布擦拭键盘。对于难以清除的污渍可以用中性清洁剂或计算机专用清洁剂进行处理，最后再用湿布擦洗并晾干。对于缝隙内的清洁可以用棉签处理。所有的清洁工作都不要用医用酒精，以免对塑料部件产生腐蚀。注意：清洁过程要在关机状态下进行，使用的湿布不要过湿，以免滴水进入键盘内部。

② 不要把液体洒到键盘上。由于目前的大多数键盘没有防水装置，一旦有液体流进，就会使键盘受损，导致接触不良、腐蚀电路或产生短路等故障。如果有意外的大量液体进入键盘，应立即关机断电，将键盘接口拔下。先清洁键盘表面，再打开键盘用吸水布（纸）擦干内部积水，并在通风处自然晾干。充分风干后，再确定键盘内部完全干透，方可试机，以免短路造成主机接口的损坏。

③ 操作键盘时，击键不要用力过大，防止按键的机械部件受损而失效。

④ 若需更换键盘时，必须在切断计算机电源的情况下进行。有的键盘壳有塑料倒钩，拆卸时需要格外留神。

子任务四　养成良好的使用习惯

【理论知识】

我们经常使用计算机来学习和娱乐，如果不好好对它的话，它也会不高兴，偶尔发点小脾气，甚至“闹罢工”。所以为了能够正常地使用它来工作和学习，就应该养成良好的使用习惯。总结如下：

（1）正常开关机。开机顺序为：先打开外设（如显示器、打印机、扫描仪等）的电源，然后再开主机电源。关机顺序则相反：先关主机电源，再关外设电源。

（2）不能频繁地开机、关机。每次开、关机之间的时间间隔至少 10 秒。特别应注意的是当计算机在工作时（比如硬盘在读写数据），不要关机。关机时必须先关闭所有的程序，再按正常的顺序退出，否则有可能损坏应用程序。

（3）定期清洁计算机。

（4）在增、删计算机硬件设备时，必须要断掉电源并确认自身不带静电时方可操作。

（5）在接触电路板时，不应该用手直接接触电路板上的铜线及集成电路的引脚，以免人体所带的静电击坏这些元件。

（6）计算机在加电后，不应该随便移动和震动，以免造成硬盘表面的划伤，以及意外情况发生，造成不应该有的损失。

如果平时有注意到这些细节的话，相信你的计算机就不会经常跟你闹情绪了。

任务二　计算机软件系统维护

经过上面的学习，我们已经对计算机硬件的日常维护有了一定的了解。但只有硬件方面的维护还是不够，还得有软件方面的维护才能使计算机系统性能达到更优化的程度。

【任务描述】

计算机常用工具软件（硬盘管理工具、魔术分区师、硬盘克隆工具、鲁大师、360 安全卫士、大白菜超级 U 盘启动制作工具）的使用。

【任务需求】

完整的计算机系统若干，其中一台计算机用于演示软件的运行情况；数字投影机一台。

【相关知识点】

计算机系统的日常维护工作除了以上所讲的硬件方面之外，还包括一些常用的系统工具软件的使用。通过学习掌握硬盘管理工具 Disk Manager、硬盘克隆工具 Norton Ghost、鲁大师、360 安全卫士和大白菜超级 U 盘启动制作工具的使用方法。

【项目分析】

演示各种软件的使用方法。

子任务一　硬盘管理工具 Disk Manager 的使用

DM 的全称为 Disk Manager，是由 ONTRACK 公司开发的一款老牌的硬盘管理工具，在实际使用中主要用于硬盘的初始化，如低级格式化、分区、高级格式化和系统安装等。

【任务描述】

使学生了解 DM 最基本的使用方法。

【任务实施】

一个新硬盘，首次使用必须进行硬盘分区，分区后才能正常使用。下载 DM 的压缩包解压到一个目录下，接下来进入 DOS 环境。你可以将解压的目录拷贝到 DOS 的启动盘中，然后用这张盘启动使用 DM。

启动 DM，进入 DM 的目录后，直接输入“dm”后按回车键，即可进入 DM。开始出现一个说明窗口，按任意键进入主界面。DM 提供了一个自动分区的功能，完全不用人工干预而全部由软件自行完成硬盘分区，选择主菜单中的“(E) asy Disk Installation”选项即可。这样操作虽然方便但是却不能按照自己的意愿进行分区，因此一般情况不推荐使用。DM 主界面如图 5-1 所示。

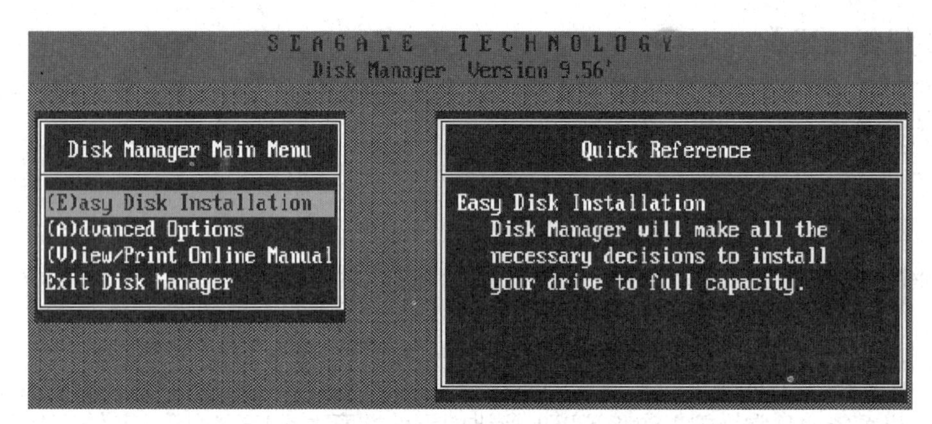

图 5-1 DM 主界面

此时你可以选择“(A) dvanced Options”进入二级菜单，然后选择“(A) dvanced Disk Installation”进行分区的工作，如图 5-2 所示。

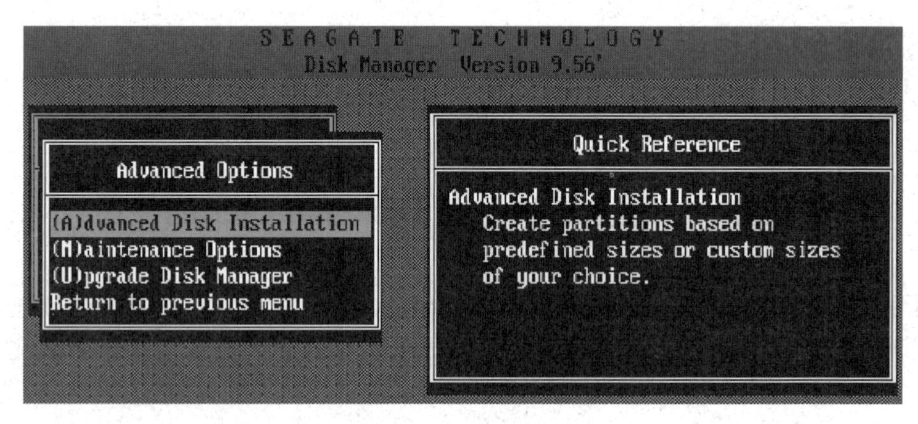

图 5-2 高级磁盘安装

接着会显示硬盘的列表，直接回车即可（图 5-3）。

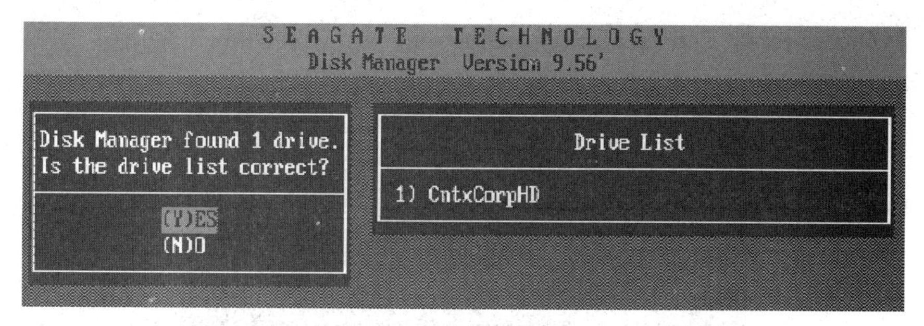

图 5-3　硬盘列表

如果你有多个硬盘，回车后会让你选择需要对哪个硬盘进行分区的工作（图 5-4）。

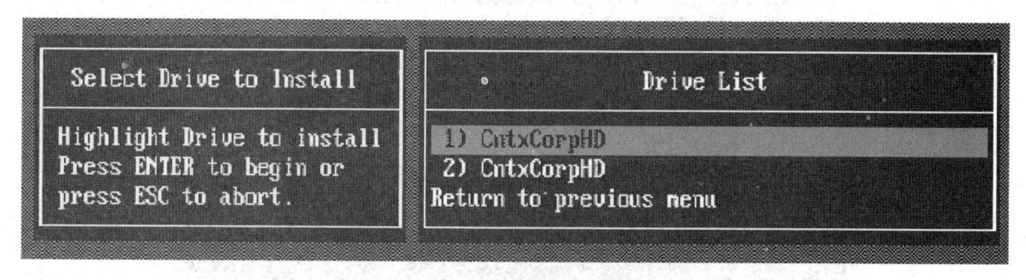

图 5-4　选择对哪个硬盘进行分区

然后是分区格式的选择，一般来说我们选择 FAT32 的分区格式（图 5-5）。

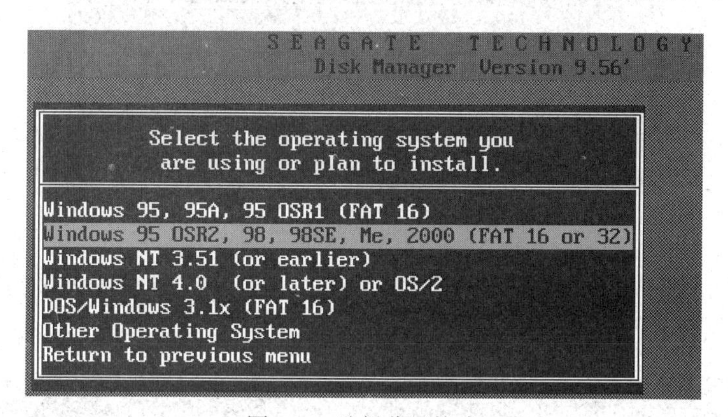

图 5-5　选择分区格式

接下来是一个确认是否使用 FAT32 的窗口（图 5-6），这里要说明的是 FAT32 跟 DOS 存在兼容性问题，也就是说在 DOS 下无法使用 FAT32。

图 5-6　确认是否使用 FAT32

进行分区大小的选择，DM 提供了一些自动的分区方式让你选择，如果你需要按照自己的意愿进行分区，请选择“OPTION（C）Define your own”，如图 5-7 所示。

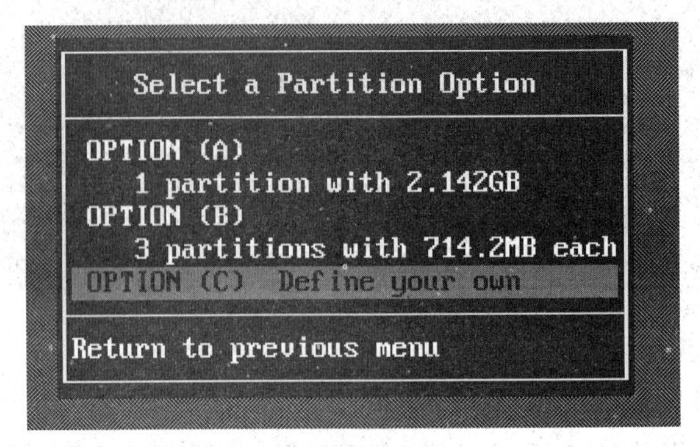

图 5-7 选择分区大小

接着会要求输入分区的大小（图 5-8）。

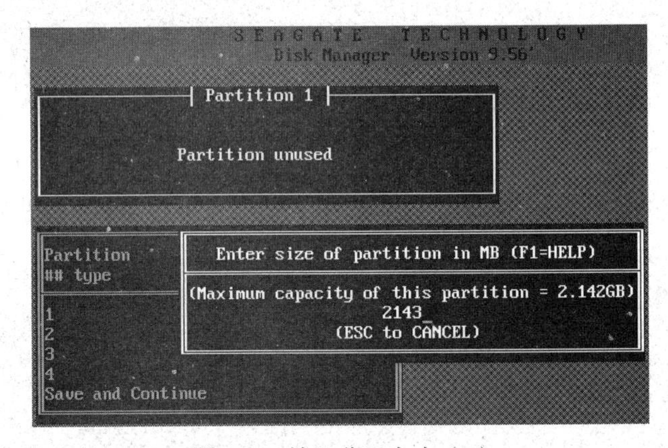

图 5-8 输入分区大小（1）

首先输入主分区的大小，然后输入其他分区的大小。这个工作是不断进行的，直到硬盘所有的容量都被划分（图 5-9）。

图 5-9 输入分区大小（2）

完成分区数值的设定后，会显示最后分区详细的结果（图 5-10）。此时如果对分区不满意，还可以通过下面一些提示按键进行调整。例如“Del”键删除分区，“N”键建立新的分区。

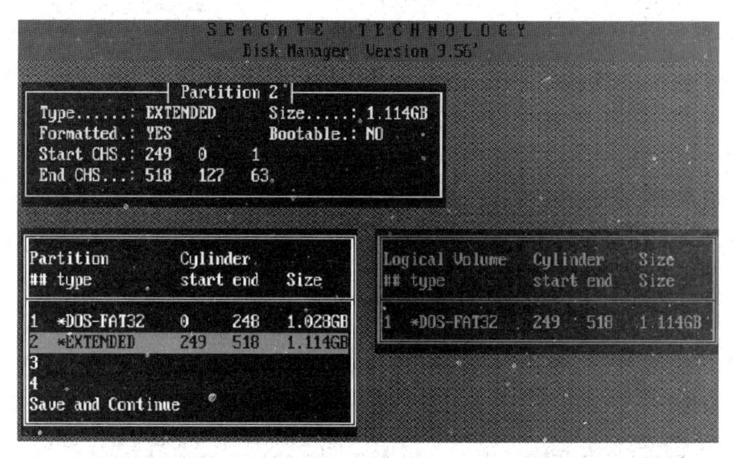

图 5-10 分区结果

设定完成后要选择“Save and Continue”保存设置的结果，此时会出现提示窗口，再次确认设置。如果确定，按“Alt+C”组合键继续；否则按任意键回到主菜单（图 5-11）。

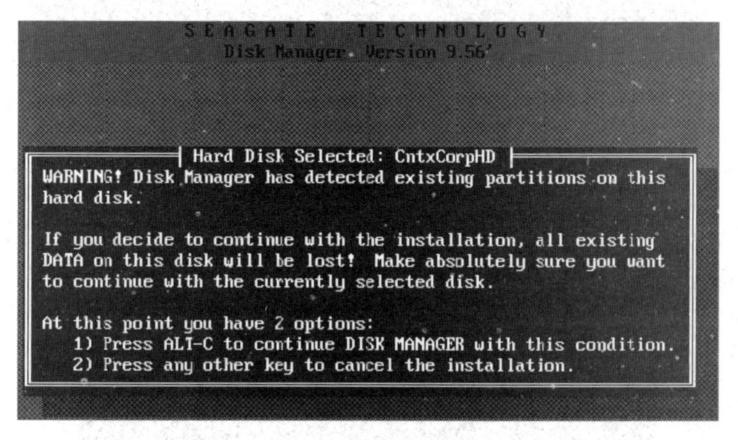

图 5-11 确认设置

接下来是提示窗口，询问是否进行快速格式化（图 5-12）。正常情况下硬盘均安装正确，选择“(Y)ES”。

图 5-12 选择是否进行快速格式化

接着还是一个询问的窗口，询问分区是否按照默认的簇进行，选择“(Y)ES”（图 5-13）。

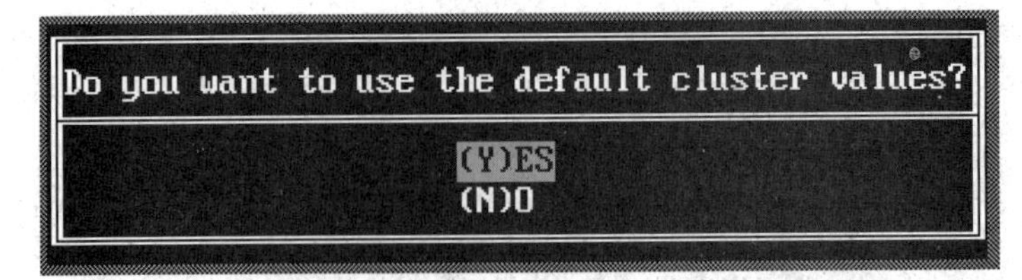

图 5-13 选择分区是否按默认簇进行

最后出现最终确认的窗口，选择确认即可开始分区的工作（图 5-14）。

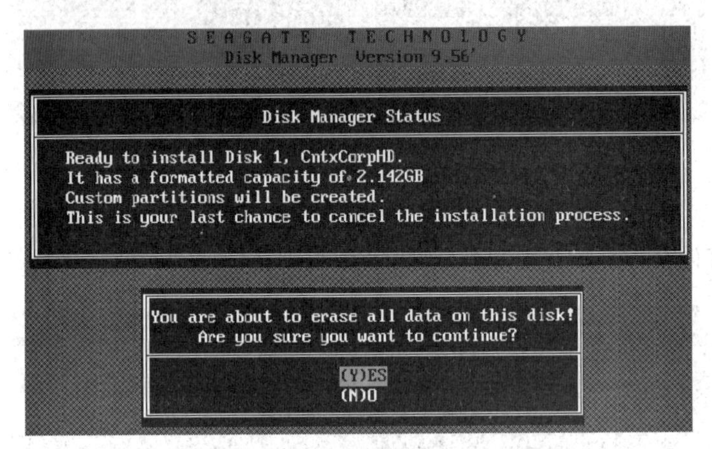

图 5-14 最终确认窗口

此时 DM 开始分区的工作（图 5-15），速度很快，一会儿就可以完成。当然在这个过程中要保证系统不断电。

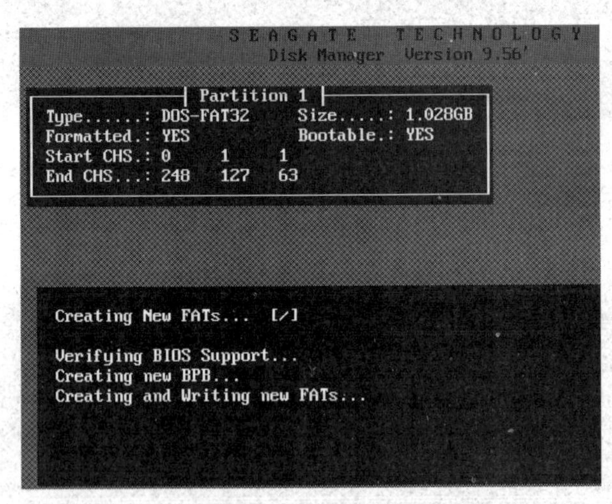

图 5-15 开始分区

完成分区工作会出现一个提示窗口（图 5-16），按任意键继续。

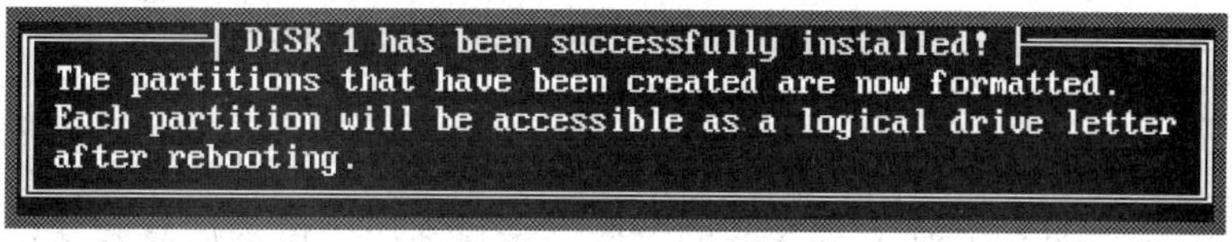

DISK 1 has been successfully installed!
The partitions that have been created are now formatted.
Each partition will be accessible as a logical drive letter
after rebooting.

图 5-16　分区完成

下面会出现重新启动的提示。虽然 DM 提示可以使用热启动的方式重新启动，但是建议还是采用冷启动，也就是按主机上的“RESET”重新启动（图 5-17）。

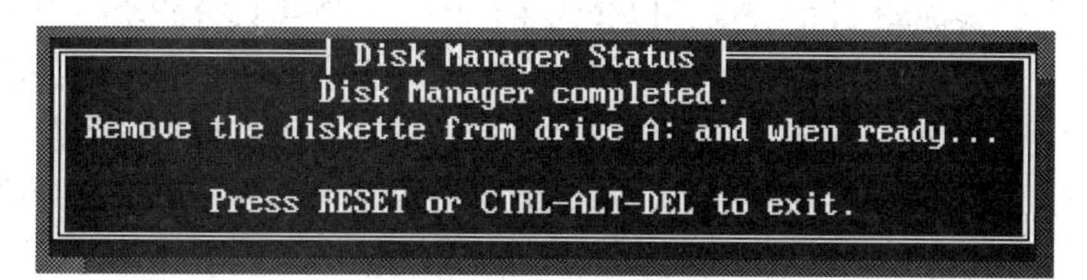

图 5-17　提示重新启动

这样就完成了硬盘分区工作，步骤虽然有点多，但熟悉之后操作也很容易。

当然 DM 的功能还不仅如此，开始进入的只是其基本的菜单，DM 还有高级菜单，如图 5-18 所示。只需要在主窗口中按“Alt+M”组合键进入其高级菜单，就会发现里面多出了一些选项，如果有兴趣可以慢慢研究。

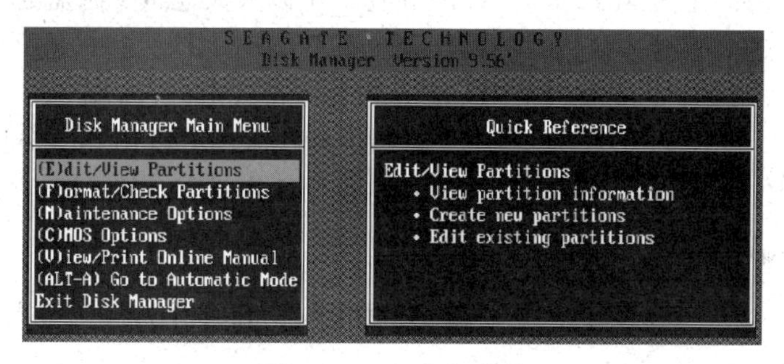

图 5-18　DM 高级菜单

【理论知识】

如果在 C 盘下安装的 Windows 2000 或 Windows XP 采用了默认的 NTFS 分区格式，那么使用 Windows 98 启动盘进行启动安装会失败，所以有必要了解一下分区格式 NTFS 和 FAT 了。

1. NTFS 分区格式

NTFS 分区格式是跟随 Windows NT 系统产生的，它的显著优点是安全性和稳定性极其出色，在使用中不易产生文件碎片，对硬盘的空间利用及软件的运行速度都有好处。它能对用户的操作进行记录，并通过对用户权限进行非常严格的限制，使每个用户只能按照系统赋予的权限进行操作，充分保护了网络系统与数据的安全。除了 Windows NT 外，Windows 2000、Windows XP、Windows 7、Windows 8 也都支持这种硬盘分区格式。但因为 DOS 和 Windows 98 是在 NTFS 格式之前推出的，所以并不能识别 NTFS 格式。

2. FAT 分区格式

FAT 有两种，即 FAT16 和 FAT32 分区格式。

FAT16 是 MS-DOS 和最早期的 Windows 95 操作系统中最常见的磁盘分区格式。它采用 16 位的原件分配表，能支持最大为 2GB 的分区，是目前应用最为广泛和获得操作系统支持最多的一种磁盘分区格式，几乎所有的操作系统都支持这一种格式，从 DOS、Windows 95、Windows 97 到现在的 Windows 98、Windows NT、Windows 2000，甚至火爆一时的 Linux 都支持这种分区格式。但是 FAT16 分区格式有一个最大的缺点：磁盘利用效率低。因为在 DOS 和 Windows 系统中，磁盘文件的分配是以簇为单位的，一个簇只分配给一个文件使用，不管这个文件占用整个簇容量的多少。这样，即使一个文件很小的话，它也要占用一个簇，剩余的空间便全部闲置在那里，形成了磁盘空间的浪费。由于分区表容量的限制，FAT16 支持的分区越大，磁盘上每个簇的容量也越大，造成的浪费也越大。为了解决这个问题，微软公司在 Windows 97 中推出了一种全新的磁盘分区格式 FAT32。

FAT32 格式采用 32 位的文件分配表，使其对磁盘的管理能力大大增强，突破了 FAT16 对每一个分区的容量只有 2GB 的限制。在 Windows 2000 和 Windows XP 系统中，由于系统限制，单个分区最大容量为 32GB。由于现在的硬盘生产成本下降，其容量越来越大，运用 FAT32 的分区格式后，可以将一个大硬盘定义成一个分区而不必分为几个分区使用，大大方便了对磁盘的管理。而且，FAT32 具有一个最大的优点：在一个不超过 8GB 的分区中，FAT32 分区格式的每个簇容量都固定为 4KB，与 FAT16 相比，可以大大地减少磁盘的浪费，提高磁盘利用率。目前，支持这一磁盘分区格式的操作系统有 Windows 97、Windows 98、Windows 2000、Windows XP、Windows 7、Windows 8。但是，这种分区格式也有它的缺点。首先是采用 FAT32 格式分区的磁盘，由于文件分配表的扩大，运行速度比采用 FAT16 格式分区的磁盘要慢。另外，由于 DOS 不支持这种分区格式，所以采用这种分区格式后，就无法再使用 DOS 系统。

子任务二　硬盘克隆工具 Ghost

【任务描述】

让学生学会使用 Ghost。

【任务实施】

即使你拥有最先进的计算机，采用传统的方法，Windows 的安装速度仍然是令人头痛的！有没有重装系统的简便方法呢？当然有，Ghost 就是其中的一种选择。

Ghost 的文件比较小，只要一个主文件 Ghost.exe（Ghost 2002 仅 600 多千字节）就可工作，一张启动盘就可以装下。由于是纯 DOS 程序，建议做张启动盘并将 Norton Ghost 放在软盘上。下面，就一步步来看看怎样制作镜像文件和恢复系统。

1. 制作主分区镜像

运行 Ghost 后，首先看到的是主菜单，其中各个选项的含义是：

Local：本地硬盘间的操作；

LPT：并行口连接的硬盘间操作；

NetBios：网络硬盘间的操作；

Option：设置（一般使用默认值）；

以单机为例，选择“Local”菜单，这里又包括以下子菜单（图 5-19）。

Disk：硬盘操作选项；

Partition：分区操作选项；

Check：检查功能（一般忽略）。

了解了菜单项的含义后，就可以开始“重装之旅”了。

选择“Partition”看到如下命令。

To Partition：分区对分区拷贝；

To Image：分区内容备份成镜像；

From Image：镜像复原到分区。

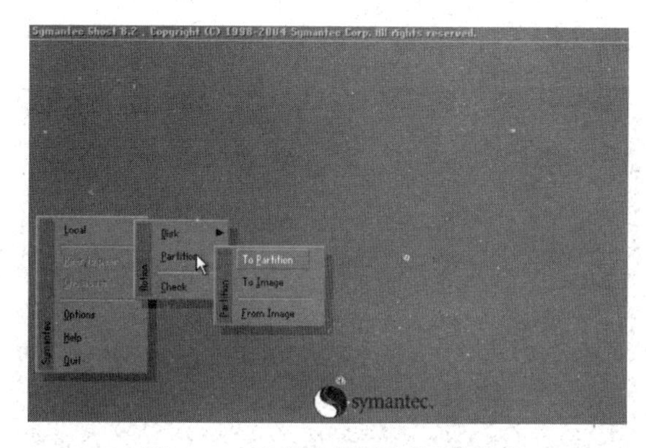

图 5-19 选择“分区”到“镜像”

对于一般用户，用得最多的还是“To Partition”（分区操作）中的“To Image”（分区内容备份成镜像文件）或“From Image”（从镜像文件复原到分区）两项。图 5-20 所示为正确选择源硬盘。

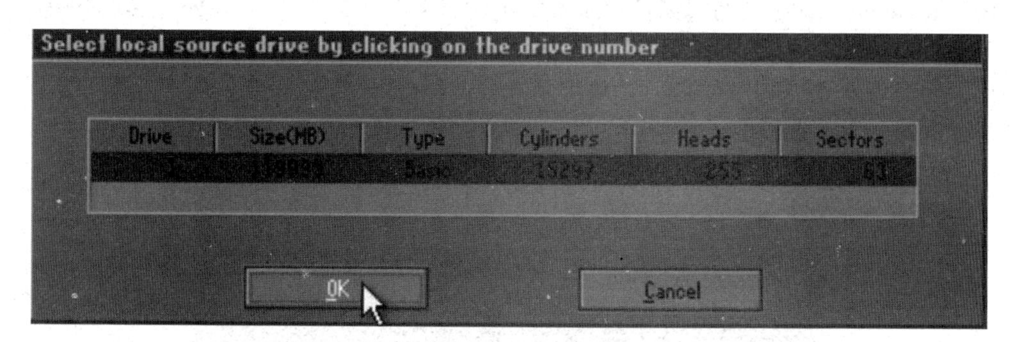

图 5-20 正确选择源硬盘

首先用一张干净的启动盘启动机器到纯 DOS 模式下，执行 Ghost.exe 文件，在显示出 Ghost 主画面后，选择“Local → Partition → To Image”，屏幕显示出硬盘选择画面，选择源分区所在的硬盘“1”（注意图 5–21 为双硬盘）。

选择要制作镜像文件的分区（即源分区），这里选择分区“1”（即 C 分区），选择后单击“OK”按钮。

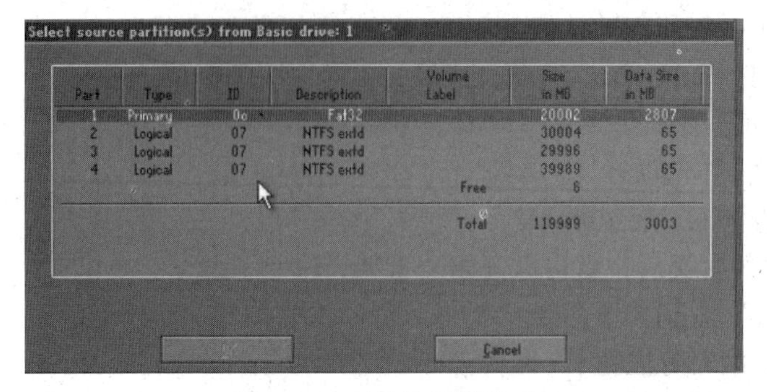

图 5–21　正确选择源分区

选择镜像文件保存的位置（要特别注意的是不能选择需要备份的分区 C），再在“Filename”文本框键入镜像文件名称（图 5–22），如“winxp20080808.GHO”，然后按回车键即可。

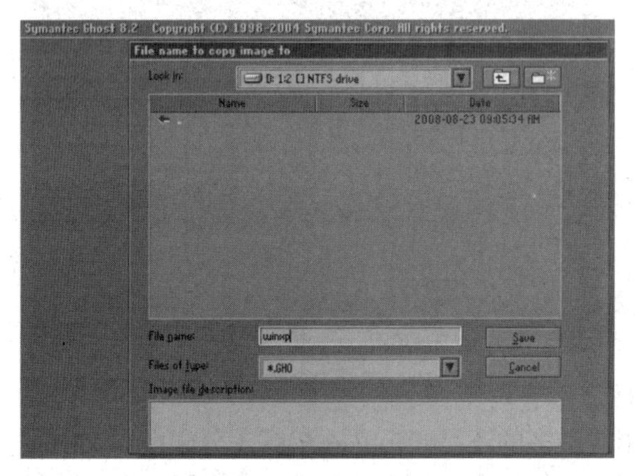

图 5–22　为镜像文件命名

接下来 Norton Ghost 会询问你是否需要压缩镜像文件（图 5–23），“No”表示不做任何压缩；“Fast”的意思是进行小比例压缩，但是备份工作的执行速度较快；“High”是采用较高的压缩比，但是备份速度相对较慢。一般都是选择“High”，虽然速度稍慢，但镜像文件所占用的硬盘空间会大大降低。

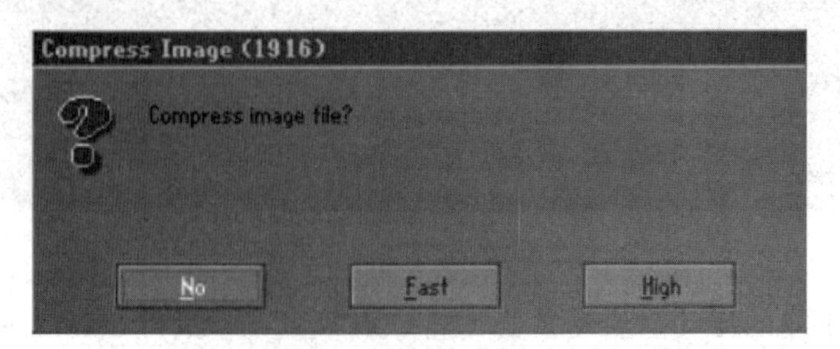

图 5–23　开始制作分区镜像

这一切准备工作做完后，Norton Ghost 就开始为你制作这个名为“winxp20080808.GHO”的镜像文件了。根据笔者的经验，备份速度与 CPU 主频和内容容量有很大的关系，一般来说 64MB 内存可以达到 71MB/min，笔者的 C 盘使用了 2GB 左右，只用了 10min 左右，为了避免误删文件，最好将这个镜像文件的属性设定为“只读”。

2. 恢复主分区镜像

通过上面的工作，已经在 D 盘备份了一个名为“winxp20080808.GHO”的镜像文件了，在必要时可按下面的步骤快速恢复 C 盘的本来面目。

运行 Norton Ghost，在主菜单中选择“Local → Partition → From Image”项（注意这次是“From Image”项），从 D 盘中选择刚才的主分区镜像文件 winxp20080808.GHO，如图 5-24 所示。

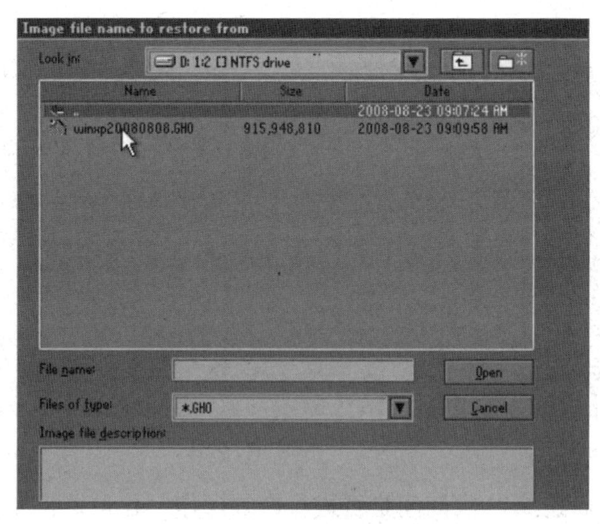

图 5-24 选择源镜像文件

从“winxp20080808.GHO”文件中选择需要恢复的分区，这里本来就只有一个 C 分区的镜像，因此直接选择该分区（图 5-25）。

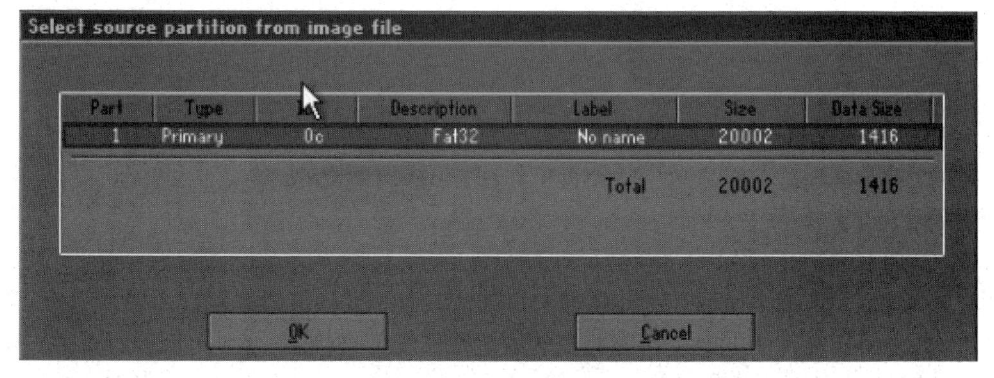

图 5-25 确定源分区

选择要恢复镜像的目标硬盘，一般来说是主硬盘（图 5-26）。

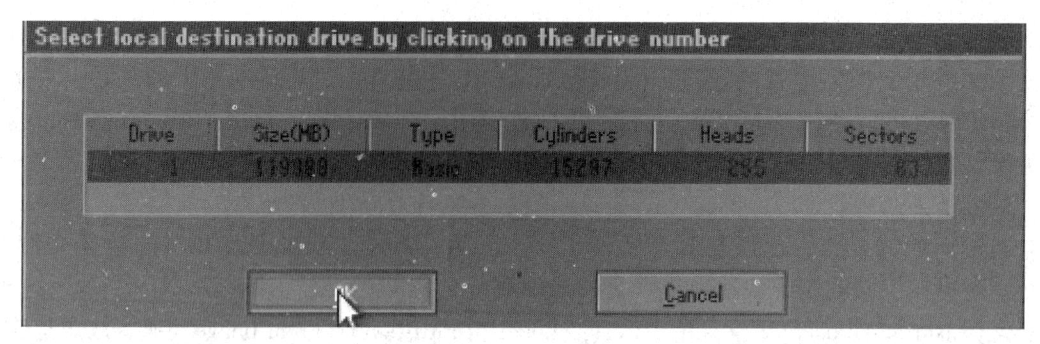

图 5-26　选择目标硬盘

选择要恢复镜像的目标硬盘中的目标分区 C（图 5-27），注意目标分区千万不能选错，否则后果不堪设想。

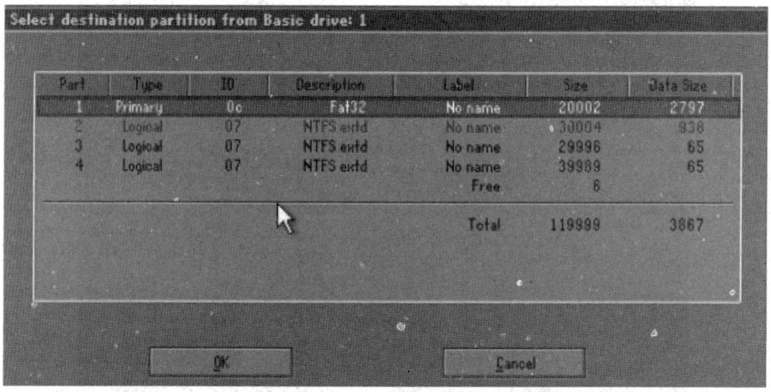

Select destination partition from Basic drive: 1

Part	Type	ID	Description	Label	Size	Data Size
1	Primary	0c	Fat32	No name	20002	2797
2	Logical	07	NTFS extd	No name	30004	938
3	Logical	07	NTFS extd	No name	29996	65
4	Logical	07	NTFS extd	No name	39989	65
				Free	6	
				Total	119999	3867

OK　Cancel

图 5-27　确定目标分区

最后，Norton Ghost 会再一次询问是否进行恢复操作，并且警告如果进行恢复则目标分区上的所有资料将会全部消失，单击“Y”后就开始恢复操作，时间与制作镜像的时间大致相等。恢复工作结束后，Norton Ghost 会建议重新启动系统，按照提示要求做就可以了。很快一个干净、完美的基本系统便重新出现在用户面前。

【理论知识】

使用 Norton Ghost 的注意点：

（1）将 Norton Ghost 放在启动盘上；

（2）正确设置硬盘工作方式，让硬盘工作在 Ultra ATA/33/66 模式下，制作镜像文件的速度比较快；

（3）镜像文件应尽量保持“干净”。应用软件安装得越多，系统被修改得越严重，安装新软件也就越容易出错，所以在制作镜像文件前，千万不要安装过多的应用软件；

（4）恢复镜像文件的同时，目标盘上的原有数据全部被覆盖，使用任何反删除法都无法恢复。

子任务三　鲁大师的使用

鲁大师拥有专业而易用的硬件检测功能，不仅超级准确，而且提供中文厂商信息，让计算机（手机）配置一目了然，拒绝奸商蒙蔽。它适合于各种品牌台式机、笔记本计算机、DIY 兼容机、手机、平板的硬件测试，实时的关键性部件的监控预警，全面的计算机硬件信息可有效预防硬件故障，让计算机免受困扰。

【任务描述】

（1）专业而易用的硬件检测，轻松辨别硬件真伪；

（2）硬件温度实时监测，捍卫计算机稳定；

（3）驱动安装、升级、备份和恢复、计算机节能降温、系统优化；

（4）笔记本计算机电池管理，让计算机工作在最佳状态。

【任务实施】

首先登录“http：//www.ludashi.com”下载鲁大师，如图 5-28 所示。

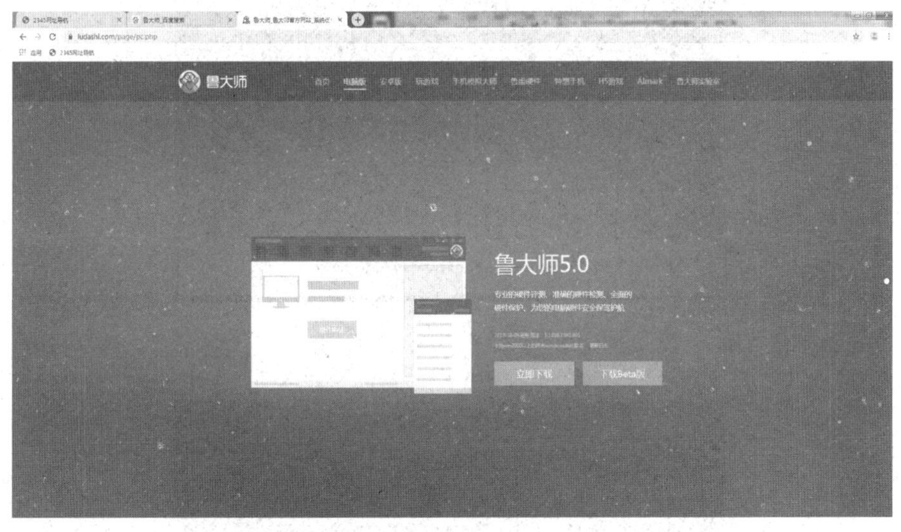

图 5-28　鲁大师

打开下载的安装软件并安装，见图 5-29~ 图 5-34。

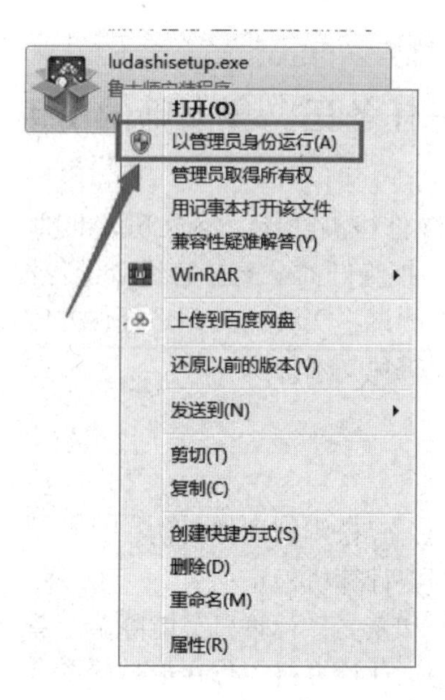

图 5-29 以管理员身份运行鲁大师

图 5-30 鲁大师安装界面

图 5-31 勾选用户许可协议

图 5-32　选择安装位置

图 5-33　鲁大师正在安装

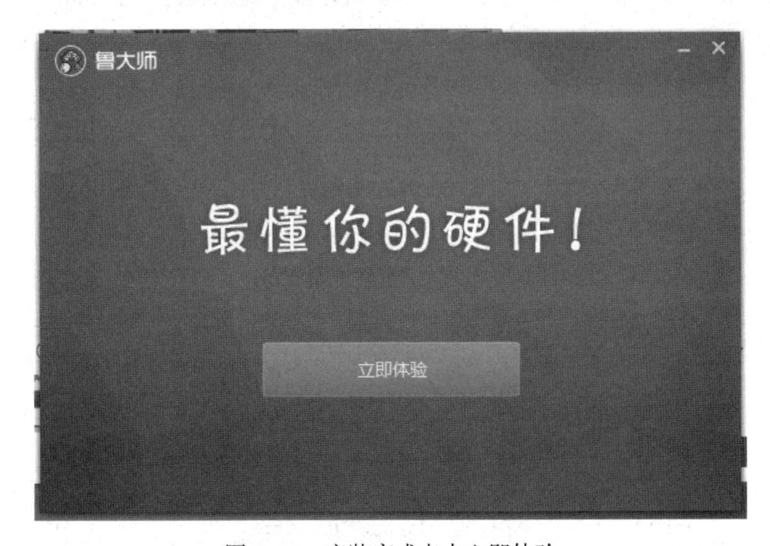

图 5-34　安装完成点击立即体验

1. 计算机概览

鲁大师的计算机概览功能会显示计算机的硬件配置的简洁报告，如图 5-35 所示。

图 5-35 安装鲁大师（7）

2. 驱动安装、备份和升级

当鲁大师检测到计算机硬件有新的驱动时，“驱动安装”栏目将会显示硬件名称、设备类型、驱动大小、已安装的驱动版本、可升级的驱动版本。

鲁大师还有默认的“立即解决”功能，如图 5-36 所示。

图 5-36 “立即解决”功能

3. 温度监测

在温度监测内，鲁大师显示计算机各类硬件温度的变化曲线图表，如图 5-37 所示。

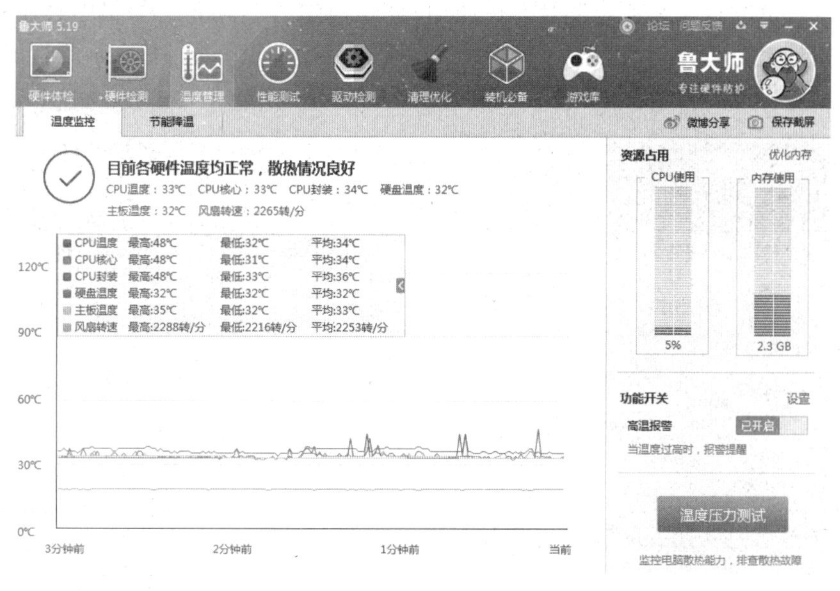

图 5-37　温度监测

4. 优化和节能

计算机优化提供了全智能的立即优化，其中包括对系统响应速度优化、用户界面速度优化、文件系统优化、网络优化等优化功能，如图 5-38 所示。

图 5-38　计算机优化

节能降温是鲁大师团队运用专业的计算机硬部件管理技术开发的全新功能。其功能主要应用在时下各种型号的台式机与笔记本上，其作用为智能检测计算机当下的应用环境，智能控制当下硬部件的功耗，在不影响计算机使用效率的前提下，降低计算机不必要的功耗，从而减少计算机的电力消耗与发热量。特别是在笔记本的应用上，通过鲁大师的智能控制技术，笔记本可在无外接电源的情况下，使用更长的时间，如图 5-39 所示。

图 5-39　节能降温

子任务四　360 安全卫士的使用

日常使用计算机的时候不仅要经常对系统进行优化，还要注意保护计算机，特别是上网的时候，因为有很多人为了一己私利会在网络中投掷各种病毒，以窃取他人的账号，或窃取他人的个人资料等，所以保护好自己的操作系统也显得尤为重要。本任务以一款常用且免费的软件为例来介绍应该如何保护操作系统。

【任务描述】

下载并安装 360 安全卫士，为自己的操作系统增加抗病毒能力，保护自己的操作系统不受病毒的侵害，捍卫自己的合法权利。360 安全卫士界面如图 5-40 所示。

图 5-40　360 安全卫士

【任务实施】

1. 下载和安装 360 安全卫士

360 安全卫士的官方网址为 http：//www.360.cn/，建议用户最好在官方网站上下载软件，这样的文件相对安全。

360 安全卫士的安装极为简单，用户完全可以根据提示自行来安装。

2. 使用 360 安全卫士查杀流行木马

定期进行木马查杀可以有效保护各种系统账户安全。在这里可以进行系统区域位置快速扫描、全盘完整扫描、自定义区域扫描。

快速扫描和全盘扫描无须设置，单击后自动开始扫描；选择自定义扫描后，可根据需要添加扫描区域，保存设置后开始扫描。

3. 清理恶评及系统插件

360 安全卫士可卸载千余款插件，提升系统运行速度。可以根据综合评分、好评率、恶评率来管理插件，如图 5-41 所示。

立即清理：选中要清除的插件，单击此按钮，执行立即清除。

信任选中插件：选中你信任的插件，单击“信任”按钮，添加到“信任插件”中。

重新扫描：单击此按钮，将重新扫描系统，检查插件情况。

图 5-41　清除恶评插件及系统插件

4. 360 软件管理

在“软件卸载”中可以卸载计算机中不常用的软件，节省磁盘空间，提高系统运行速度，如图 5-42 所示。

卸载选中软件：选中要卸载的不常用的软件，单击“卸载”按钮，软件被立即卸载。

重新扫描：单击此按钮，将重新扫描计算机，检查软件情况。

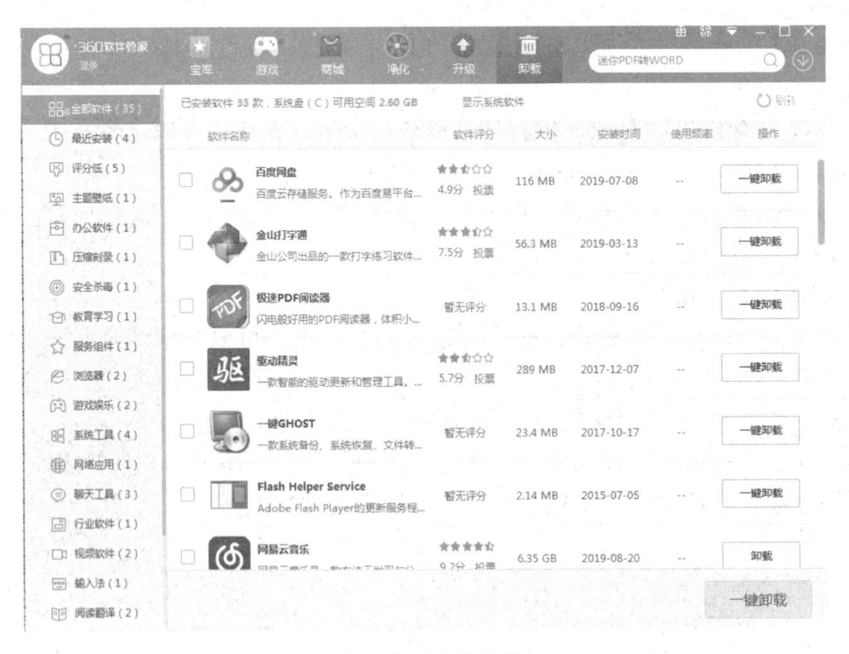

图 5-42　软件管理

5. 系统漏洞

360 安全卫士提供的漏洞补丁均从微软官方获取，可及时修复漏洞，保证系统安全，如图 5-43 所示。

进行重新扫描，将重新扫描系统，检查漏洞情况。

图 5-43　修复系统漏洞

6. 计算机体检

在“电脑体检”中可以扫描可疑位置，检测危险项，将其修复，并导出系统诊断报告，如图 5-44 所示。

修复选中项：选中要修复的项，单击“修复”按钮，立即修复。

导出诊断报告：点击此按钮，将系统诊断报告导出，发送到 360 安全论坛，由 360 安全卫士为您专业分析。

重新扫描：单击“重新扫描”按钮，将重新扫描可疑位置，检查危险项。

7. 开启实时保护

360 实时保护开启后，将在第一时间保护系统安全，最及时地阻击恶评插件和木马的入侵，如图 5-45 所示。

开启实时保护：选择需要开启的实时保护，单击“开启”后将即刻开始保护。360 实时保护将会占用一定资源，用户可根据系统情况选择是否开启。

图 5-44　系统全面诊断

图 5-45　开启实时保护

【理论知识】

1. 什么是恶意软件

恶意软件是对破坏系统正常运行的软件的统称，一般来说有如下表现形式：

（1）强行安装，无法卸载；

（2）安装以后修改主页且锁定；

（3）安装以后随时自动弹出广告；

（4）自我复制代码，类似病毒一样，拖慢系统速度。

2. 什么是插件

插件是指会随着浏览器的启动自动执行的程序，根据插件在浏览器中的加载位置，可以分为工具条（Toolbar）、浏览器辅助（BHO）、搜索挂接（URL SEARCHHOOK）、下载 ActiveX（ACTIVEX）。

有些插件程序能够帮助用户更方便地浏览互联网或调用上网辅助功能，也有部分程序被人称为广告软件（Adware）或间谍软件（Spyware）。此类恶意插件程序监视用户的上网行为，并把所记录的数据报告给插件程序的创建者，以达到投放广告、盗取游戏或银行账号和密码等非法目的。

因为插件程序由不同的发行商发行，其技术水平也良莠不齐，插件程序很可能与其他运行中的程序发生冲突，从而导致诸如各种页面错误、运行时间错误等现象，阻塞了正常浏览。

3. 什么是木马

特洛伊木马，英文叫作“Trojan horse”，其名称取自希腊神话的特洛伊木马记。它是一种基于远程控制的黑客工具，具有隐蔽性和非授权性的特点。所谓隐蔽性是指木马的设计者为了防止木马被发现，会采用多种手段隐藏木马，这样服务端即使发现感染了木马，由于不能确定其具体位置，往往只能望“马”兴叹。所谓非授权性是指一旦控制端与服务端连接后，控制端将享有服务端的大部分操作权限，包括修改文件、修改注册表、控制鼠标和键盘等，而这些权利并不是服务端赋予的，而是通过木马程序窃取的。

木马的危害：

（1）发送 QQ、MSN 尾巴，骗取更多人访问恶意网站，下载木马。

（2）盗取用户账号，通过盗取的账号和密码达到非法获取虚拟财产和转移网上资金的目的。

（3）监控用户行为，获取用户重要资料。

预防木马的方法：

（1）养成良好的上网习惯，不访问不良小网站。

（2）尽量到大的下载站点或者官方网站下载软件。

（3）安装杀毒软件和防火墙，定期进行病毒和木马扫描。

4. 如何查看诊断报告

对系统进行诊断后会列出所有被修改过的项，对于这些项，360 安全卫士会根据强大的知识库内容，在主列表中提供各项的安全级别和详细描述。如果还想了解某项的更多信息，只需单击想查看的项，下方的浮动窗口会马上显示该项的所有信息。

同时，诊断结果也是与修复相结合的，在各项的详细信息中会根据安全级别给出最准确的推荐操作及此项的修复方式。当选择此项后，在浮动窗口单击“修复此项”即可按照 360 软件的修复方式完全地修复掉此项。单击主列表中的“修复选中项”即可按照各项的修复方式修复掉所有已勾选的项。

5. 诊断报告可以干什么

如果查看诊断结果后仍无法判断该如何选择进行修复，那么，可以选择导出诊断报告。360 安全卫士提供的诊断报告完全兼容 hijackthis 的报告格式，提供最清晰、最详细的诊断报告。

还可以将此扫描报告导到本机，或者剪贴到网上，寻求高手一起帮助进行判断。也可以将自己的诊断报告上传给 360 安全卫士，让 360 安全卫士来进行分析，将未知项的信息进行调查填充到知识库中，更好地为用户提供服务。

6. 清理使用痕迹功能可以清除哪些使用痕迹

清理使用痕迹共可以清理以下几类使用痕迹：

（1）清理使用 Windows 时留下的痕迹。

（2）清理使用各种应用程序时留下的痕迹。

（3）清理上网时留下的用户名、搜索词、密码、cookies、历史记录等。

子任务五　大白菜 U 盘启动制作工具

【任务描述】

了解大白菜 U 盘启动制作工具的使用。

【任务实施】

第一步：准备 U 盘一个，可用空间最好大于 1GB，同时备份好 U 盘里的文件，防止因后面 U 盘被格式化而出现重要文件丢失；

第二步：下载大白菜 U 盘启动制作工具 V6.0，放在桌面上，方便接下来的软件安装，节省寻找时间；

第三步：下载要用的系统文件，同样放在桌面上，方便接下来的系统文件复制，节省寻找时间；

第四步：插入 U 盘，运行大白菜 U 盘启动制作工具 V6.0，更改安装位置到 C 盘以外的地方，然后再开始安装（图 5–46）；

图 5–46　安装大白菜 U 盘启动制作工具（1）

第五步：耐心等待软件的安装，不会花很长时间（图 5–47）；

图 5–47　安装大白菜 U 盘启动制作工具（2）

第六步：在软件安装成功后，单击“立即体验”（图 5–48）；

图 5–48　安装大白菜 U 盘启动制作工具（3）

第七步：软件主界面运行后，等一会儿，程序会自动识别 U 盘的详细信息，不用用户亲自动手选（图 5–49）；

图 5-49 制作启动 U 盘（1）

第八步：单击“一键制作启动 U 盘”，需要特别说明的是，这里会提示本操作会清空 U 盘的数据，所以请先备份好 U 盘数据再确定（图 5-50）；

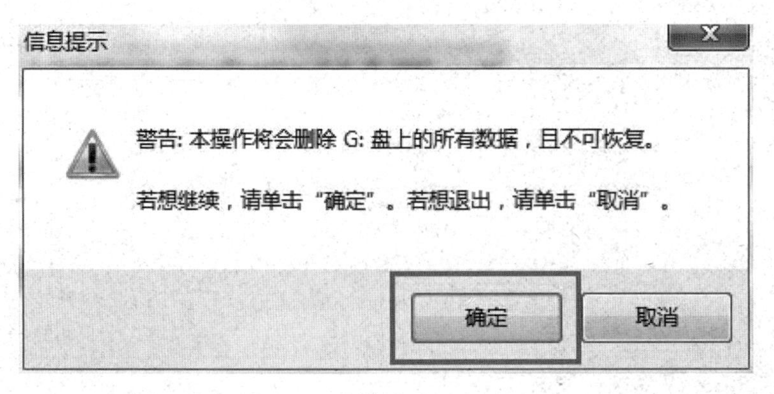

图 5-50 制作启动 U 盘（2）

第九步：等待片刻，直到提示“一键制作启动 U 盘完成”，则启动 U 盘几乎就做好了（图 5-51）；

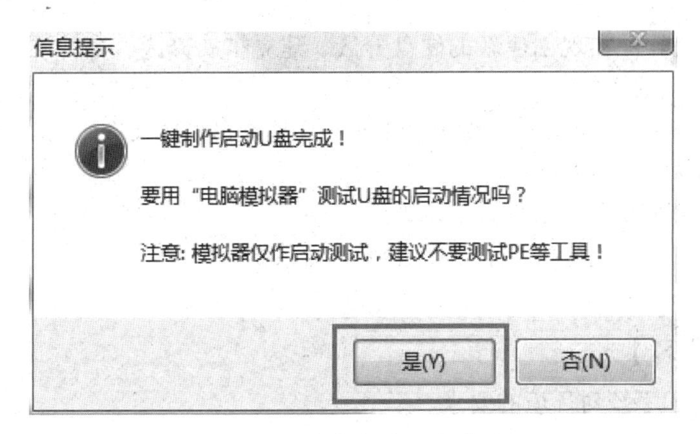

图 5-51　制作启动 U 盘（3）

第十步：把之前下载的系统文件复制到 U 盘里的"GHO"文件夹中，复制完成后，一个完整的 U 盘启动盘就制作成功了。

【项目小结】

学习以上的内容后，相信夏云同学已基本掌握了计算机系统的基本维护及常用工具软件的使用方法了。在日常生活中一般会在系统安装好后利用 Norton Ghost 做好备份工作，如果在使用了优化大师等工具软件后还是有许多问题解决不了，就可以用之前作好的备份文件来恢复系统了。假如还是不满意的话，可以重新安装操作系统，当然也可以对分区进行调整或者重新分区后再作系统。

【独立实践】

项目描述见表 5-1。

表 5-1　任务单

1	Windows XP 的安装与使用
2	工具软件及杀毒软件的安装
3	Partition Magic 安装与使用
4	Ghost 的使用
5	鲁大师的使用
6	360 安全卫士的使用
7	大白菜 U 盘启动制作工具的使用

任务一：安装 Windows XP。

任务二：安装 PQ、Ghost 及常见的杀毒软件（如 360 安全卫士、金山毒霸等）。

任务三：用 PQ 软件实现创建新的硬盘分区、建立扩展分区、合并硬盘分区、拆分硬盘分区和删除硬盘分区的任务。

任务四：用 Norton Ghost 软件镜像整个硬盘并还原硬盘镜像文件。

任务五：用鲁大师来优化操作系统。

任务六：用 360 安全卫士清理系统垃圾。

任务七：用大白菜 U 盘启动制作工具制作 U 盘系统。

【思考与练习】

（1）简述计算机系统对环境的要求。

（2）简述如何清理主机。

（3）使用 PQ 查看硬盘分区的情况如有必要则进行适当的分区调整。

（4）使用 Norton Ghost 将硬盘上的主分区备份在逻辑驱动器上。

（5）利用 360 安全卫士修复系统漏洞。

（6）简述优化系统的方法。

（7）使用 U 盘制作系统后，备份、重装系统。

项目六　解决计算机故障

【项目需求】

在日常使用计算机的过程中，总是出现各种各样的故障，学习本项目可以知道产生这些计算机故障的原因以及掌握解决这些计算机故障的方法。

【需求分析】

首先需要了解什么是计算机故障——造成计算机系统功能出错或系统性能下降的硬件物理损坏或软件系统的运行错误。前者称为硬件故障，后者称为软件故障。只有很好地掌握了软硬件的故障问题之后才能进行故障的排除和维护。

为了很好地完成教学，本项目分为三个任务。

任务一　掌握引起计算机故障的原因

【任务描述】

死机是令操作者颇为烦恼的事情。死机时的表现多为“蓝屏”，无法启动系统，画面“定格”无反应，鼠标、键盘无法输入，软件运行非正常中断等。尽管造成死机的原因很多，但是万变不离其宗，其原因永远也离不了硬件与软件两方面，下面进行详细介绍。

【任务需求】

两台完整的计算机系统、梅花螺丝、十字螺丝、镊子等工具。

【相关知识点】

能够熟练地自行拆装计算机主机，独立安装操作系统，并对常见的计算机硬件故障有一定的了解。

【任务分析】

（1）硬件引起故障的原因；

（2）软件引起故障的原因；

（3）故障案例分析。

子任务一　硬件引起故障的原因

【任务描述】

列举一些引起计算机常见故障的硬件原因及对原因进行分析。

【任务实施】

1. 散热不良

显示器、电源和 CPU 在工作中发热量非常大，因此保持良好的通风状况非常重要，如果显示器过热将会导致色彩、图像失真甚至缩短显示器寿命。工作时间太长也会导致电源或显示器散热不畅而造成计算机死机。CPU 的散热是关系到计算机运行的稳定性的重要问题，也是散热故障发生的“重灾区”。如图 6–1 所示为 CPU 散热风扇。

图 6–1　计算机的核心部件 CPU 的散热风扇

2. 移动不当

计算机在移动过程中受到很大震动常常会使机器内部器件松动，从而导致接触不良，引起计算机死机，所以移动计算机时应当避免剧烈震动。

3. 灰尘杀手

机器内灰尘过多也会引起死机故障。如软驱磁头或光驱激光头沾染过多灰尘后，会导致读写错误，严重的会引起计算机死机。图 6–2 所示为给计算机进行清洁。

图 6–2　计算机内部灰尘的清洁

4. 设备不匹配

如主板主频和 CPU 主频不匹配，老主板超频时将外频定得太高，可能就不能保证运行的稳定性，因而导致频繁死机。如图 6–3 所示为设备不匹配的提示。

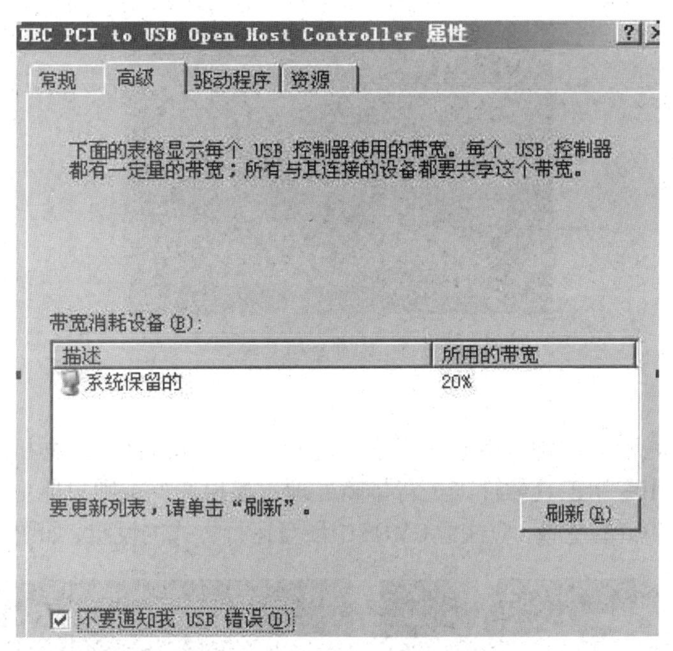

图 6-3　计算机设备不匹配的提示

5. 软硬件不兼容

三维软件和一些特殊软件，在有的计算机上就不能正常启动甚至安装，其中可能就有软硬件兼容方面的问题，如图 6-4 所示。

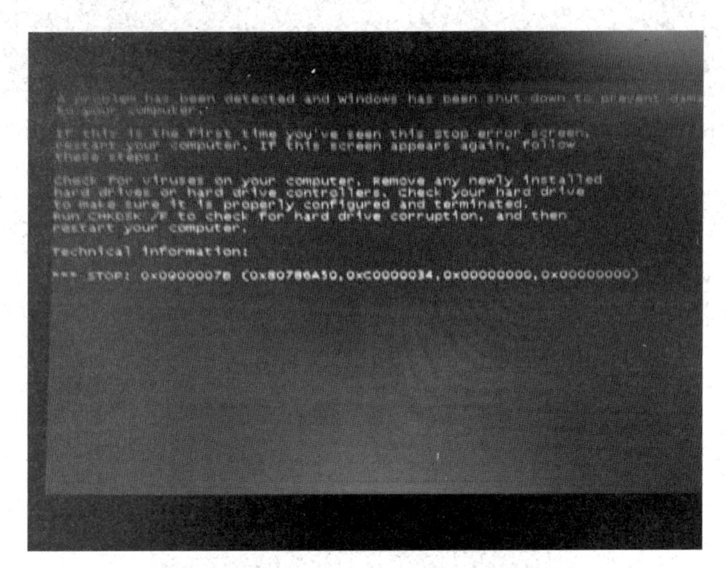

图 6-4　由软硬件不兼容引起的蓝屏故障

6. 内存条故障

内存条故障主要是内存条松动、虚焊或内存芯片本身质量所致。应根据具体情况排除内存条接触故障，如果是内存条质量存在问题，则需更换内存才能解决问题。图 6-5 所示为内存条所处位置。

图 6–5　内存条所处位置

7. 硬盘故障

硬盘故障主要是硬盘老化或由于使用不当造成坏道、坏扇区。这样机器在运行时就很容易发生死机。可以用专用工具软件来进行排障处理，如损坏严重则只能更换硬盘了。另外对于不支持 UDMA 66/100 的主板，应注意 CMOS 中硬盘运行方式的设定，如图 6–6 和图 6–7 所示。

图 6–6　计算机内部电源线

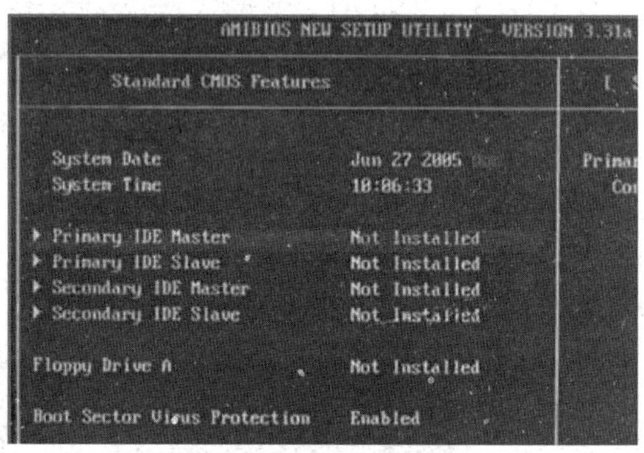

图 6–7　BIOS 硬盘主从盘设置

8. CPU 超频

超频提高了 CPU 的工作频率，同时，也可能使其性能变得不稳定。究其原因，CPU 在内存中存取数据的速度本来就快于内存与硬盘交换数据的速度，超频使这种矛盾更加突出，加剧了在内存或虚拟内存中找不到所需数据的情况，这样就会出现“异常错误”。解决办法当然也比较简单，就是让 CPU 回到正常的频率上，如图 6–8 所示。

图 6–8　CPU 冷却超频示意图

9. 劣质零部件

少数不法商人在给顾客组装兼容机时，使用质量低劣的板卡、内存，有的甚至出售冒牌主板和翻新过的 CPU、内存（图 6–9），这样的机器在运行时很不稳定，发生死机在所难免。因此，用户购机时应该警惕，并可以用一些较新的工具软件测试计算机，长时间连续考机（如 72h），以及争取尽量长的保修时间等。

图 6–9　陈旧的计算机部件

子任务二　软件引起故障的原因

有时候计算机故障在很大程度上是由软件引起的，这些故障也会引起计算机的死机、蓝屏、重启以及开机故障等。

【任务描述】

分析有哪些软件因素引起计算机故障。

【任务实施】

1. 病毒感染

任何病毒只要侵入系统，都会对系统及应用程序产生程度不同的影响。轻者会降低计算机工作效率，占用系统资源，重者可导致数据丢失、系统崩溃，这时，需用杀毒软件如瑞星、金山毒霸、卡巴斯基等来进行全面查毒、杀毒，并定时对计算机进行病毒查杀，上网时要开启杀毒软件的全部监控。培养自觉的信息安全意识，在使用移动存储设备时，尽可能不要共享这些设备，因为移动存储也是计算机进行传播的主要途径，也是计算机病毒攻击的主要目标。图 6–10 和图 6–11 所示为熊猫烧香病毒及 2018 年木马拦截量年度平均分布。

2. BIOS 设置不当

该故障现象很普遍，如硬盘参数设置、模式设置、内存参数设置不当从而导致计算机无法启动。如将无 ECC 功能的内存设置为具有 ECC 功能，就会因内存错误而造成死机，如图 6–12 所示。如果出现自己也无法判断的 BIOS 设置不当，那么简单的做法是进入 BIOS 还原到最初设置（LOAD BIOS DEFAULTS）或还原到出厂设置（LOAD OPRIMUM SETTINGS）并重新启动。如果不会 BIOS 操作，那么把主板电池取下 10~15 分钟后再放上去，BIOS 将自动还原到出厂设置。

图 6-10 熊猫烧香病毒

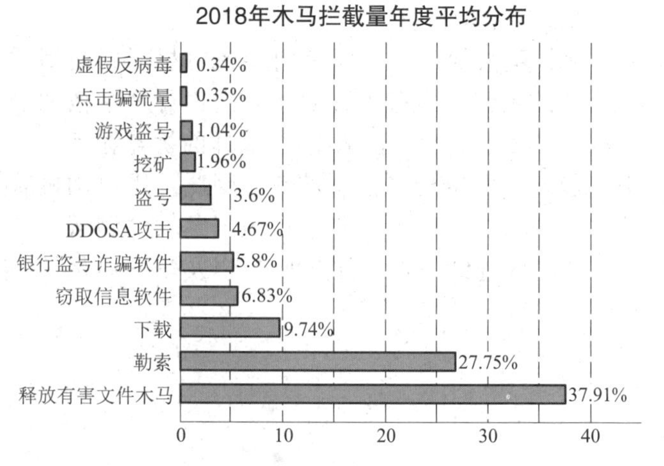

图 6-11 2018 年木马拦截量年度平均分布

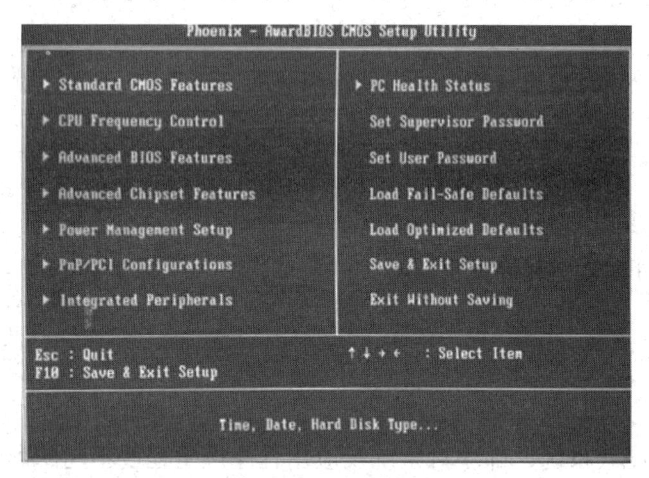

图 6-12 BIOS 设置

3. 动态链接库文件（DLL）丢失

在 Windows 操作系统中还有一类文件也相当重要，这就是扩展名为 DLL 的动态链接库文件，这些文件从性质上来讲是属于共享类文件，也就是说，一个 DLL 文件可能会有多个软件在运行时需要调用它。如果在删除一个应用软件的时候，该软件的反安装程序会记录它曾经安装过的文件并准备将其逐一删去，这时候就容易出现被删掉的动态链接库文件同时还会被其他软件用到的情形，如果丢失的链接库文件是比较重要的核心链接文件的话，那么系统就会死机，甚至崩溃。可用工具软件如“超级兔仔”对无用的 DLL 文件进行删除，这样会避免误删除（图 6-13）。

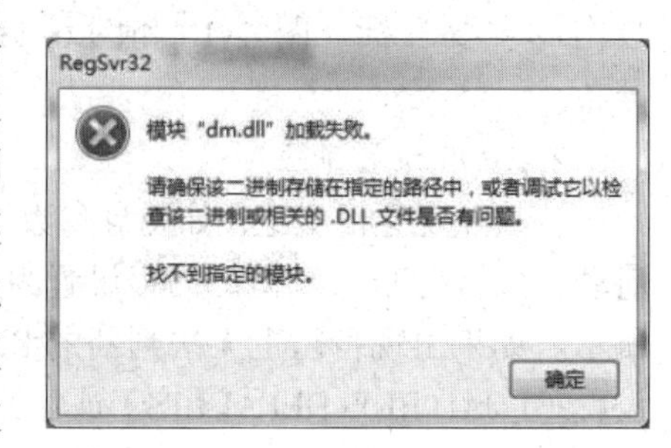

图 6-13 加载 DLL 模块失败

4. 硬盘剩余空间太少或碎片太多

如果硬盘的剩余空间太少，由于一些应用程序运行需要大量的内存，这样就需要虚拟内存，而虚拟内存是由硬盘提供的，如果硬盘剩余空间不足，会使计算机运行速度变慢，影响计算机性能，因此硬盘要有足够的剩余空间以满足虚拟内存的需求。同时用户还要养成定期整理硬盘、清除硬盘中垃圾文件的良好习惯，如图 6–14 所示。

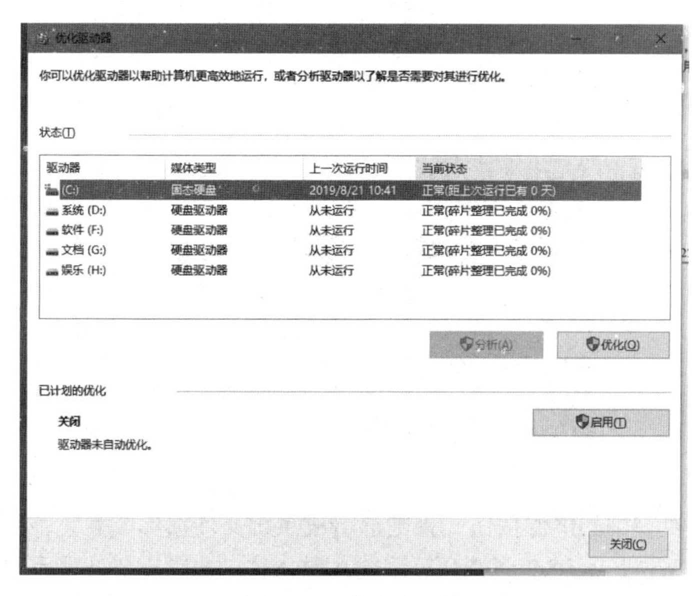

图 6–14　优化驱动器

5. 软件升级不当

大多数人可能认为软件升级是不会有问题的，事实上，在升级过程中都会对其中共享的一些组件也进行升级，但是其他程序可能不支持升级后的组件从而导致各种问题。

6. 滥用测试版软件

最好少用软件的测试版，因为测试软件通常带有一些 BUG 或者在某方面不够稳定，使用后会出现数据丢失的程序错误、死机或者是系统无法启动等问题，如图 6–15 所示。

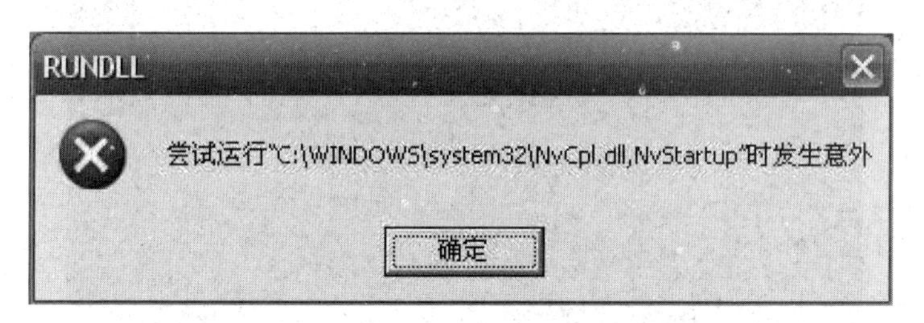

图 6–15　使用测试版软件引起死机

7. 非法卸载软件

不要把软件安装文件所在的目录直接删掉，如果直接删掉的话，注册表以及 Windows 目录中会有很多垃圾存在，久而久之，系统也会变得不稳定而引起死机。

8. 启动的程序太多

这使系统资源消耗殆尽，使个别程序需要的数据在内存或虚拟内存中找不到，也会出现异常错误。图 6–16 所示为任务管理器中计算机系统资源使用情况。

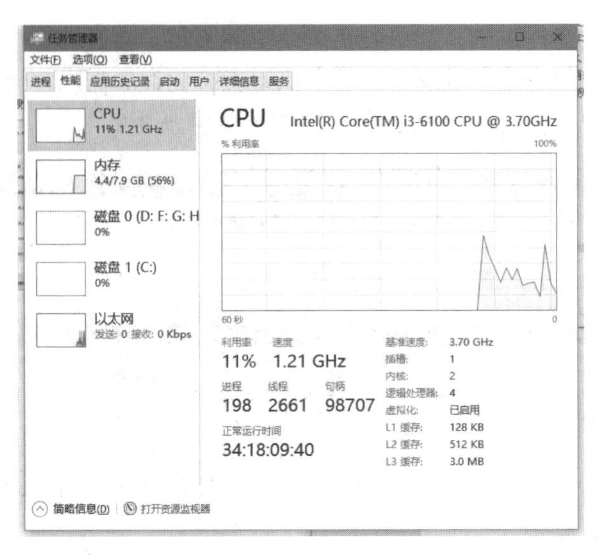

图 6–16　任务管理器中计算机资源的使用显示

9. 非正常关闭计算机

不要直接使用机箱中的电源按钮，否则会造成系统文件损坏或丢失，引起自动启动或者运行中死机。对于 Windows 98/2000/XP 等系统来说，这点非常重要，严重的话，会引起系统崩溃，如图 6–17 所示。最关键的还是数据会丢失，数据丢失就意味着当前的任务文件无效，从而引发一系列错误。例如开启某个程序的子程序出现错误闪退，或是正常传输的文档丢失找不到等，都是非正常关机带来的负面影响。

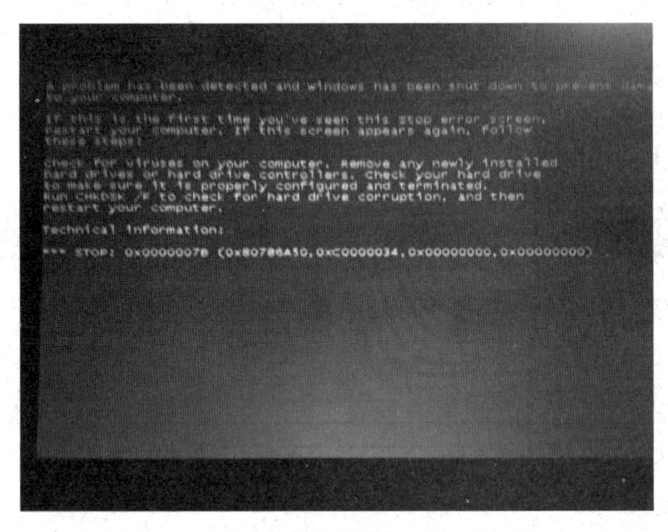

图 6–17　非正常关闭计算机重启后的现象

10. 内存中冲突

有时候各种软件运行都正常，但是会忽然间莫名其妙地死机，重新启动后运行这些应用程序又十分正常，这是一种假死机现象。出现的原因多是 Windows 98 的内存资源冲突。应用软件是在内存中运行的，而关闭应用软件后即可释放内存空间，但是有些应用软件由于设计的原因，即使在关闭后也无法彻底释放内存，当下一软件需要使用这一块内存地址时，就会出现冲突，如图 6–18 和图 6–19 所示。

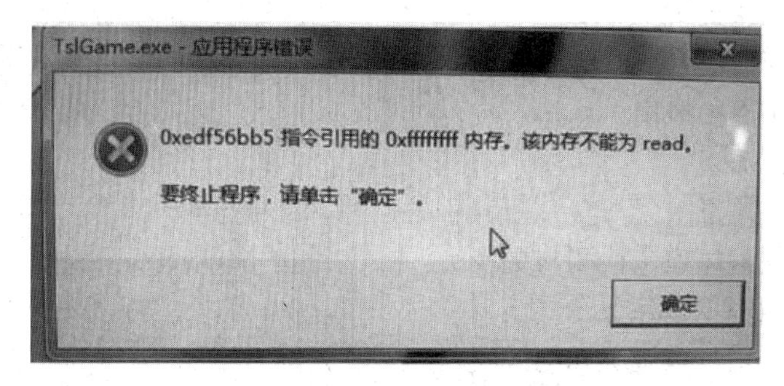

图 6–18　内存引用冲突

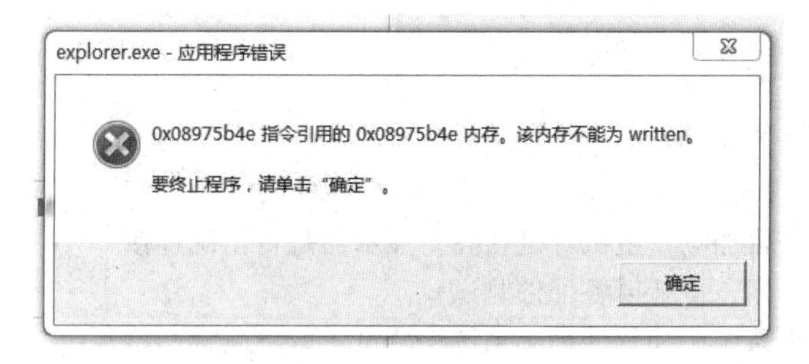

图 6–19　内存读取冲突

子任务三　故障案例分析

【任务描述】

（1）计算机自动重启或关机；

（2）计算机系统启动缓慢；

（3）启动黑屏无显示；

（4）显示器白屏。

【任务实施】

1. 分析计算机自动重启或关机的原因

（1）电源线不良（更换电源线）、“Reset”键不良（取下键开箱用十字刀触发启动测试）；

（2）市电不稳（UPS 电源）；

（3）灰尘多（清洁）；

（4）强磁干扰（远离强磁场区）；

（5）BIOS设置错误（重新设置BIOS或放电）；
（6）系统原因（重装系统或最小软硬件系统法排除），软件损坏引起（卸载与重装）；
（7）病毒引起（杀毒）；
（8）内存、主板、CPU、硬盘（排除法、代换法或硬件检测工具测试）；
（9）散热问题（更换风扇）。

2. 系统启动缓慢原因

（1）病毒引起（杀毒）；
（2）硬盘线或硬盘坏道（检测与更换）；
（3）加载启动太多（删除）；
（4）系统原因（重装系统）和网线问题（更换）；
（5）USB硬盘和扫描仪等外设（断开外设）；
（6）内存、主板原因（测试更换）；
（7）桌面图标太多（整理桌面图标）；
（8）重新安装所有协议。

3. 启动黑屏无显示原因

（1）是否超频，BIOS设置是否错误，除尘放电测试；
（2）主机电源是否加电，主机灯是否亮，显示器是否正确连接；
（3）是否稳动不当，重新插各配件测试；
（4）用硬件最小系统法和软件最小系统法测试（取下鼠标、键盘、打印机等设备）；
（5）过度超频或给不适合于超频的部件进行超频。

4. 显示器白屏原因

（1）信号线问题；
（2）显卡驱动（可以启用安全模式试）问题；
（3）显卡或主板故障；
（4）显示器供电不足；
（5）如果是液晶显示器白屏，先查一下PANEL连线或其他线的连接情况。

任务二　计算机故障的排除方法

很多人在计算机遇到故障的时候都是很着急，有时候不管什么原因，首先就是重新安装操作系统和拆开主机箱想找出故障的所在，其实不然，下面就为大家讲解维修计算机的“七先七后”。

【任务描述】

相对于其他电器产品来说，计算机容易出这样那样的故障。计算机出故障了，是令许多计算机爱好者头痛的事情，该如何来应对及解决所遇到的计算机故障呢？下面列举一些计算机维护中的“先后法则”。

【任务需求】

一台完整的计算机系统、梅花螺丝刀、十字螺丝刀、镊子等工具。

【相关知识点】

能够熟练地自行拆装计算机主机，独立安装操作系统，并对常见的计算机硬件故障有一定的了解。

【任务分析】

（1）先对所遇到的故障现象进行研究；
（2）分析所遇到的故障原因；
（3）总结相关的理论知识。

子任务一　先调查，后熟悉

【任务描述】

操作系统为 Windows XP 的计算机在使用中频繁出现系统死机与“非法操作”提示增多现象，十分恼人。

【任务实施】

针对此种问题用户可以重新格式化磁盘，重装操作系统。但实际上不必这么麻烦，在仔细查看计算机的配置与软硬件安装情况并用杀毒软件查毒后，初步怀疑用户最近安装新版 IE8 测试版本浏览器与系统兼容性不好。在“添加 / 删除程序”栏里卸载掉 IE8 浏览器，重新启动计算机后，故障现象不再频繁发生。所以对于这类故障不妨先将新安装的软件或硬件或驱动 / DirectX 等卸掉，如不能解决问题再做大动作的维护工作。

【理论知识】

无论是对自己的计算机还是他人的计算机进行维修，首先要弄清故障发生时计算机的使用状况及以前的维修状况，才能对症下药。此外，在对计算机进行维修前，还应了解清楚计算机的软硬件配置及已使用年限等情况，做到有的放矢。另外，对一些与操作系统相关的软件进行删除时要小心谨慎，不然会造成系统的瘫痪。下面图文讲解一下怎样删除 IE 浏览器。

首先在控制面板 / 程序窗口中单击“卸载程序”文字链接，如图 6–20 所示的窗口。

图 6–20　控制面板 / 程序

在“程序和功能”下方选择“卸载程序”，弹出如图 6–21 所示窗口。

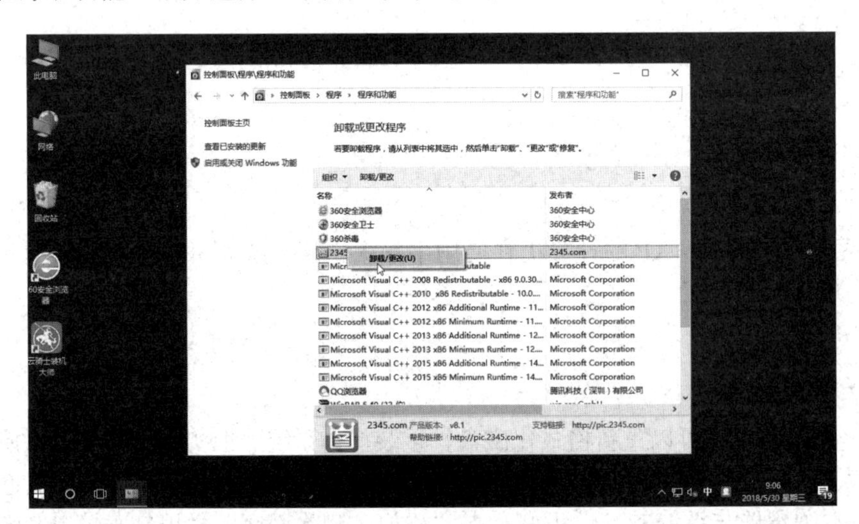

图 6–21　程序和功能

右键单击所要卸载的程序，单击卸载即可。

子任务二　先机外，后机内

【任务描述】

计算机在搬动位置后出现主机不亮（主机风扇也不转）问题。

【任务实施】

用户认为是主机电源年久失修被损毁，打开机箱准备拆下电源更换。但在仔细观察主机和显示器后发现二者分别用一根电源线与电源插座连接，而且显示器显示正常。本着先简单后复杂的原则，先将主机的电源插头换一个电源插孔试之，无效，便将正常使用的显示器电源线取下连接主机，主机恢复正常。将问题线接上显示器，显示器不亮，证明问题就来自这看似不起眼的电源线（内部断路）。

【理论知识】

对于出现主机或显示器不亮等故障的计算机，应先检查机箱及显示的外部件，特别是机外的一些开关、旋钮是否调整，外部的引线、插座有无断路、短路现象等，不要认为这些是无关紧要的小处，实践证明许多用户的计算机故障都是由此而引起的。当确认机外部件正常时，再打开机箱或显示器进行检查。实际上机箱内部的线路是极其复杂的，如图 6–22 所示。

图 6–22　机箱内部的线路

在进行机器内部灰尘清洁或者个别部件维修的时候就有可能造成机箱内部线路的损坏。

子任务三　先机械，后电气

【任务描述】

一台购买一年多的 40 速光驱，故障现象为读不出盘。

【任务实施】

首先拆开光驱先观察了一下光驱的内部结构状况，此款光驱为全钢结构，一般应不会存

在较严重的机械情况。放进一张光盘后，仔细地观察光盘的旋转、光头给件的动作及电机的进退情况，发现光盘的旋转基本正常，电机的进退也没太大问题，反而光头组件在空载或加光盘的情况下，在滑动杆上滑动十分吃力，关掉电源，用手轻轻推了几下光头组件使其在杆上滑动，有很明显的迟滞感。这时再重点观察这款光驱的滑动杆，见其上边原本应白色的润滑油已变成了浅黑色，拿到光线较强的地方甚至可见密密的灰尘杂质，正是这些灰尘杂质导致了滑动不灵活。先用纯酒精将滑动组件上的已含杂质的润滑油清理干净，再重新加上新的润滑油，然后重新试机，读盘恢复正常。

【理论知识】

对于光驱及打印机等外设而言，先检查其有无机械故障再检查其有无电气故障是检修计算机的一般原则。例如 CD 光驱不读盘，应当先分清是机械原因引起的（如或光头的问题），还是由电气毛病造成的。当确定各部位转动机构及光头无故障时，再进行电气方面的检查。图 6–23 为光驱内部结构。

图 6–23 光驱内部结构

子任务四 先软件，后硬件

【任务描述】

一台计算机启动自检后，在屏幕上显示“No ROMBasic，System Halted”信息后死机，硬盘灯也长亮不熄。

【任务实施】

排除了硬盘坏道的原因，很明显造成这一故障的原因是引导程序损坏或被病毒感染，或是分区表中无自举标志，或是结束标志 55 AA 被改写，造成系统找不到硬盘而死机。修

复这种故障的办法很多。如可采用 KV3000，它能很轻松地解决硬盘引导区被破坏的故障，其使用方法很简单，可参考 KV3000 的说明文件。如果没有 KV3000，那么也可用软盘启动计算机后在纯 DOS 状态下执行特别的“FDISK / MBR”命令，它也可强行将正确的主引导程序及结束标识覆盖在硬盘的主引导区上，但要注意的是这个命令有一定的危险性。

【理论知识】

先排除软件故障再排除硬件问题，这是计算机维修中的重要原则。例如 Windows 系统软件的损坏或丢失可能造成死机故障的产生，因为系统启动是一个连续的过程，哪一个环节都不能出现错误，如果存在损坏的执行文件或驱动程序，系统就会僵死在这里。但计算机各部件本身的问题，如插接件的接口接触不良问题、硬件设备的设置问题（如 BIOS）、驱动程序的不完善、与系统不兼容、硬件供电设备不稳定以及各部件间的兼容性差、抗外界干扰性差等也有可能引发计算机硬件死机故障的产生。在维修时，应先从软件方面着手，再考虑硬件的故障。图 6–24 为硬盘内部结构。

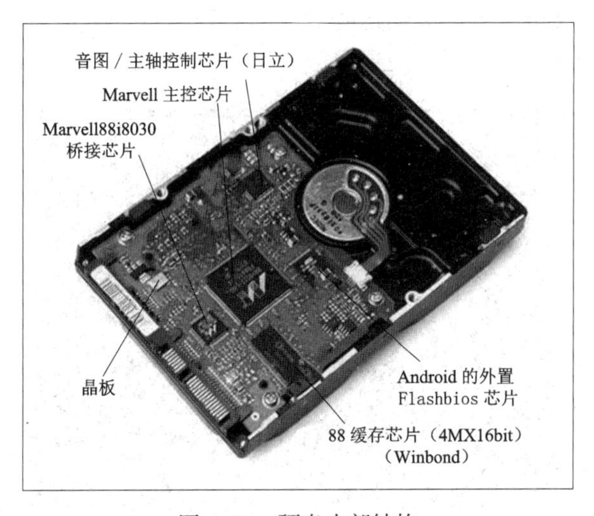

图 6–24　硬盘内部结构

子任务五　先清洁，后检修

【任务描述】

计算机在一次打开机箱安装一新显卡后，出现重新开机后显示器黑屏，机内喇叭发出连续的长声“嘀嘀”蜂鸣报警声现象。

【任务实施】

故障分析：机箱内喇叭发出连续的鸣叫，这是典型的内存报错故障。虽然说用户在拆机或搬动计算机时有可能并没有去动内存条，但是内存很精密，它的大敌就是灰尘，而计算机在使用一段时间之后机箱内就很可能铺上薄薄一层余灰，和 CPU 距离较近的内存更是最大的“受害者”，CPU 风扇吹来的灰尘，会给内存上铺上厚厚一层灰尘，稍有震动，灰尘就有可能掉入内存插槽里，引起局部短路或接触不良，造成启动计算机时显示器黑屏和机箱内喇叭报错。对于这种情况，应该先检查内存的安装情况，可用手先按几下内存再开机，看其接触是否变好；如还不行，可以将内存取下，先将内存表面的灰尘打扫干净，再用橡皮擦清洁一下内存条的金手指，最后用小号细毛刷仔仔细细将内存插槽清扫干净，然后重新插好内存，故障一般就可排除。

【理论知识】

在检查机箱内部配件时，应先着重看看机内是否清洁，如果发现机内各元件、引线、走线及金手指之间有尘土、污物、蛛网或多余焊锡、焊油等，应先加以清除，再进行检修，这样既可减少自然故障，又可取得事半功倍的效果。实践表明，许多故障都是由于脏污引起的，一经清洁故障往往会自动消失。图 6–25 所示为主板上的灰尘。

图 6–25　主板上的灰尘

子任务六　先外围，后内部

【任务描述】

一单位里的计算机，硬盘在正常使用中，只是重新启动了一下计算机，硬盘便找不到了，据该计算机的操作员称，这硬盘前两天也曾出现这样的毛病，但过了一会儿硬盘又出现了，今日上班时，在正常的使用情况下只是重新启动了计算机，系统便再也找不到硬盘了。打开

机箱一看该硬盘为 8 年前购置的西数 80GB 硬盘，由于经常被拆卸，数据线显得很旧。对于这类故障可首先检查 IDE 硬盘线，在换新线后无效后，试着换个电源插头重新插紧，开机后硬盘便“呼呼”地动转起来恢复正常了。装好配件合上机箱盖板，再重启，奇怪的是硬盘又不见了踪影……如此反复几次，硬盘无法正常使用。

【任务实施】

针对此种现象只要将硬盘电源线插拔几次，便又能恢复正常。会不会是硬盘电源接口内的接线柱有接触不良，取下观察，并无生锈或起卤现象。用万用表来检测接线柱与硬盘电路板上的接线柱焊点间的导通情况，发现有一根柱（5V）要用表笔抵紧才能导通，排除了接线柱表面氧化或焊点虚焊等情况，花 3 元购来一电源线转接线，剪去接头剥出铜线，将其一一按顺序在硬盘电源部分电源插口接线柱在电路板上的对应焊点焊好，将电源转接线的公头插上主机电源线的一个母头，重新开机，计算机又恢复了正常。

【理论知识】

在检查计算机或配件的重要元器件时，不要先急于更换或对其内部重要配件动手，而应检查其外围电路，在确认外围电路正常时，再考虑更换配件或重要元器件。若不找出真相，一味更换配件或重要元器件了事，只能造成不必要的损失。从维修实践可知，配件或重要元器件外围电路或机械的故障远高于其内部电路。特别是机箱内部线路繁多，如图 6–26 所示，在进行机箱内部线路调整时容易使某个接口发生脱落等。

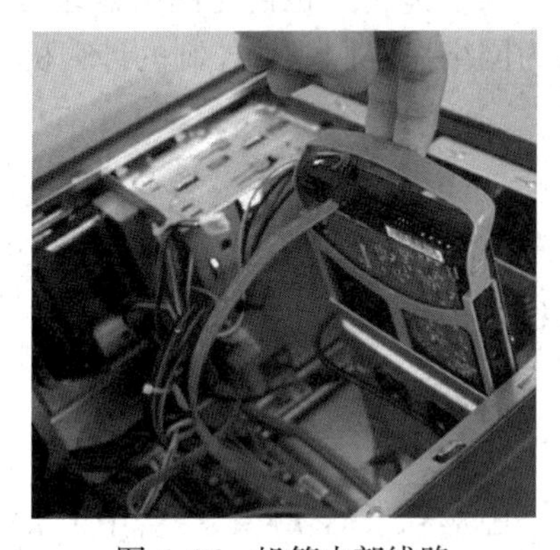

图 6–26　机箱内部线路

子任务七　先通病，后特殊

【任务描述】

计算机在更换主板重新启动后出现电源灯亮但系统不自检、显示器黑屏的故障。

【任务实施】

打开机箱，仔细观察，发现 CPU 风扇正常运转，关掉电源后仔细检查板卡的安装，重新安装内存条及显卡，检查主板的相关跳线等情况，确认无误，遂采用“最小系统法”排除故障，去掉硬盘光驱等的连接线，只保持主板、CPU、内存、显卡的最小系统，开机后系统顺利开启。于是重点检查光驱和硬盘的连接情况，当上好光驱后上述故障重新出现，难道是光驱没安装好？该光驱单独接在 IDE2 总线接口上，检查发现，该光驱连接用的 IDE 线接头上无防反插的凸块，难道是接反了？仔细一看，果不其然，正确接好后系统正常启动。

【理论知识】

根据计算机故障的共同特点，先排除带有普遍性和规律性的常见故障，然后再去检查特殊的故障，以便逐步缩小故障范围，由面到点，缩短修理时间。

任务三　计算机病毒与系统安全

随着计算机使用范围的越来越广，各种各样的木马和病毒也随之出现了，这些木马和病毒对计算机的正常使用造成了很大的危害，也使得网络盗窃时有发生，通常中了病毒的计算机已无法正常工作或者已经成为网络黑客们能够控制的计算机了。

【任务描述】

要能识别计算机病毒与木马并能区分这两者，能够自行安装杀毒软件并能进行相关设置，以及能够对中病毒的计算机进行病毒清理工作。

【任务需求】

一台完整的计算机系统、金山毒霸杀毒软件、一台中了 AV 终结者 2010 病毒的计算机。

【相关知识点】

能够熟练地安装一些软件，能够进行一些安全软件的应用，并对系统的一些关键进程有所了解，以及进行一些计算机服务的操作。

【任务分析】

（1）了解计算机病毒和木马；

（2）安装并设置好计算机杀毒软件；

（3）以一台中了 AV 终结者病毒的计算机为例来清除病毒。

子任务一 计算机病毒及木马的危害

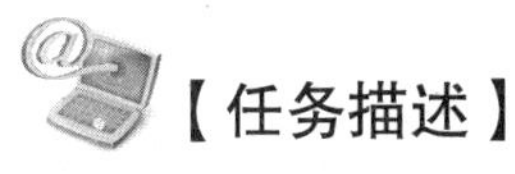

【任务描述】

了解计算机病毒和木马的由来以及对计算机造成的危害。

【任务实施】

1. 计算机病毒的起源

计算机病毒不是来源于突发的原因。计算机病毒的制造来自一次偶然的事件，当时的研究人员为了利用程序计算出当时互联网的在线人数，然而这个程序却自己“繁殖”了起来，导致了整个服务器的崩溃和堵塞，这是最初的计算机病毒。有时一次突发的停电和偶然的错误，会在计算机的磁盘和内存中产生一些乱码和随机指令，但这些代码是无序和混乱的，而病毒则是一种比较完美的，精巧严谨的代码，按照严格的秩序组织起来，与所在的系统网络环境相适应和配合起来，病毒不会偶然形成，并且需要有一定的长度，这个基本的长度从概率上来讲是不可能通过随机代码产生的。现在流行的病毒是由人为故意编写的，多数病毒可以找到作者和产地信息，从大量的统计分析来看，病毒作者的主要情况和目的是：一些天才的程序员为了表现自己和证明自己的能力，出于对上司的不满，为了好奇，为了报复，为了祝贺和求爱，为了得到控制口令，为了软件拿不到报酬预留的陷阱等，当然也有因政治、军事、宗教、民族、专利等方面的需求而专门编写的，其中也包括一些病毒研究机构和黑客的测试病毒。病毒是有误的、没有规律的程序。

2. 木马的起源

计算机木马（又名间谍程序）是一种后门程序，常被黑客用作控制远程计算机的工具。英文为“Trojan”，直译为“特洛伊”。木马这个词来源于一个古老的故事：相传在古希腊战争中，希腊联军在攻打特洛伊时，久攻不下。后来希腊人使用了一个计策，用木头造一些大的木马，空肚子里藏了很多装备精良的勇士，然后佯装又一次攻打失败，逃跑时就把那个大木马遗弃。守城的特洛伊士兵就把它当战利品带到城里去了。到了半夜，木马肚子里的勇士们都悄悄地溜出来，和外面早就准备好的战士们来了个漂亮的里应外合，一举拿下了特洛伊城。这就是木马的来历。从这个故事，大家很容易联想到计算机木马的功能。

3. 预防病毒和木马的方法

（1）注意对系统文件、重要可执行文件和数据进行写保护；

（2）不使用来历不明的程序或数据；

（3）尽量不用软盘进行系统引导；

（4）不轻易打开来历不明的电子邮件；

（5）使用新的计算机系统或软件时，要先杀毒后使用；

（6）备份系统和参数，建立系统的应急计划等；

（7）专机专用；

（8）利用写保护；

（9）安装杀毒软件；

（10）分类管理数据。

【理论知识】

计算机病毒和木马的区别：

病毒和木马是不同的东西，病毒的目的是为了损坏计算机程序，使计算机不能正常运行，而木马则是一个对计算机进行实时监控的程序。它可以远程访问计算机，并对中有木马程序的计算机进行修改和控制，而对计算机本身没有什么很大的威胁，并且用户不容易察觉到，这是最令人担心的事情。一些密码、账号之类的信息就是这样不知不觉丢失的。

子任务二　掌握使用杀毒软件查杀病毒的方法

【任务描述】

以安装金山公司的杀毒软件——金山毒霸为例来讲解杀毒软件的应用。

【任务实施】

安装金山毒霸之前，请首先卸载旧版金山毒霸。当直接在旧版金山毒霸存在的基础上安装新版金山毒霸，金山毒霸安装程序将自动检测计算机中旧版金山毒霸，并提示用户手动卸载所有旧版金山毒霸；同时检测其他杀毒软件和金山毒霸的兼容性，当发生不兼容的情况时，安装程序友好提示用户是否继续安装，以保证新版金山毒霸的正确安装。

安装步骤：

登录金山毒霸官网，下载最新的版本；下载完成后，双击“kavsetup.exe”便开始金山毒霸 7.0 的安装之旅，如图 6–27 所示。

图 6-27　软件安装窗口

现在大部分软件都是一键安装，只要等待安装完成就可以使用了。

【理论知识】

各类杀毒软件介绍。

1. 火绒

火绒是一款杀防一体的安全软件，具有全新的界面，丰富的功能，完美的体验。由拥有十年以上网络安全经验的前瑞星核心研发成员特别针对国内安全趋势打造的高性能病毒通杀引擎。火绒安全防御软件能够帮助安全工程师们迅速、准确地分析出病毒、木马、流氓软件的攻击行为，为各种安全软件的病毒库升级和防御程序的更新提供帮助，能在大幅度提升安全工程师工作效率的同时，有效降低安全产品的误判和误杀行为。提供两种定位的产品：① 面向普通用户的火绒互联网安全软件；② 为安全从业人员及安全爱好者提供发现、分析、处理系统及应用程序安全问题的工具的火绒剑分析工具。其中，火绒互联网安全软件包含了火绒剑分析工具的全部功能。

2. Avira Free Antivirus

Avira（小红伞）来自德国，是全球最受欢迎的基本病毒扫描软件之一。Avira 采用高效的启发式扫描，查杀能力毋庸置疑，在系统扫描、即时防护等方面，表现都不输给知名的付费杀毒软件，而且国内已知的 360 杀毒、QQ 计算机管家都集成了它的查杀引擎。除了阻止所有类型的恶意软件外，还可以防止广告公司对你的上网活动进行跟踪。

目前国外主流杀毒软件都支持中文界面，小红伞也不例外。而且程序界面设计简洁明了，用户可轻松搞懂各项设置。唯一遗憾的是偶尔会弹出广告，如果你对此行为完全不能接受，直接看下一个吧。

另外，小红伞在 Mac 平台上还推出了免费杀毒软件“Avira Free Mac Security”。

3. 金山毒霸

金山毒霸（Kingsoft Antivirus）是中国的反病毒软件，从 1999 年发布最初版本至 2010 年时由金山软件开发及发行，之后在2010年11月金山软件旗下安全部门与可牛合并后由合并的新公司金山网络全权管理。金山毒霸融合了启发式搜索、代码分析、虚拟机查毒等技术。经业界证明，成熟可靠的反病毒技术及丰富的经验，使其在查杀病毒种类、查杀病毒速度、未知病毒防治等多方面达到世界先进水平，同时金山毒霸具有病毒防火墙实时监控、压缩文件查毒、查杀电子邮件病毒等多项先进的功能，紧随世界反病毒技术的发展，为个人用户和企事业单位提供完善的反病毒解决方案。从2010年11月10日15点30分起，金山毒霸（个人简体中文版）的杀毒功能和升级服务永久免费。2014年3月7日，金山毒霸发布新版本，增加了定制的XP防护盾，在2014年4月8日微软停止对Windows XP的技术支持之后，继续保护XP用户安全。

4. 360杀毒

提到免费，人们自然想到国内开此先河的360杀毒软件。360杀毒采用自主研发的第二代QVM引擎，基于人工智能算法，具有“自学习、自进化”的能力，对新生木马病毒有较好的防御效果。另外，360杀毒集成了小红伞和比特梵德两大知名反病毒引擎，查杀能力得到进一步增强。360杀毒的“云动”界面清爽简洁，对资源的占用也很小，运行起来很安静。配合360安全卫士的“云查杀”，不给病毒、木马留任何藏身之处。

5. 计算机管家（2合1杀毒版）

计算机管家将杀毒和管理两大功能合二为一，成为安全应用的一大突破。腾讯并非将杀毒与管理两个安全功能进行简单打包，而是实现了技术底层的融合。对用户来说，只需要安装计算机管家，就能够满足杀毒与管理两个核心用户需求。计算机管家在打击恶意网址，反网络钓鱼、欺诈方面，已经拥有十余年的积累和成熟运营经验，以及拥有全国最大的恶意网址数据库，先后为中国反钓鱼联盟、百度、支付宝等提供恶意网址鉴定及拦截服务，为网友上网安全提供了有力保障。

6. 瑞星杀毒软件

国产杀毒软件的龙头老大瑞星，依然坚持发展独立自主的病毒查杀引擎。瑞星的智能虚拟化引擎，显著提高了对木马、后门、蠕虫等的查杀率，并明显提升了杀毒速度。“智能云安全”技术针对互联网上大量出现的恶意病毒、挂马网站和钓鱼网站等，可实现自动收集、分析、处理，完美阻截木马攻击、黑客入侵及网络诈骗，为用户上网提供智能化的整体上网安全解决方案。

瑞星杀毒软件的最新版本基于全新的理念开发，融合互联网化安全服务新变革，追求视觉效果的极致和最小的资源占用，提供最佳的用户体验。新版杀毒软件提供系统内核加固、木马防御、U盘防护、浏览器防护和办公软件防护等，提供文件和邮件的实时监控，并集合了一系列的实用安全工具。

7. avast！ Free Antivirus 7

“avast!”是一款拥有数十年历史的杀毒软件，在国外市场长期处于领先地位。免费版的“avast! Free Antivirus”采用云端病毒库技术，能够实时接收病毒特征码，及时发现最新的病毒。具备文件信誉系统FileRep确保文件安全，具有最新的防护功能：自动沙盒，浏览器沙盒，网站检测等。“avast!”的一大特点是操作界面相当美观，而且有大量皮肤供用户选择，让用户可以随心所欲地打造个性化的“avast!”。简洁的用户界面、较低的系统资源占用、快速的硬盘扫描和高效杀毒使“avast!”成为杀毒软件中的佼佼者。

8. AVG 杀毒永久免费版

AVG 和前面的“avast!”都是出自捷克的优秀杀毒软件，2007 年在全球顶级杀毒软件排行中排名第三，在欧美家喻户晓。AVG Antivirus Free 2013 是针对互联网上传播的新一代安全威胁的有效解决方案，可确保数据安全，保护用户隐私，抵御间谍软件、广告软件、木马、拨号程序、键盘记录程序和蠕虫的威胁，具备高级的扫描和探测方式以及时下最尖端的技术。

AVG 占用资源很小，不会拖慢计算机运行速度。AVG 加速扫描、游戏模式和智能扫描在不同情况下均能达到系统性能和安全的最佳平衡点。

9. Comodo Antivirus

Comodo（科摩多，俗称“毛豆”）是一个美国信息安全公司，其产品涉及范围较广，包含数字证书，安全软件以及安全周边软件。其免费产品也很多，包括安全套装在内均有免费版。

Comodo 杀毒软件智能保护能够主动拦截未知的威胁，自动更新当前病毒保护，操作简单的用户界面让用户在执行和忽略程序时不弹出令人厌烦的广告窗口或者错误警报，隔离所有可疑文件，消除计算机感染机会。也许人们更喜欢 Comodo 的防火墙产品，但 Comodo 杀毒软件也同样优秀。

子任务三　AV 终结者病毒案例查杀

【任务描述】

一台计算机中了流行的病毒 AV 终结者 2010，现在就以这台计算机为例来讲解怎么查杀病毒。

【任务实施】

1. 关于 AV 终结者

“AV 终结者 2010”是 2010 年 4 月底金山毒霸安全实验室率先发现的新的一系列对抗杀毒软件、破坏系统安全模式、植入木马下载器的病毒，它指的是一批具备破坏性的病毒、木马和蠕虫。“AV 终结者”名称中的“AV”即为英文“反病毒”（Anti-Virus）的缩写。

2. 传播方式

（1）通过某个视频专用播放器捆绑传播；

（2）通过网络游戏外挂捆绑病毒传播；

（3）通过恶意软件（游戏）下载站的下载资源传播；

（4）U 盘传播。

3. 解决方案

“AV 终结者 2010”病毒一旦入侵，计算机将至少感染 20 个热门游戏盗号木马，系统文件将被篡改（比如 ddraw.dll、dsound.dll、d3d8.dll、d3d9.dll 等），而且这个木马会下载一个名为“AV 终结者 2010”的恶性病毒，感染之后主流杀毒软件不能安装运行，急救箱及各类此前的专杀软件都无法安装，一运行就被直接删除。

（1）在能正常上网的计算机上登录金山毒霸网站下载 AV 终结者 2010 病毒的专杀工具。下载地址：http：//www.ijinshan.com/zhuansha/AVzjz2010/。

（2）在正常的计算机上禁止自动播放功能，以避免通过插入 U 盘或移动硬盘而被病毒感染。

（3）把 AV 终结者 2010 专杀工具从正常的计算机上复制到 U 盘中或移动硬盘，然后再复制到中毒的计算机上。

（4）执行 AV 终结者 2010 专杀工具，清除已知的病毒，修复系统配置。

（5）现在可以试试启动毒霸，升级病毒库后，进行全盘杀毒，可以清除已知 AV 终结者 2010 病毒和该病毒下载的一系列木马。

4. 防范措施

请采取以下措施来防范 AC 终结者 2010 病毒：

（1）使用金山网镖或 Windows 防火墙，可有效防止网络病毒通过黑客攻击手段入侵。

（2）使用金山毒霸的漏洞修复功能或者 Windows update 来修补系统漏洞，特别需要注意安装浏览器的最新补丁。

（3）升级杀毒软件，开启实时监控。

（4）关闭 Windows 的自动播放功能。

【项目小结】

本项目讲解了引起计算机故障的原因以及排除这些故障的方法，并且着重对 BIOS 的刷新修复以及计算机病毒与系统安全进行了细致的讲解。学习本项目后，大家就能对计算机进行简单的维护了。

【独立实践】

【实验一】

实验操作：一台计算机开机之后就发出一长两短的鸣叫声，试解决其问题。

一、实验准备（准备材料）

二、实验过程

步骤一：

步骤二：

三、实验总结

【实验二】

实验操作：一台计算机开机之后可进入系统，但是运行一段时间之后就重新启动了，并且有时候要休息一段时间才能重新启动，试解决其问题。

一、实验准备【准备材料】

二、实验过程

步骤一：

步骤二：

三、实验总结

【实验三】

实验操作：一台计算机开机之后进入系统很慢，即使进入桌面之后操作起来也是很慢，并且硬盘的指示灯一直在闪烁，试解决这一故障。

一、实验准备【准备材料】

二、实验过程

步骤一：

步骤二：

三、实验总结

项目七　计算机整机组装综合实训

【项目描述】

（1）计算机配置的原则；

（2）硬件系统的组装；

（3）硬件系统的拆卸。

目的：本项目重在于让读者学习整机安装，通过本次学习使其能准确迅速地安装计算机的主机部件和外设部件。

【项目需求】

随着微型计算机的发展，计算机结构越来越集成化，组装微型计算机也变得越来越简单。在组装计算机前，先来了解一下都需要准备哪些工具：

（1）十字螺丝刀；

（2）一字螺丝刀；

（3）镊子；

（4）导热硅脂；

（5）工作台。

【相关知识点】

计算机配件相关知识，主机和外设的安装。

【任务分析】

计算机是一个很神奇的帮手，它很“聪明”，可以帮人们做很多的事情。现在大多数人都会使用计算机，但是会从零开始安装一台计算机的人想必不是很多。其实，虽然计算机很“聪明”，可以做很多复杂的事情，但是，组装一台计算机却不是人们想象的那么复杂，只要对计算机的配件有所了解，再按照规范来操作，相信你很快就会学会如何装机了。下面我们就开始动手做吧！

任务一　计算机配置的原则

有句广告词是这样说的："没有最好，只有更好。"对于配置计算机也是如此，只要本着以下几个原则，相信你配置出的计算机就会既经济又实用了。

1. 够用

计算机的发展速度很快，新技术、新产品以惊人的速度推出，即使现在的配置是最新最顶级的，但是，不超出半年便风光不再了，而且价格也会大跌。除此之外，新的产品在推出的时候可能不是很稳定，商家为了抢占商机，新产品往往在稳定性还不确定的时候就被推向了市场，所以用户可以根据自身需要，注重性价比，避免配置过高造成浪费或者配置过低造成无法满足需求。

2. 适用

在配置计算机的时候要按需配置，要清楚这台计算机是用来做什么的，如果要配置一台计算机专门用来进行图像处理，那么就需要配置一块性能好一些的独立显卡；如果这台计算机是用来处理音乐，那么对计算机声卡和音箱的性能要求就要高一些。

3. 好用

计算机在配置的时候不仅要讲究适用还要讲究好用，即用起来方便，质量好，这里的质量好不仅指产品的质量，硬件之间的兼容性问题、稳定性问题，都是要首先考虑的，CPU、主板、显卡、内存条等的搭配合理程度决定了整体性能的优劣。要注意各个配件之间的兼容性、均衡性，不要有瓶颈。最好的 CPU 和最好的主板放在一起不一定就是最好的，因为可能会存在兼容性的问题，很可能由最好的硬件组合成一台最差的计算机。

4. 耐用

因为计算机的发展很快，所以用户不仅要让自己的计算机够用、适用、好用，更要让它耐用。如何耐用呢？在购买计算机时要尽量考虑较大的品牌及其售后服务和升级能力，否则，会有一些不必要的麻烦。

任务二　组装硬件系统

【任务描述】

（1）装机前奏：安装好主板上的 CPU、内存。

（2）装机第一步：安装电源。

（3）装机第二步：将主板固定在机箱内部。

（4）装机第三步：安装好光驱、硬盘。

（5）装机第四步：接好所有数据线、电源线、机箱跳线。

【任务实施】

一、装机前奏：安装好主板上的 CPU、内存

CPU 发展到现在，设计已经非常防呆化，大家可以看到，AMD 处理器的一个边角有一个标识符，安装时只要将这个标识符对准主板插槽上的标识符放进去就可以了，如图 7–1 所示。

当然，把 CPU 放好之后，要把扣具卡好，如图 7–2 所示。

图 7–1 安装 CPU

图 7–2 卡好扣具

Intel 处理器在针脚上和 AMD 不同的是：Intel 把针脚挪到了主板处理器插槽上，使用的是点面接触式。这样设计的好处是可以有效防止 CPU 的损坏，但是弊端是如果主板的处理器插槽针脚有损坏，更换很麻烦。

安装 AMD 处理器时，在主板的插槽上会予以三角符号标识防止插错，安装 Intel 处理器也有自己的一套“防呆”方法：注意处理器一边有两个缺口，而在 CPU 插槽上，一边也有两个凸出，对准放下去就可以了，如图 7–3 所示。然后扣好扣具，可能会有点紧，用力下压就可以了，如图 7–4 所示。

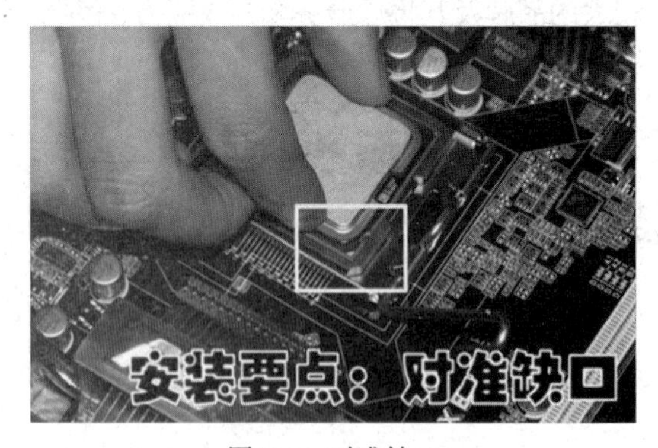

图 7–3 对准缺口

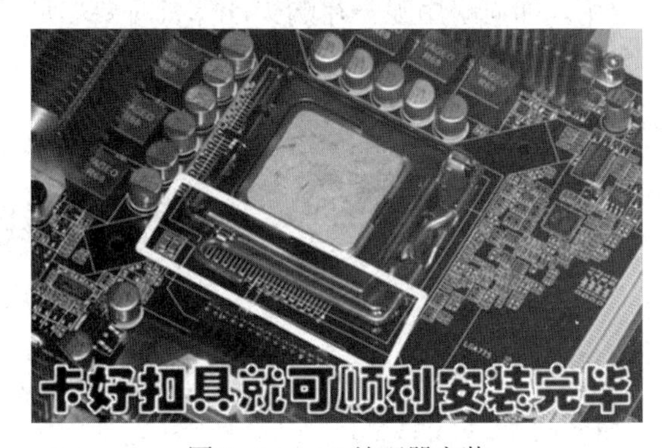

图 7–4 Intel 处理器安装

事实上内存插槽也是集成在主板上，而且与各种内存之间也有一一对应的关系。目前的主流内存主要是 DDR4 内存，如图 7–5 所示。不过现在处于更新换代的时期，2018 年 10 月，Cadence 和镁光两家厂商已经开始研发 16GB DDR5 产品，并计划在 2019 年年底之前实现量

产目标。

安装内存很简单，只要把内存顺着防呆接口用力按下去，卡扣就会自动把内存从两边卡住。记住一定要安装在两个颜色相同的内存插槽上（对于一般主板而言），才能够组成双通道，如图 7–6 所示。

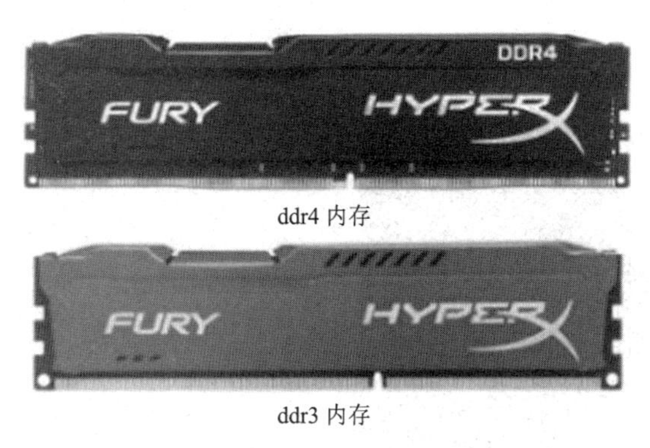

图 7–5　DDR3 和 DDR4 内存接口

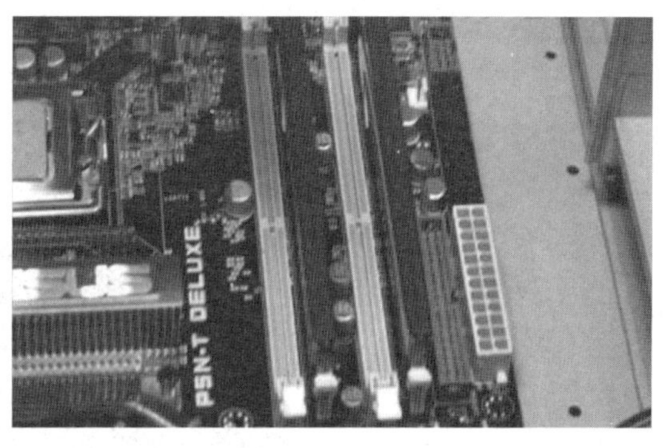

图 7–6　安装内存

接下来要做的，就是把导热硅脂涂抹在风扇底部，涂抹得要均匀，有利于 CPU 热量的散发，如图 7–7 所示。

将硅脂涂抹好之后，接下来就是安装散热器了。例如图 7–8 中这种 Intel 原装的散热器，安装的时候非常简单，将四个支脚对准缺口放好，先向下压紧，然后顺时针拧紧就可完成安装。

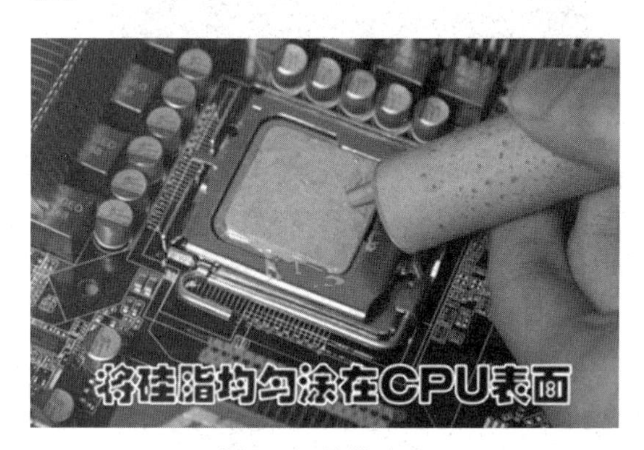

图 7–7　涂抹硅脂

图 7–8　安装 CPU 风扇

最后，要把 CPU 散热器的风扇接口接上，如图 7–9 所示。

图 7–9　接上 CPU 散热器风扇

二、装机第一步：安装电源

选择先把电源安进机箱里面有一个好处，就是可防止因后面安装电源而不小心碰坏主板。另外，现在越来越多的电源开始采用如图7–10中所示的这种侧面大台风式散热电源，在安装的时候要将风扇一面对向机箱空侧，而不是对向机箱顶部导致散热不均，如图7–10所示。

图7–10　安装电源

记住，安装好电源后，安装主板前，一定要先把主板I/O接口的挡板安好，如图7–11所示。有的用户第一次装机，手忙脚乱，会忘记安装，等装好主板后才发现没有安装I/O挡板，又要返工。

图7–11　安装主板I/O接口挡板

三、装机第二步：将主板固定在机箱内部

主板自然不可能放在外面进行工作，因此必须将主板固定在机箱中。固定主板并不是什么复杂的操作，只要将金黄色的螺丝卡座安置在机箱底部的钢板上即可，如图7–12所示。

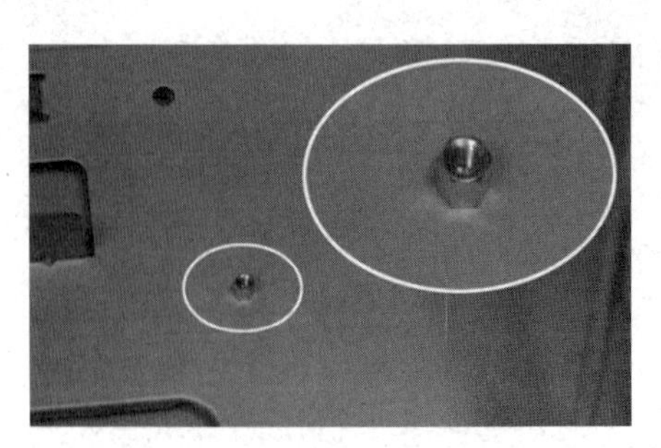

图7–12　安置螺丝卡座

将螺丝卡座上好在机箱底部之后，接下来就可以固定主板了，如图 7–13 所示。

固定好主板之后，将各个螺丝孔上紧螺丝，就可以完成主板的安装，如图 7–14 所示。

图 7–13　固定主板

图 7–14　安装主板完成

安装好主板之后，如果安装的是独立显卡平台，接下来要做的就是将显卡安装好。如图 7–15 所示，将防呆式显卡插进主板插槽之后，再拧上一颗螺丝就可以将显卡固定好了。

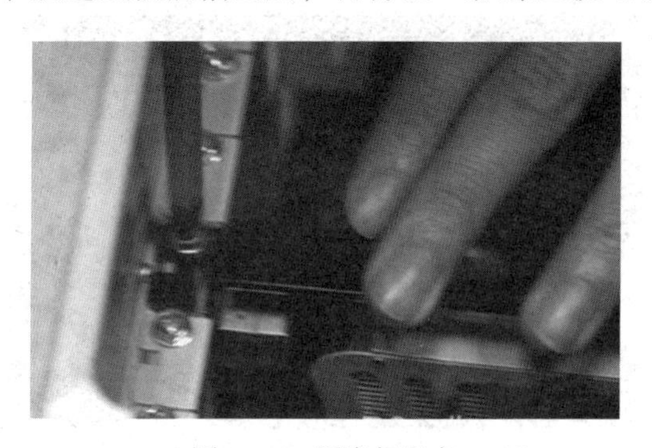

图 7–15　固定好显卡

四、装机第三步：安装好光驱、硬盘

把机箱前面板的挡板拆下来，然后把准备好的光驱推放进去，把光驱推进去之后，记住要把扣具扣好，才能固定住光驱，如图 7–16 所示。

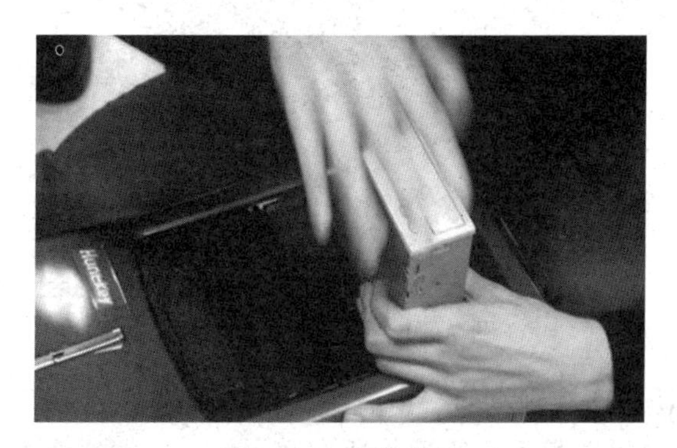

图 7–16　安装光驱

固定光驱上螺丝的过程如图 7–17 所示。

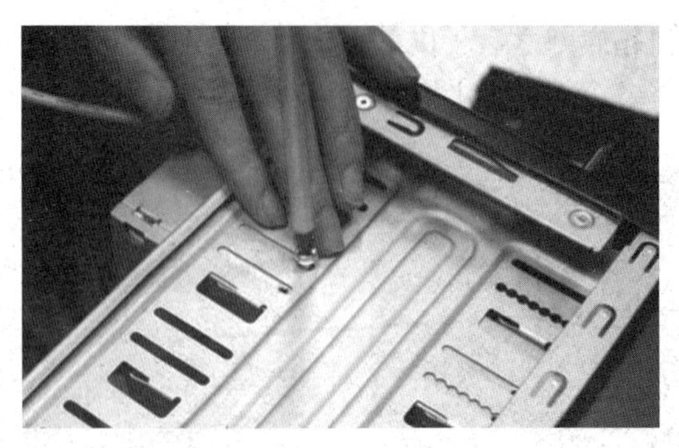

图 7–17　固定光驱

硬盘的安装和光驱一样，不同的是硬盘从机箱内部推进，把硬盘固定在托盘架上，上紧螺丝即可，如图 7–18 所示。

固定光驱和硬盘的时候许多人会忘记将背部的螺丝拧上，将机箱另外一侧的挡板打开，将另外一面的螺丝拧紧才能更好地平衡光驱和硬盘，如图 7–19 所示。

图 7–18　安装硬盘

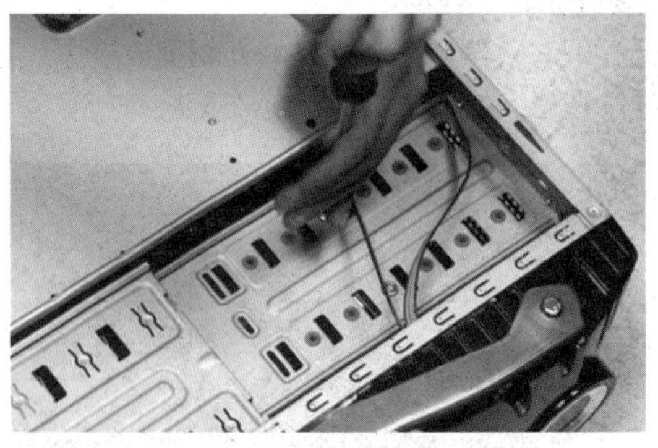

图 7–19　固定光驱和硬盘

五、装机第四步：接好所有数据线、电源线、机箱跳线

将所有配件固定好之后，最后只需要将所有数据线、电源线接好，装机就可以大功告成了，如图 7–20 所示。

图 7–20　连接电源线

首先接主板电源接口。现在的主板的电源插座上都有防呆设置，插错是插不进去的。主板供电接口一共分两部分：先插最重要的 24PIN 供电接口，一般在主板的外侧，很容易找到，对准插下去即可；除了主供电的 20/24 PIN 电源接口之外，主板还有一个辅助的 4/8PIN 电源供电接口，主板的 4/8PIN 电源在 CPU 插座附近，对于手大的人可能不好插。

光驱和硬盘的电源线、数据线连接示意如图 7–21 所示。

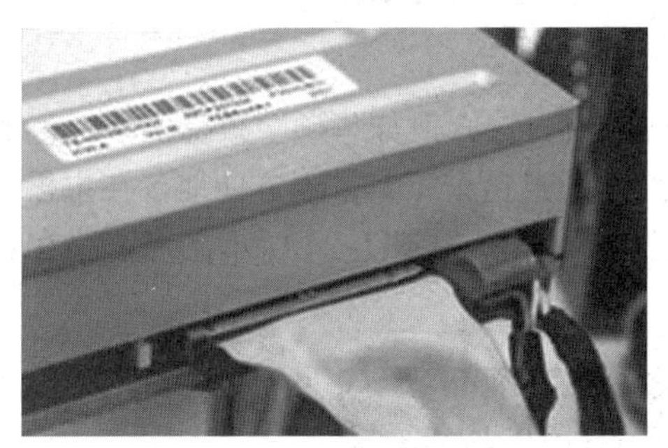

图 7–21　连线

其次，如果玩家的显卡需要外置供电的话，还需将显卡的外置电源接口接好，如图 7–22 所示。

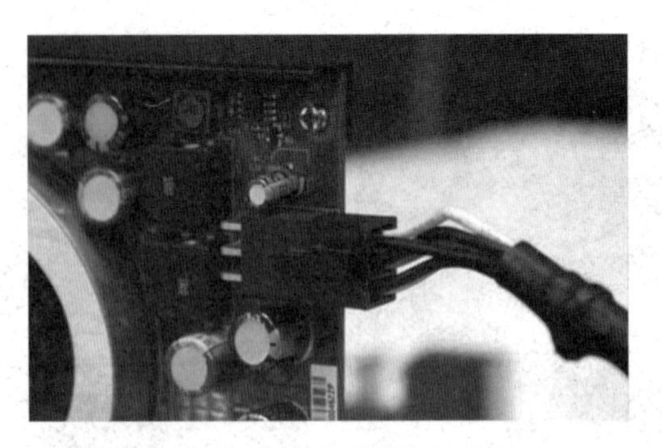

图 7–22 接好显卡的外置电源接口

机箱前置面板上有多个开关与信号灯，这些都需要与主板左下角的一排插针一一连接。关于这些插针的具体定义，可以通过查阅相关主板说明书（图）了解，因为主板 PCB 上的字符实在太小了，对于视力不好的人来说查阅会比较不方便。

一般来说，需要连接计算机喇叭、硬盘信号灯、电源信号灯、ATX 开关、Reset 开关。其中 ATX 开关和 Reset 开关在连接时无须注意正负极，而计算机喇叭、硬盘信号灯和电源信号灯需要注意正负极，白线或者黑线表示连接负极，彩色线（一般为红线或者绿线）表示连接正极，如图 7–23 所示。

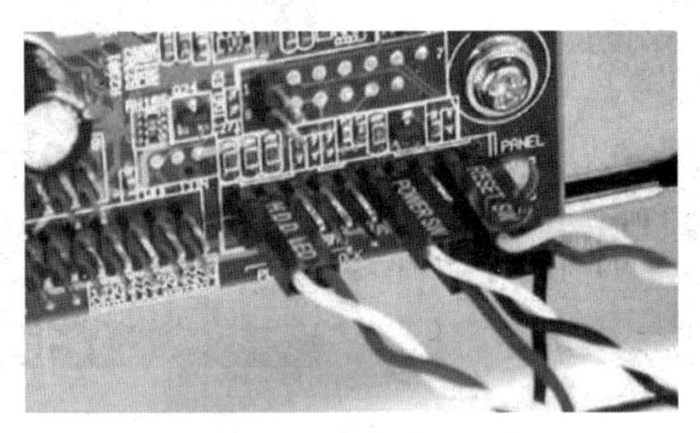

图 7–23 跳线的连接

接线是一项比较烦琐的工作，但是有相应的应对方法，例如华硕主板提供了特色的接线工具 Q–connector，可以先在机箱外把线接好，然后通过这个工具，很方便地接在主板上。玩家可以在各大计算机商城花 5 元钱左右购买这样的工具，如图 7–24 所示，以解决在昏暗的机箱里面接烦琐的跳线的麻烦。

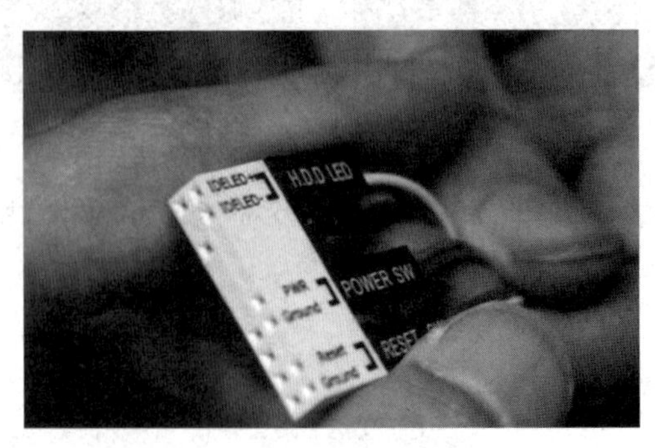

图 7–24 接线工具

最后，建议用户用皮筋或是线绳等工具，把机箱内部的电源线和跳线整理好，以免影响到主板以后的使用，如图 7–25 所示。

装机总结：对于新手来说，组装计算机的时候，不应只是按照教程，因为每个计算机的主板、机箱、电源等都不一样。对于有疑惑的地方，不妨查阅一下说明书，它是最好的帮手。另外，装机不必准备很多的工具，往往能够用到的工具只是一把十字螺丝刀，尤其是带有磁力的螺丝刀能够让你减少很多麻烦。

图 7–25　整理好电源线和跳线

任务三　加电自检

【任务描述】

查看各参数值是否异常，以确定计算机组装是否成功、元器件是否兼容。

【任务实施】

一、加电自检

加电自检又称为开机自我检测（POST Power On Self Test），是计算机固件为确保硬件工作正常所做的检查，结果会显示在固件可以控制的输出接口，如屏幕、LED、打印机等装置上。

二、进入加电自检

启动计算机，系统进入加电自检过程，以检查计算机是否存在问题。需要注意的是，加电自检过程由系统自动开始，而不需要手动开始。

三、常见器件问题及报警异常

1. Award BIOS

· 1 短：系统正常启动。

· 2 短：常规错误，请进入 CMOS Setup，重新设置不正确的选项。

· 1 长 1 短：RAM 或主板出错。
· 1 长 2 短：显示器或显卡出错。
· 1 长 3 短：键盘控制器错误。
· 1 长 9 短：主板 Flash RAM 或 EPROM 错误，BIOS 损坏。
· 不断地响（长声）：内存条未插紧或损坏。
· 不停地响：电源有问题。
· 无声音无显示：电源有问题。

2. AMI BIOS

· 1 短：内存刷新。
· 2 短：内存校验错误。
· 3 短：基本内存错误。
· 4 短：系统时钟错误。
· 5 短：CPU 错误。
· 6 短：键盘错误。
· 7 短：实模式错误。
· 8 短：内存显示错误。
· 9 短：ROM BLOS 校验错误。
· 1 长 3 短：内存错误。

3. Phoenix BLOS

· 1 短：系统正常启动。
· 3 短：系统加电自检初始化（POST）失败。
· 1 短 1 短 2 短：主板错误（可能是主板已经损坏，需要更换新的）。
· 1 短 1 短 3 短：主板电池没电或 CMOS 损坏。
· 1 短 1 短 4 短：ROM BLOS 校验出错。
· 1 短 2 短 1 短：系统实时时钟有问题。
· 1 短 2 短 2 短：DMA 通道初始化失败。
· 1 短 2 短 3 短：DMA 通道页寄存器出错。
· 1 短 3 短 1 短：内存通道刷新错误（问题范围为所有的内存）。
· 1 短 3 短 2 短：基本内存出错（很可能是 DIMM 槽上的内存损坏）。
· 1 短 4 短 1 短：基本内存某一地址出错。
· 1 短 4 短 2 短：系统基本内存（第一个 64KB）有奇偶校验错误。
· 1 短 4 短 3 短：EISA 总线时序器错误。
· 1 短 4 短 4 短：EISA NMI 口错误。
· 2 短 1 短 1 短：系统基本内存（第一个 64KB）检查失败。
· 3 短 1 短 1 短：第一个 DMA 控制器或寄存器出错。
· 3 短 1 短 2 短：第二个 DMA 控制器或寄存器出错。
· 3 短 1 短 3 短：主中断处理寄存器错误。
· 3 短 1 短 4 短：副中断处理寄存器错误。

· 3 短 2 短 4 短：键盘时钟有问题，在 CMOS 中重新设置成 Not installed 来跳过 POST。
· 3 短 3 短 4 短：显卡 RAM 出错或无 RAM，不属于致命错误。
· 3 短 4 短 2 短：显示器数据线松动、显卡没插稳或显卡损坏。
· 3 短 4 短 3 短：未发现显卡的 ROM BLOS。
· 4 短 2 短 1 短：系统实时时钟错误。
· 4 短 2 短 3 短：键盘控制器中的 Gate A20 开关有错，BLOS 不能切换到保护模式。
· 4 短 2 短 4 短：保护模式中断错误。
· 4 短 3 短 1 短：内存错误（内存损坏或 RAS 设置错误）。
· 4 短 3 短 3 短：系统第二时钟错误。
· 4 短 3 短 4 短：实时时钟错误。
· 4 短 4 短 1 短：串行口（COM 口、鼠标口）故障。
· 4 短 4 短 2 短：并行口（LPT 口、打印口）错误。
· 4 短 4 短 3 短：数值协处理器（8087、80287、80387、80487）出错。

【任务小结】

在本次项目实验中，主要介绍了计算机的配置原则、组装计算机和加电自检三方面的知识。

【独立实践】

项目描述见表 7-1。

表 7-1　任务单

任务一：____________________

任务二：____________________

任务三：____________________

【思考与练习】

（1）请解释一下什么是加电自检，加电自检是否需要手动启动？

（2）组装计算机的顺序是什么？

任务四　设计和讲评装机方案

组装好的计算机并不是对每一个人都适用。为了让用户用上适合自己的计算机，进行有针对性的组装是十分必要的。

【任务描述】

（1）专业图形设计型计算机配置；

（2）游戏玩家型计算机配置；

（3）商务办公型计算机配置；

（4）校园学生型计算机配置；

（5）家庭多媒体型计算机配置。

目的：本项目主要让读者了解不同用处的计算机的装配方案。

【相关知识点】

计算机配件相关知识，主机和外设的安装。

【任务分析】

前面的任务已经讲述了在组装计算机的时候要适用，因为用户从事不同的工作，对计算机的配置就有着不同的要求，所以了解不同类型的计算机配置就显得很重要。

子任务一　专业图形设计型计算机的配置

【任务描述】

了解专业图形设计型计算机在配置的时候需要注意的地方，能够根据使用人员的需要配置出合理的图形设计型计算机。

【任务实施】

对于专业制图人员来讲，对计算机各个配件要求比较苛刻的主要是以下两部分：显示器、显卡。

1. 显示器

显示器是一台计算机重要的组成部件之一，没有显示器可以说主机再好也无法使用。从价格上来讲，显示器的价格占总价的三分之一左右。配置一台适合自己的显示器非常重要，特别是对专业制图人员来讲，显示器更是相当重要。

如果是普通的使用者，为了健康和节约空间或移动方便，通常青睐的是 LED 显示器。

如果是专业制图，那么就要知道专业制图显示器核心要素：大尺寸、2K/4K 高分辨率、Adobe sRGB 99% 或以上、Delta E 至少小于 3，这些主要的参数是辨别一台专业显示器的基本要素。但是在不同专业细分领域里，对于专业显示器的需求又是不同的。

对于摄影师来讲，拍摄设备是很重要的，但后期修片同样重要。摄影师偏爱于高分辨率的显示器，当需要放大 100% 来修图时，可以看到更多照片的细节。再者，摄影师最重要的是能辨“暗与黑”，市面上较为廉价的 IPS 面板显示器，在灰阶表现较差，且色域很窄，完全无法应付专业修图需求。摄影师的双眼甚至无法真切地看到他拍摄出来的图像的颜色是什么样子的。所以说，一块色彩优秀的广色域 IPS 面板显示器绝对是必不可少的，尤其对于如今这个数码摄影当道的时代，图片色彩的准确与否，直接决定着工作的质量。

对于设计师来说，首先不能够偏色，这就对显示器的色域覆盖提出了很高的要求。常用的色域主要分为 Adobe RGB 与 sRGB 两种，前者色域要更广一些，可覆盖的色彩更多，画面展示细腻而富有层次感。此外，Adobe RGB 还包含 sRGB 所没有完全覆盖的 CMYK 色彩空间，使其在设计应用领域更为宽泛。Adobe sRGB 达到 99% 或以上已经成为设计师对专业显示器的硬性要求。

对于 3D 渲染师而言，专业显示器必须能准确表现出产品材质与实物光感纹理一致性。这其中包括色彩还原度，即显示的色彩是否接近实物；Delta E 值就是一个核心指标，专业显示器的 Delta E 值至少要小于 3；还有就是色彩的饱和度，即色彩的纯度，纯度越高，越鲜亮，越能分辨材质与实物光感纹理，这就跟显示器所采用面板优劣有直接的关系。

对于 CG 动画视频剪辑师而言，经常需要使用不同的窗口，一边要剪辑，一边要预览，组建双屏平台是提高工作效率的必要手段。除了要求色彩表现出众外，CG 动画视频剪辑师更需要极窄边框专业显示器，然而，专业显示器在边框上一般都比较厚，组建双屏会留下一片真空地带，不能为他们带来双屏极致的视觉效果，这有可能会影响到他们的工作心情。

2. 显卡

除了显示器之外，专业制图人员在配置计算机的时候需要注意的第二问题就是显卡，因为它主要的工作是控制图像输出，负责把 CPU 送来的图像数据处理成显示器接收的格式，因此一块好的显卡是决定一台计算机性能好坏的重要指标之一。

显卡按应用领域分类可以分为普通显卡和专业显卡。

专业显卡是专业制图人员所必需的，它的重要性甚至超过了 CPU。专业显卡主要针对的是三维动画软件、模型设计、渲染软件、CAD 软件以及部分科学应用等专业应用市场。专业的显卡针对这些专业图形图像软件进行了必要的优化，有着良好的兼容性。

除了以上两点外，计算机的 CPU 和内存也是至关重要的，因为它们性能的好坏直接影响了计算机整体性能的好坏。

请看表 7–2 的配置单。

表 7–2 专业图形设计型计算机配置清单

配件	品牌型号
CPU	Intel 酷睿 i9 9980xe
散热器	酷冷至尊 MasterLiquid Maker 240
主板	华硕 ROG Rampage VI Extreme
内存	芝奇 TridentX 32GB DDR3 2800（F3–2800C12Q–32GTXDG）
显卡	AMD Radeon PRO SSG
存储	希捷 BarraCuda Pro 12TB 7200r/min 256MB（ST12000DM0007）
机箱	IN WIN S–Frame
电源	海盗船 AX1600i
键鼠装	用户自选
显示器	戴尔 UP3218K

在这套配置单中，采用了较为高级的显示器、显卡和 CPU，这样做可以满足专业图形设计的需求。

子任务二 游戏玩家型计算机的配置

【任务描述】

了解游戏玩家型计算机的特点，以便在为游戏发烧友配置计算机时可以游刃有余。

【任务实施】

对于游戏玩家来讲，对计算机的任何一个配件都有着很高的要求，可以说计算机的每一个配件都起着很重要的作用，例如，鼠标的灵敏度，键盘的舒适度，CPU 的速度，内存的速度和大小，显示器的输出效果，等等。一句话概括游戏玩家心里的最佳计算机就是：每个配件都是极品，这样才能够满足游戏玩家的需要。下面这套配置单绝对是游戏发烧友适用的，来看表 7–3。

表 7–3　游戏玩家型计算机配置清单

配件	品牌型号
CPU	Intel 酷睿 i9 9900k（第九代）
散热器	九州风神玄冰 240 水冷散热器
主板	技嘉 Z390 AORUS MASTER
内存	美商海盗船复仇者 RGB PRO 灯条 DDR4 3200 32GB（16GBx2 条）
显卡	微星 RTX2080 Ti VENTUS OC 11G
存储	Samsung950 PRO NVMe M.2 固态硬盘 MZ–V5P512BW
机箱	PHANTEKS 追风者 Evolv X 518 双钢化玻璃水冷铝机箱
电源	美商海盗船 RM750x 全模组电脑电源（额定 750W）
键鼠装	用户自选
显示器	用户自选

子任务三　商务办公型计算机的配置

【任务描述】

了解商用机的配置特点，在配置计算机的时候区别对待不同类型的计算机。

【任务实施】

与前两个类型相比，商务办公型计算机的配置要求就显得低一些了。商务办公型计算机在配置的时候主要本着两点原则：稳定、安全。

1. 稳定

商务办公型的计算机不需要像游戏玩家那样对计算机的配置有多高的要求，一般采用时下的主流配置就可以了，要保证各个配件的主频一致，最主要的是一定要确保计算机的稳定性。因为如果商用机的稳定性不好，在处理数据或文件的时候总是死机或重启会很麻烦。

2. 安全

商用机除了稳定性较为重要外，另一个需要注意的方面就是安全性。由于特殊的使用环境，计算机中存储的数据就显得尤为重要，因此安全性也要大大提高。在配置计算机时可以挑选带有开启锁的机箱或者为其添加入侵报警装置等来提高计算机的安全性。除此之外，还可以通过软件来保护计算机的数据，如设置数据备份、数据恢复等功能。

表 7–4 是供参考的商务机配置清单。

表 7–4 商务办公型计算机配置清单

配件	品牌型号
CPU	AMD Ryzen 7 3700X
散热器	海盗船 H100i PRO RGB
主板	华硕 TUF B450M–PRO GAMING
内存	金士顿骇客神条 FURY 16GB DDR4 3200（HX432C18FB/16–SP）
显卡	蓝宝石 RX 590 8G D5 超白金 OC
存储	三星 970 EVO NVMe M.2（250GB）+ 希捷 Barracuda 3TB 7200r/min 64MB SATA3（ST3000DM008）
机箱	航嘉 GX580H（白色）
电源	航嘉 WD600K
键鼠装	用户自选
显示器	戴尔 UltraSharp U3419W

子任务四 校园学生型计算机的配置

【任务描述】

可以根据群体的特点来配置计算机，以便避免不必要的浪费。

【任务实施】

校园学生型的计算机最大的特点就是性价比高，经济实惠。如今的计算机市场可谓热闹非凡，各个厂家为了抢占更多的市场份额，纷纷开始了各种降价、促销活动，而且各种新产品也纷纷亮相，目的只有一个，让消费者买自己的产品。不管降价也好，新品也好，消费者购买计算机的目的就为了选择最适合自己、最实惠的产品。其中学生消费群体更是这样，学生们尚处于求学阶段，无论从资金上还是其他方面来说，购买产品更是奉行实惠、合适的理念来挑选。所以说，校园学生型计算机主要看性价比就可以了，不需要像其他类型机在配置的时候需要注意诸多事宜。表 7–5 的配置单就是本着学生用机的特点给出的。这套配置不算显示器价格在 4000 元左右，还是比较容易接受的，并且配置也足够学生日常使用。

表 7-5　校园学生型计算机配置清单

配件	品牌型号
CPU	Intel 酷睿 i3 8100
散热器	九州风神玄冰 400
主板	铭瑄 MS-H110M 全固版
内存	光威悍将 4GB DDR4 2400
显卡	影驰 GeForce GTX 1050Ti 大将
存储	影驰铁甲战将（240GB）
机箱	鑫谷图灵 1 号
电源	先马金牌 500W
键鼠装	用户自选
显示器	用户自选

子任务五　家庭多媒体型计算机的配置

【任务描述】

了解家用机的特点，在配置家用机时知道从哪方面入手更合适。

【任务实施】

在配置家用机的时候主要从以下几个方面考虑：性能够用、稳定兼容、价格实在、较好升级。

1. 性能够用

虽然家用机不要求有多高的配置，但是也要跟随主流，换句话说配置水平要在中等。因为若配置较低的话，有很多新型的软件或游戏就用不了，而家用机多数时候都是用来娱乐的。

2. 稳定兼容

不是每一个人都可以很容易地解决计算机所出现的问题的，所以稳定兼容在家用机中显得更为重要，因为经常在家使用计算机的人多数都不是专业人士。

3. 价格实在

虽然前面讲要性能够用，但是也不要过分浪费。一般在时下中等水平的主流配置中，家用机既够用又不浪费。

4. 较好升级

计算机的硬件发展很快，所以没有必要花那么多钱去买最好的配件。配件够用就行，当然也要留有升级的余地。

表 7-6 给出配置清单，可以保证学生学习方面的软件能顺畅运行，用户可以酌情选择。

表 7-6 家庭型计算机配置清单

配件	品牌型号
CPU	Intel 酷睿 i5 9400F
散热器	酷冷至尊海魔 120（RL-S12V-20PB-R1）
主板	技嘉 H310M DS2V
内存	影驰 GAMER 8GB DDR4 2400
显卡	影驰 GeForce GTX 1050Ti 大将
存储	希捷 Barracuda 1TB 5400r/min 128MB（ST1000LM048）
机箱	Tt 启航者 F1
电源	长城 HOPE-6000DS
键鼠装	用户自选
显示器	松人 T215BF

【任务小结】

这个项目介绍了如何针对不同的需求配置不同的计算机，以方便用户的使用。

任务五 计算机配件的采购与检测

计算机在使用的时候会出现习惯性死机、重启等现象，经检查后未发现问题，此时应考虑配件搭配的问题。

【任务描述】

（1）配件间的搭配问题；

（2）配件的检测。

目的：本项目让读者掌握在配置计算机时要考虑的兼容性问题和如何检测计算机的配件。

【任务需求】

一台出现了配件之间不兼容问题的计算机。

【相关知识点】

计算机配件相关知识。

子任务一　配件间的搭配问题

【任务描述】

本任务主要介绍计算机配件间的搭配问题，以计算机中几个主要配件为例。通过此次任务的学习，应该掌握如何更好地解决计算机配件间的兼容性问题。

【任务实施】

一、CPU 篇

目前市面上 CPU 格局仍然分为 AMD 和 Intel 两派。就目前的价格体系来说，AMD 相比 Intel 要便宜一些，但是性能已然可以持平，同等级的产品锐龙已经可以和 Intel 酷睿相媲美，而低端速龙产品虽然性能上和奔腾比还是有一点差距，但在核显方面已经比奔腾产品性能高出 40% 左右。因此用户在选购 CPU 时，已经没必要一味地考虑 Intel 的产品，依据自己使用情况再仔细选购即可。目前国产 CPU 正处于萌芽阶段，但有报告指出，目前以龙芯，兆芯为代表的国产 CPU 研发商正以积极的态度和强大的技术实力以很快的速度积极向 AMD 和 Intel 发起挑战，相信未来的某个时代，CPU 主流厂商将会有属于中国的名字。

以 Intel 的产品为例，选购一款 CPU 应该注意以下几点：

（1）CPU 的型号，至少要了解型号代表的大概含义，台式机处理器部分，后缀 +X 代表高性能处理器；后缀 +E 代表嵌入式工程级处理器，后缀 +S 代表低电压处理器，后缀 +K 代表不锁倍频处理器，后缀 +T 代表超低电压处理器，后缀 +P 代表屏蔽集显处理器。笔记本处理器部分，后缀 +M 代表标准电压处理器，后缀 +U 代表低电压处理器，后缀 +H 代表高电压且不可拆卸处理器，后缀 +X 代表高性能处理器，后缀 +Q 代表 4 核心的高性能处理器，后缀 +Y 代表超低电压处理器。若同时具有两个字母组合的，含义则是字母含义的组合。

（2）CPU 的默认频率、外频总线和倍频。CPU 的默认频率是厂商在产品出厂时对该款产品设置的频率，这个频率是由该产品的外频总线乘以倍频后得到的，公式为：CPU 频率 = 外频 × 倍频。以酷睿 i7 9700k 为例，该产品默认频率为 3.6GHz，睿频可达 4.9GHz，可以得出

$4900 \approx 3600 \times 1.36$。制程一般为厂商针对同一款产品做出修订后的编号，比如Q6600这款产品开始上市时采用90nm工艺制造，制程为B1，后来修改一些错误后制程改为B2和B3，最后制造工艺提升到65nm后制程改为G0。

（4）核心电压VID。核心电压简单来说就是出厂时设置的默认电压。同一款产品的核心电压不是固定的。比如i7 9700k这款CPU核心电压就有1.25V、1.3V、1.35V等，高峰时可能到1.4V。（如果不是超频玩家，或者没有一个高端主板，建议将CPU电压调低，一般在1.3V。）一般来说，核心电压越小，CPU就能以更低的电压达到稳定使用，从而它的电压调整的空间就大，超频就越容易。

（5）接口。如果CPU的接口和主板不搭配，是安装不上去的。

（6）CPU采用的技术。当启动一个运行程序后，处理器会自动加速到合适的频率，而原来的运行速度会提升10%~20%以保证程序流畅运行；应对复杂应用时，处理器可自动提高运行主频以提速，轻松进行对性能要求更高的多任务处理；当进行工作任务切换时，如果只有内存和硬盘在进行主要的工作，处理器会立刻处于节电状态。这样既保证了能源的有效利用，又使程序速度大幅提升。通过智能化地加快处理器速度，从而根据应用需求最大限度地提升性能，为高负载任务提升运行主频高达20%以获得最佳性能即最大限度地有效提升性能以符合高工作负载的应用需求：通过给人工智能、物理模拟和渲染需求分配多条线程处理，可以给用户带来更流畅、更逼真的游戏体验。同时，英特尔智能高速缓存技术提供性能更高、更高效的高速缓存子系统，从而进一步优化了多线程应用上的性能。Intel英特尔的睿频技术叫作TB（turbo boost），AMD的睿频技术叫作TC（turbo core）。

误区1：AMD的CPU进入Windows的速度比Intel的CPU快，所以AMD的CPU比Intel的快。

解答：进Windows系统的速度跟设备数量等多方面相关。Intel的CPU和配套主板由于内部设备多，加上内存控制器放在外部，因此启动Windows比同频AMD的CPU稍慢。但实际使用中，Intel的CPU由于架构先进、频率高，运行应用软件的速度目前比AMD的快很多。

误区2：只要能解决散热问题，对CPU加电压就能大幅度提升频率。

解答：不管是AMD还是Intel的CPU，都会出现缩缸效应，即CPU电压达到一定值后，超频能力不增反降。这点在Intel新出的45nm的CPU上特别明显，请大家注意。

二、主板篇

主板是整个计算机中最为重要的部件，它的表现直接决定了整机的性能和稳定性。以下几点需要注意：

1. 芯片组

芯片组的不同代表了功能和支持的CPU的不同。目前主流产品仍然采用南北桥的芯片组搭配。这里针对主流产品只提醒一点，ICH9和ICH9R、ICH10和ICH10R，带R和不带R的区别就在于Intel的南桥芯片是否支持磁盘RAID模式，但并不是说采用ICH9的成品主板就一定不支持RAID，比如技嘉的P35-DS3采用ICH9南桥芯片，但它在主板上集成了一块JMB的芯片使其主板支持RAID。目前主流产品比如P35和P45主板，Intel的芯片组都是不支持IDE接口的，主板厂商一般会用外接芯片的方式使其支持。超频能力大概为：P35>X48>；P45>X38。

2. 主板做工

一块品质良好的主板，它的 PCB 板肯定不是弯的，它的电容肯定不是杂牌的，它的电容肯定是够量的，它的焊点肯定是干净的。判断主板做工的好坏，需要一定的电路知识，如果不具备这种知识，那么就按品牌来选择吧，大厂出的主板做工有保障。推荐技嘉 GIGA、华硕 ASUS（黄板除外）、微星 MSI、钻石 DFI、映泰。

3. 主板供电

主流供电模式仍然采用 24+4，即主板部分 24PIN 供电，CPU 部分 4PIN 供电。高端的 CPU 供电要多 4PIN，即为 24+8，CPU 部分供电采用两个 4PIN。玩家对 CPU 供电的重视程度很高，分为传统供电和数字模块供电。传统供电的组成从外观上来讲一般为电感加 MOSFET 管的搭配，数字供电为数字电路芯片加 MOSFET 管的搭配。传统供电中，一般 1 个电感搭配 2~3 个 MOSFET 管组成一个回路电路，称之为一相。

误区 1：主板的 CPU 供电部分决定了 CPU 超频的能力，供电相数越多，主板的超频能力越强。

解答：这其实是很大的误区。一般来说，对于 Intel 的酷睿 2 芯片，不追求超频极限的玩家，4 相供电完全可以满足超频需要，8 相甚至 16 相供电只是厂商为了迎合玩家制造的误区和赚取利润的方法而已。决定超频能力的应该是：CPU 体制 > 主板芯片组 > 主板 BIOS> 主板供电。

误区 2：各厂商采用同一芯片组的产品相差不大，国内厂商有价格优势。

解答：即使采用同一芯片组，一线大厂商的产品肯定比二线厂商的好。主板从设计到做工，大厂针对每个细节都做了充分的优化，这也就是为什么小厂商即使使用比大厂商更好的材料，产品仍然敌不过大厂商的原因。

三、内存篇

内存由于目前各大厂商供大于求，市场上的内存已经非常便宜了。DDR4 内存是主流，DDR5 内存即将发布，但是普及将会需要很长一段时间。

1. 内存颗粒

内存颗粒是比较难了解的，可以在购买前查询想购买的内存的一些玩家评论，多少可以了解到该款内存用的是什么颗粒。三星的内存颗粒标志比较明显，一共分为两种：一种直接带有 samsung 标志，另一种则是 sec 英文开头。三星内存颗粒因为产能居全球首位，所以最为常见。假如是 M 加一个圈，则说明是镁光颗粒的，而一个方形加一个大写 S 也是镁光的子品牌，镁光是世界第二大内存颗粒制造商。hynix 是现代标志，现代已与海力士合二为一，而 SK hynix 就是现在的海力士标志，也是世界第三大内存颗粒制造商。这三大公司的产能占据了整个内存市场的 90% 以上。除此之外，我国台湾地区的华邦、力晶、南亚等也是比较知名的内存制造商。

2. 内存默认电压

不同类型的内存正常工作所需要的电压值也不同，均有各自的规格，若超出规格，容易造成内存损坏。SDRAM 内存一般工作电压都在 3.3V 左右，上下浮动额度不超过 0.3V；DDR SDRAM 内存一般工作电压都在 2.5V 左右，上下浮动额度不超过 0.2V；而 DDR2 SDRAM 内存的工作电压一般在 1.8V 左右。具体到每种品牌、每种型号的内存，则由厂家而定，但都会遵循SDRAM内存3.3V、DDR SDRAM内存2.5V、DDR2 SDRAM内存1.8V的基本要求，在允许的范围内浮动。DDR3内存标准电压是1.5V。略微提高内存电压，有利于内存超频，但是同时发热量大大增加，因此有损坏硬件的风险。

3. 内存频率

内存频率通常会标注在产品上，比如DDR2-667，意思就是DDR2的内存，667MHz的频率。内存频率在CPU超频时起着很大的作用，频率向下兼容。比如Q6600这款CPU，默认频率2400MHz，倍频6~9，外频默认为266MHz。现在如果想将Q6600超频到3600MHz的话，将外频改为400MHz，这时候内存就必须至少达到800MHz才能成功。

4. 内存时序

内存的时序在内存安装完后可以通过软件查看，有些产品直接标示在产品上了，是代表内存各个数据的延迟时间的标示，数字越小越好。需要注意的是，这个标示跟频率成反比，比如800MHz的内存的时序可能是5-5-5-15，但是在667MHz的时候时序就只有4-4-4-10。

四、硬盘篇

硬盘是计算机硬件发展史上唯一一个发展迅速但性能与其他配件不匹配的硬件。目前我们的计算机性能差强人意，大部分都是因为磁盘性能低下造成的。从技术角度来看，目前的硬盘由于其物理机械的构造限制，转速和磁头动作两大指标提升已经非常困难，各大硬盘厂商干脆就放弃这个结构改为发展固态硬盘了。

（1）总容量及单碟容量。

作为计算机系统的数据存储器，容量是硬盘最主要的参数。硬盘的容量以兆字节（MB）或千兆字节（GB）为单位，1GB=1024MB，1TB=1024GB。但硬盘厂商在标称硬盘容量时通常取1G=1000MB，因此我们在BIOS中或在格式化硬盘时看到的容量会比厂家的标称值要小。

硬盘的容量指标还包括硬盘的单碟容量。所谓单碟容量是指硬盘单片盘片的容量，单碟容量越大，单位成本越低，平均访问时间也越短。

在数据量不断增长的前提下，硬盘存储容量已经发展到了最高12TB的阶段，而且，其还会继续增长下去。

（2）接口。从整体角度看，硬盘接口分为IDE、SATA、SCSI、SAS和光纤通道五种。IDE接口硬盘多用于家用产品中，也部分应用于服务器；SCSI接口的硬盘则主要应用于服务器市场，而光纤通道只用于高端服务器上，价格昂贵；SATA主要应用于家用市场，有SATA、SATA Ⅱ、SATA Ⅲ，是现在的主流。使用SATA（Serial ATA）口的硬盘又叫串口硬盘，是未来PC硬盘的趋势。Serial ATA 1.0定义的数据传输率可达150MB/s，这比目前最新的并行ATA（即ATA/133）所能达到133MB/s的最高数据传输率还高，而Serial ATA 2.0的数据传输率将达到300MB/s，最终SATA将实现600MB/s的最高数据传输率。

（3）缓存。缓存是集成在硬盘上，用于硬盘与内存数据交换的一个缓冲区，容量越大，持续传输速度越大，瞬间读写数据量越大，硬盘读写次数越少。目前主流硬盘基本缓存都为8MB，中端产品为16MB，高端的为32MB。

（4）寻道时间。寻道时间越少，速度越快。

子任务二　配件的检测

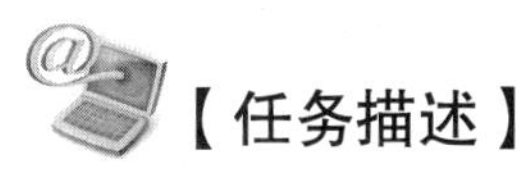

【任务描述】

以计算机中几个主要配件为例，主要介绍计算机配件检测的问题。通过此次任务的学习，应该掌握如何进行计算机配件的检测。

【任务实施】

一、CPU 检测

1. 检测 CPU 是否被超频

Intel Processor Frequency ID Utility 是芯片业老大 Intel 发布的一款检测自家 CPU 的工具，权威性不容置疑。该工具使用一种频率确定算法（速度检测）来确定处理器以何种内部速率运行，然后再检查处理器中的内部数据，并将此数据与检测到的操作频率进行比较，最终会将系统总体状态作为比较结果通知用户。

用户最关心的无非是两点：CPU 的主频和倍频，CPU 是否被超频。工具列出了“报告频率”和“预期频率”两项数据，前一项表示被测试 CPU 的当前运行速度，后一项表示被测试 CPU 出厂时所设计的最高速度，只要两者数据一致，即说明 CPU 未被超频。

2. CPU 信息检测

（1）CPU-Z。

CPU-Z 具有如下功能：

① 鉴定处理器的类别及名称。

② 探测 CPU 的核心频率以及倍频指数。

③ 探测处理器的核心电压。

④ 超频可能性探测（指出 CPU 是否被超过频，不过并不一定完全正确）。

⑤ 探测处理器所支持的指令集。

⑥ 探测处理器一、二级缓存信息，包括缓存位置、大小、速度等。

⑦ 探测主板部分信息，包括 BIOS 种类、芯片组类型、内存容量、AGP 接口信息等。

⑧ 1.55 以上版本已支持查看显卡的详细信息。

CPU-Z 提供一些关于处理器的资讯，包含了制造厂及处理器名称，核心构造及封装技术，内部、外部频率，最大超频速度侦测，也可以查出处理器相关可使用的指令集。此版加入了可侦测处理器的核心电压、L2 快取汇流排频宽、Windows NT/2000 环境下的双处理器模式侦测，及记忆体时脉（如 CAS Latency、RAS to CAS、RAS Precharge）。利用 CPU-Z 可以见到 CPU 的厂牌、内频、Cache 等玩家常提到的数据，更包括 SelfSnoop、CMOVccInstruction 这些专家才看得懂的资讯与数据，让用户更了解 CPU。

（2）WCPUID。

WCPUID 可以显示 CPU 的 ID 信息、内 / 外部时钟频率、CPU 支持的多媒体指令集。重要的是它还具有“超频检测”功能。而且能显示 CPU、主板芯片组、显示芯片的型号。有了它，用户在购买计算机的时候就不用害怕被奸商的打磨 CPU 所欺骗，因为它不到 1MB 的大小完全可以装进 U 盘，这样你就可以带着它去买 CPU，相信奸商看见了它就不敢再骗你了。

3. CPU 稳定性测试

（1）Prime 95。

在所有的拷机软件中，Prime 95 是公认的比较残酷的一款，其他大部分拷机软件和它比较起来，简直是小巫见大巫。很多玩家用 Prime 95 来测试超频后的 CPU，并以此作为超频成功的证据。

Prime 95 默认的测试时间为 12h，如果通过 12h 的测试，那说明系统稳定；如果能通过 24h 以上的测试，那么这个系统就基本不会因为稳定性而出现故障。

（2）Hot CPU Tester Pro。

它特别适用于爱好超频的狂热者，支持 MMX、SSE、AMD 3DNow！等技术，可以测试出 L1 和 L2 缓存、系统和内存的带宽、主板的芯片、多 CPU 的兼容性、CPU 的稳定性、系统和内存总线，新版本支持最新的 AMD Athlon 64 和 AMD Opteron CPU，支持超线程处理器，更换了新的界面，优化了测试功能。

（3）Super π。

Super π 是计算圆周率的软件，但它更适合用来测试 CPU 的稳定性。即使你的系统运行一天的 Word、Photoshop 都没有问题，而运行 Super π 却不一定能通过。可以说，Super π 可以作为判断 CPU 稳定性的依据。使用方法：选择你要计算的位数（一般采用 104 万位），点击开始就可以了。视系统性能不同，运算时间也不相同，当然是时间越短越好。

二、内存检测

1. DocMemory

“内存神医”（DocMemory）是一种先进的计算机内存检测软件。它的友善的用户界面使用方便、操作灵活。它可以检测出所有计算机内存故障。“内存神医”提供十种精密的内存检测程序，其中包括 MATS、MARCH+、MARCHC- 以及 CHECKERBOARD 等。选用老化测试可以检测出 95% 以上内存软故障。用户可以使用鼠标器方便地选择检测程序和设定测试参数。

2. MemTest

这是一个可靠的内存检测工具，通过对您的计算机进行储存与读取操作来分析、检查内存情况。

三、显示器检测

1. CRT 显示器检测

Nokia Monitor Test 是一款 Nokia 公司出品的显示器测试软件，界面新颖、独特，功能齐全，能够对几何失真、四角聚焦、白平衡、色彩还原能力等进行测试。

2. 液晶显示器测试

Monitors Matter CheckScreen 是一款非常专业的液晶显示器测试软件，可以很好地检测液晶显示器的色彩、响应时间、文字显示效果、有无坏点、视频杂讯的程度和调节复杂度等各项参数。

打开 Monitors Matter CheckScreen 程序后，切换到“LCD Display”标签页。这里列出了相关测试项目。

Colour：色阶测试，以 3 原色及高达 1670 万种的色阶画面来测试色彩的表现力，当然是无色阶最好啦，但大多数液晶显示器均会有一些偏色，少数采用四灯管技术的品牌这方面做得比较好，画面光亮，色彩纯正、鲜艳。

Crosstalk：边缘锐利度测试，屏幕显示对比极强的黑白交错画面，我们可以借此来检查液晶显示器色彩边缘的锐利程度。由于液晶显示器采用像素点发光的方式来显示画面，因此不会存在 CRT 显示器的聚焦问题。

Smearing：响应时间测试，测试画面是一个飞速运动的小方块，如果响应时间比较长，你就能看到小方块运行轨迹上有很多同样的色块，这就是所谓的拖尾现象。如果响应时间比较短，所看到的色块数量也会少得多。因此建议使用相机的自动连拍功能，将画面拍摄下来再慢慢观察。

Pixel Check：坏点检测，坏点数不大于 3 均属 A 级面板。

TracKing：视频杂讯检测，由于液晶显示器较 CRT 显示器具有更强的抗干扰能力，即使稍有杂讯，采用“自动调节”功能后就可以将画面大小、时钟、相位等参数调节。

四、硬盘检测

1. 昆腾 DPS 软件

DPS（Data Protection System）数据保护系统软件是昆腾公司针对其昆腾系列硬盘开发的检测软件。DPS 软件兼容火球系列和大脚系列产品，即昆腾产品用户都可以使用 DPS 检测软件。

DPS 软件需运行在 DOS 操作系统下，因此使用时要将该软件拷贝到一张 DOS 启动盘中，并从软盘上启动计算机。DPS 软件可以检测硬盘中的每个扇区，检测的重点主要在硬盘的前 300MB 的空间内，因为绝大部分的操作系统和主要的程序均存放在这一区间。该软件不仅具有硬盘 S.M.A.R.T. 测试，而且还能进行 RAM 缓存区测试、硬盘驱动诊断、硬盘物理检测、硬盘随机校验扫描、硬盘快速扫描和硬盘全面扫描。DPS 软件提供两种检测方式——快速检测和全面检测，完成一次快速检测大约需要 90s。硬盘完成快速检测以后一般会出现三种结果：Hard Drive Passes All Tests（硬盘通过检测）、Hard Drive Fails Tests（硬盘有物理坏磁道）和 Hard Drive Passes Tests（硬盘通过检测，但是系统存在问题）。

2. IBM DFT 软件

DFT（Drive Fitness Test，驱动器健康检测）软件是基于 DFT 微代码来判断硬盘的错误所在，这些微代码会自动地记录重要的硬盘错误事件，如硬件错误、所有重新分配过的扇区的历史记录等。DFT 软件可以以快速检测、表面扫描来检测硬盘。在快速检测中，DFT 执行检验功能、读取及分析硬盘的错误历史、检验 S.M.A.R.T. 功能、基于 PES 对硬盘的机械性能进行分析、用每一个磁头进行读 / 写检测和扫描前 500KB 的扇区（引导程序保存在此部分扇区）。完成一次快速检测所需时间不超过 2min，它可以检查出 90% 的错误。硬盘的表面扫描针对硬盘介质表面每个扇区的数据完整性进行检测，完成一次扫描需要 15~20min（不同容量的硬盘完成诊断时间不同）。

3. 西部数据 Data Lifeguard Tools 软件

Data Lifeguard Tools（数据卫士）软件为西部数据公司推出的硬盘配套工具。将此程序自解压到一张空软盘上，此软盘将可用于系统的启动及诊断。Data Lifeguard Tods 包含 4 个实用程序，这里主要讲 Diagnostics 程序。

Diagnostics 程序是 Data Lifeguard 软件中最有用的工具。需要注意的是，该程序必须在 DOS 下并拷贝到软盘中运行，如果在硬盘上直接运行可能会造成硬盘数据丢失或者扫描错误等结果。运行时注意不要在程序主菜单上选择“Write Zeros to Drive”项，该项的作用是低级格式化硬盘。通过选择“Select Drive”项查看计算机中的硬盘列表，用 Up/Down 键选择欲扫描的硬盘，确定后返回主菜单。在测试的时候如果发现硬盘错误，软件将自动修复这个错误。

4. 迈拓 Maxtor Utility Disk 磁盘工具包

Maxtor Utility Disk 软件是 Maxtor（迈拓）公司开发的具有硬盘错误诊断能力的专用检测软件，它能确定硬盘的好坏。这是一组可以放在一张磁盘内的迈拓硬盘工具，其中包括：SYSDATA（系统信息报告程序）、IDE-CMOS（所有迈拓 IDE/AT 硬盘 CMOS 设置参数）、MAXDIAG（迈拓硬盘诊断工具）、WIN32BIT（32 位磁盘数据存储驱动工具）以及 BAKTRACK 应用程序等。其中 MAXDIAG 是 Maxtor 推荐使用的硬盘检测软件，此软件可以自动侦测、诊断和修正硬盘发生的问题，提供极高的数据完整性和可靠度。

【任务小结】

本项目主要讲解的是硬件之间的搭配和检测问题，介绍了一些关于硬件的理论知识和如何通过各种软件来对计算机的某个部件进行检测。

任务六　整机性能的优化与测试

为了使计算机能够长时间处于良好的工作状态，定期对计算机进行优化和测试是很有必要的。

【任务描述】

（1）AIDA32 整机测试软件；

（2）其他几种整机测试软件。

目的：对使用了长时间的计算机的运行速度变慢、性能下降等问题进行解决，对计算机进行维护和优化，以及保护计算机的安全。

【任务需求】

一台因长时间使用而导致拥有大量占用系统资源的临时文件、链接文件等无用文件，运行速度较慢，并且没有安装任何安全软件的计算机。

【相关知识点】

（1）优化系统的作用和重要性。

（2）鲁大师的特点。

（3）操作系统安全的重要性。

（4）硬盘优化的几种软件。

【任务分析】

我们在前面的任务中学会了如何组装计算机，也学会了如何根据不同需求购置计算机，下面学习一下，如何让计算机能够长时间地安全、快捷地使用下去。

子任务一　操作系统优化——鲁大师

计算机在使用了一段时间之后，运行速度会变得越来越慢，性能慢慢下降，有时还会受到某些恶意攻击，长时间上网，临时文件越来越多，造成硬盘垃圾越来越多。如何才能够为系统提供全面有效的优化、维护，并清理垃圾，使系统始终保持最佳状态呢?

这就是我们的第一个任务，使用鲁大师。

【任务描述】

鲁大师包括四方面的功能：详尽准确的系统信息检测功能、全面的系统优化功能、强大的系统清理功能和有效的系统维护功能。

通过使用鲁大师对系统进行检测、优化、维护和清理，让系统始终保持最佳状态。

【任务实施】

运行主程序“鲁大师 .exe”以后就可以看到它的主界面了，如图 7–26 所示。

图 7–26　鲁大师主界面

运行程序以后，它首先显示出计算机当前的系统信息。在系统信息中，鲁大师可以检测系统的一些硬件和软件信息，例如 CPU 信息、内存信息等。也可以通过单击左侧的菜单栏来了解计算机的实时信息，在如图 7–27 所示的“处理器信息”中可以看到 CPU 的详细参数。

图 7–27　处理器信息

通过上方菜单栏的“电脑优化”按钮，鲁大师能够根据计算机的配置对系统进行自动优化和自动恢复，如图 7–28 所示。

图 7–28　自动优化向导

鲁大师还拥有温度监测功能，让用户能够随时了解计算机的散热情况，并且拥有高温报警功能，及时通知用户以防止高温损坏计算机，如图 7–29 所示。

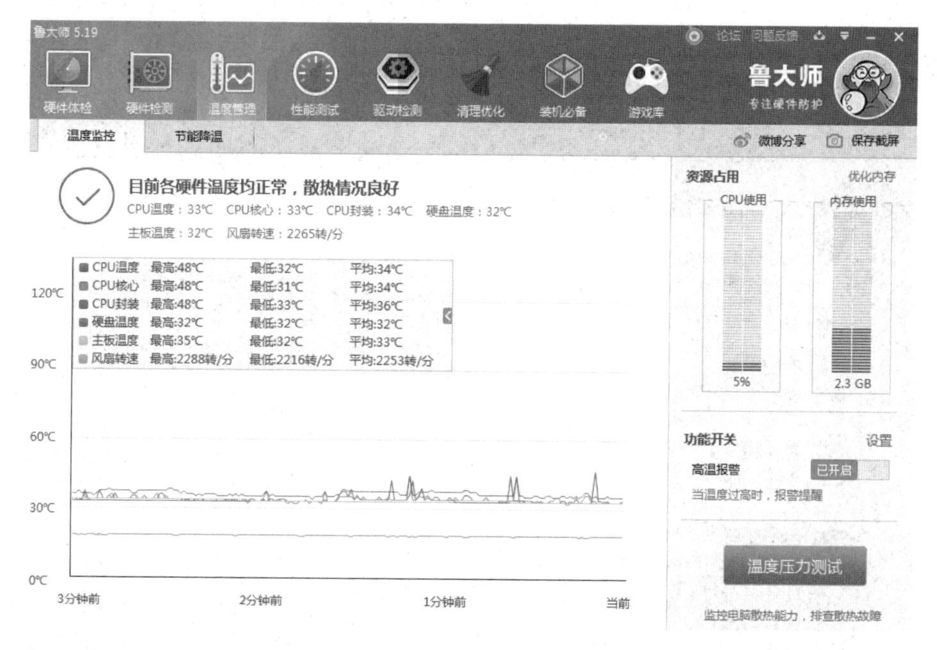

图 7–29　温度监测

不光如此，鲁大师还提供节能降温功能，可以设置智能降温、全面节能等功能，让计算机更加省电，如图 7–30 所示。

图 7–30　节能降温

最后，鲁大师还有一个至关重要的功能——驱动管理。在这里，可以更新、恢复、修复各种硬件设备的驱动，可谓是十分方便，无论菜鸟还是高手都能轻松使用，如图 7–31 所示。

图 7-31 驱动管理

【理论知识】

1. 全面的系统优化功能

鲁大师能够优化磁盘缓存、桌面菜单、文件系统、网络、开机速度、系统安全、后台服务等方方面面，并向用户提供简便的自动优化向导，能够根据检测分析到的用户计算机软、硬件配置信息进行自动优化。所有优化项目均提供恢复功能，用户若对优化结果不满意可以一键恢复。

2. 详尽准确的系统检测功能

鲁大师深入系统底层，分析用户计算机，提供详细准确的硬件、软件信息。根据检测结果向用户提供系统性能进一步提高的建议。同时提供的系统性能测试帮助使用者了解系统的CPU/ 内存速度、显卡速度等。检测结果用户可以保存为文件以便今后对比和参考。

3. 强大的清理功能

（1）注册信息清理：快速安全清理注册表。

（2）垃圾文件清理：清理选中的硬盘分区或指定目录中的无用文件。

（3）冗余 DLL 清理：分析硬盘中冗余动态链接库文件，并在备份后予以清除。

（4）ActiveX 清理：分析系统中冗余的 ActiveX/COM 组件，并在备份后予以清除。

（5）软件智能卸载：自动分析指定软件在硬盘中关联的文件以及在注册表中登记的相关信息，并在备份后予以清除。

（6）备份恢复管理：所有被清理删除的项目均可从鲁大师自带的备份与恢复管理器中进行恢复。

4. 有效的系统维护功能

（1）驱动智能备份：让用户免受重装系统时寻找驱动程序之苦。

（2）系统磁盘医生：检测和修复非正常关机、硬盘坏道等磁盘问题。

（3）Windows 内存整理：轻松释放内存，并且可以随时中断整理进程，让应用程序有更多的内存可以使用。

（4）Windows 进程管理：应用程序进程管理工具。

（5）Windows 文件粉碎：彻底删除文件。

（6）Windows 文件加密：文件加密与恢复工具。

子任务二　操作系统安全——360 安全卫士

用户日常使用计算机的时候不仅要经常对系统进行优化还要注意保护计算机，特别是上网的时候，因为有很多人为了一己私利会在网络中投掷各种病毒，以窃取别人的账号，或窃取别人的个人资料等，所以保护好自己的操作系统也显得尤为重要，在这里就以一款常用且免费的软件为例来介绍一下应该如何保护操作系统。

【任务描述】

下载并安装 360 安全卫士，为自己的操作系统增加抗病毒能力，保护自己的操作系统不受病毒的侵害，捍卫自己的合法权利，如图 7-32 所示。

图 7-32　360 安全卫士

【任务实施】

1. 下载和安装 360 安全卫士

360 安全卫士的官方网址为 http：//www.360.cn/，可以免费下载 360 安全卫士。建议用户到官方网站上下载软件，这样的下载文件相对安全。

360 安全卫士的安装极为简单，用户完全可以根据提示自行来安装。

2. 使用 360 安全卫士查杀流行木马

定期进行木马查杀可以有效保护各种系统账户安全。在这里可以进行系统区域位置快速扫描、全盘完整扫描、自定义区域扫描。

快速扫描和全盘扫描无须设置，点击后自动开始扫描。选择自定义扫描后，可根据需要添加扫描区域，保存设置后开始扫描。

3. 清理恶评及系统插件

360 安全卫士可卸载千余款插件，提升系统运行速度。可以根据综合评分、好评率、恶评率来管理插件，如图 7–33 所示。

立即清理：选中要清除的插件，单击此按钮，执行立即清除。

信任选中插件：选中你信任的插件，单击“信任”按钮，添加到“信任插件”中。

重新扫描：单击“重新扫描”按钮，将重新扫描系统，检查插件情况。

图 7–33 清除恶评及系统插件

4. 360 软件管理

使用“360 软件管家”可以卸载计算机中不常用的软件，节省磁盘空间，提升系统运行速度，如图 7–34 所示。

卸载选中软件：选中要卸载的不常用的软件，单击“卸载”按钮，软件被立即卸载。

重新扫描：单击“重新扫描”按钮，将重新扫描计算机，检查软件情况。

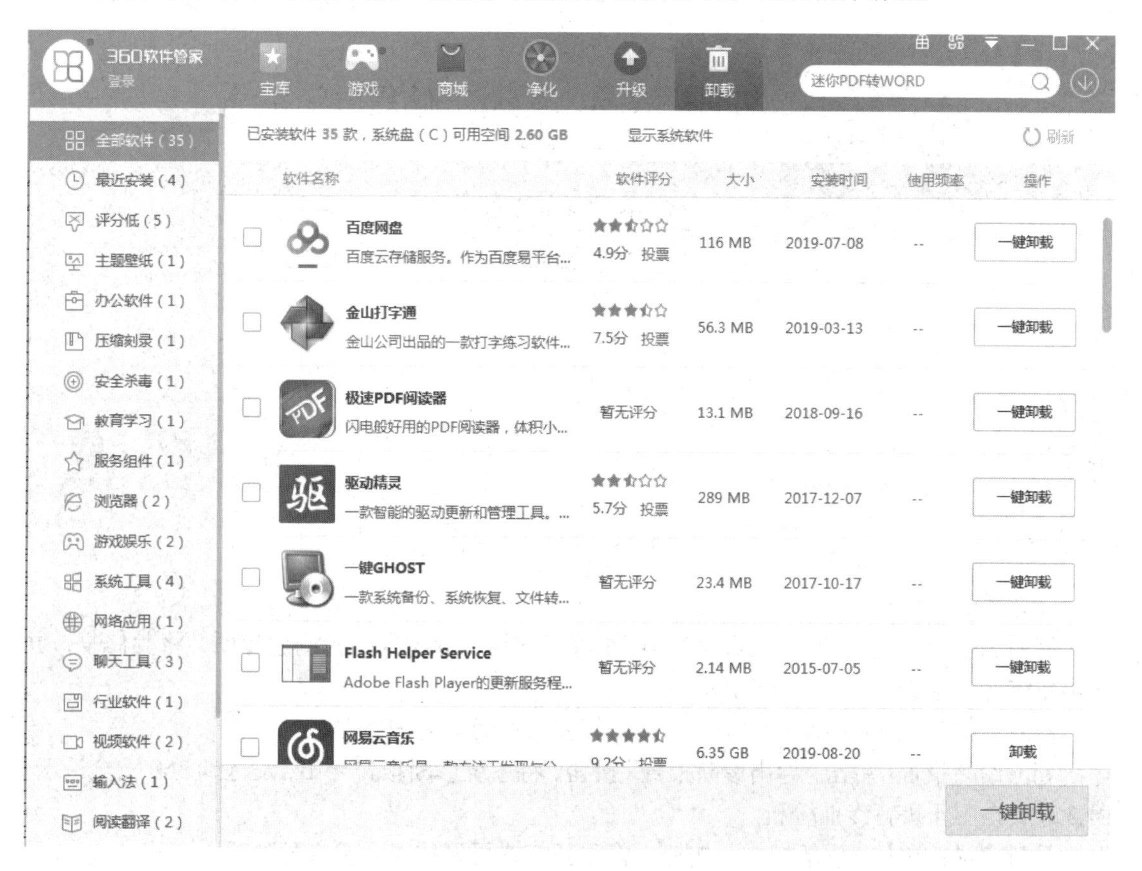

图 7–34　软件管理

5. 系统漏洞

360 安全卫士为你提供的漏洞补丁均由微软官方获取，可及时修复系统漏洞，保证系统安全，如图 7–35 所示。

单击“重新扫描”按钮将重新扫描系统，检查漏洞情况。

图 7–35　修复系统漏洞

6. 计算机体检

使用 360 安全卫士的“电脑体检”功能可以扫描可疑位置，检测危险项，将其修复，并导出系统诊断报告，如图 7–36 所示。

修复选中项：选中要修复的项，单击“修复”按钮，立即修复。

导出诊断报告：单击“导出诊断报告”按钮，将系统诊断报告导出，发送到 360 安全论坛，由 360 安全卫士进行专业分析。

重新扫描：单击“重新扫描”按钮，将重新扫描可疑位置，检查危险项。

图 7-36 计算机体检

7. 开启实时保护

开启 360 实时保护后，将在第一时间保护系统安全，最及时地阻击恶评插件和木马的入侵，如图 7-37 所示。

开启实时保护：选择需要开启的实时保护，单击“开启”后将即刻开始保护。360 实时保护将会占用一定资源，用户需根据系统情况选择是否开启。

图 7-37 开启实时保护

【理论知识】

1. 什么是恶意软件

恶意软件是对破坏系统正常运行的软件的统称，一般来说有如下表现形式：

（1）强行安装，无法卸载。

（2）安装以后修改主页且锁定。

（3）安装以后随时自动弹出广告。

（4）自我复制代码，类似病毒一样，拖慢系统速度。

2. 什么是插件

插件是指会随着浏览器的启动自动执行的程序。根据插件在浏览器中的加载位置，可以分为工具条（Toolbar）、浏览器辅助（BHO）、搜索挂接（URL SEARCHHOOK）、下载 ActiveX（ACTIVEX）。

有些插件程序能够帮助用户更方便地浏览互联网或调用上网辅助功能，也有部分程序被人称为广告软件（Adware）或间谍软件（Spyware）。此类恶意插件程序监视用户的上网行为，并把所记录的数据报告给插件程序的创建者，以达到投放广告、盗取游戏或银行账号密码等非法目的。

因为插件程序由不同的发行商发行，其技术水平也良莠不齐，插件程序很可能与其他运行中的程序发生冲突，从而导致诸如各种页面错误、运行时间错误等现象，阻碍用户的正常浏览。

3. 什么是木马

特洛伊木马，英文叫作“Trojan horse”，其名称取自希腊神话的特洛伊木马记。它是一种基于远程控制的黑客工具，具有隐蔽性和非授权性的特点。所谓隐蔽性是指木马的设计者为了防止木马被发现，会采用多种手段隐藏木马，这样服务端即使发现感染了木马，但由于不能确定其具体位置，往往只能望“马”兴叹。所谓非授权性是指一旦控制端与服务端连接后，控制端将享有服务端的大部分操作权限，包括修改文件、修改注册表、控制鼠标和键盘等，而这些权力并不是服务端赋予的，而是通过木马程序窃取的。

木马有以下危害：

（1）发送 QQ、MSN 尾巴，骗取更多人访问恶意网站，下载木马。

（2）盗取用户账号，通过盗取的账号和密码达到非法获取虚拟财产和转移网上资金的目的。

（3）监控用户行为，获取用户重要资料。

预防木马应注意以下几点：

（1）养成良好的上网习惯，不访问不良小网站。

（2）下载软件尽量到大的下载站点或者软件官方网站下载。

（3）安装杀毒软件、防火墙，定期进行病毒和木马扫描。

4. 诊断报告如何查看

360 安全卫士对系统进行诊断后会列出所有被修改过的项，对于这些项，360 安全卫士会根据其强大知识库内容，在主列表中提供各项的安全级别和详细描述。如果想了解某项的更多信息，只需点击想查看的项，马上在下方的浮动窗口中显示该项的所有信息。

同时，诊断结果也是与修复相结合的，360 安全卫士将在各项的详细信息中根据安全级别给出最准确的推荐操作及此项的修复方式，当选择此项后在浮动窗口单击“修复此项”即可按照相应的修复方式完全地修复掉此项。单击主列表中的“修复选中项”即可按照各项的修复方式修复掉所有勾选上的项。

5. 诊断报告可以干什么

如果用户查看诊断结果后仍无法判断该如何选择进行修复，那么，可以选择导出诊断报告。360 安全卫士提供的诊断报告完全兼容 hijackthis 的报告格式，为用户提供最清晰、最详细的诊断报告。

用户可以将此诊断报告导到本机，或者剪贴到网上，寻求高手一起帮助进行判断，也可以将自己的诊断报告上传给 360 安全卫士，让 360 安全卫士来进行分析，将未知项的信息进行调查填充到知识库中，更好地为用户提供服务。

6. 清理使用痕迹功能都可以清除哪些使用痕迹

清理使用痕迹共可以清理以下几类使用痕迹：

（1）清理使用 Windows 时留下的痕迹。

（2）清理使用各种应用程序时留下的痕迹。

（3）清理上网时留下的用户名、搜索词、密码、cookies、历史记录等。

子任务三　硬盘优化

【任务描述】

在此项任务中，主要是对硬盘进行优化，前面已经对操作系统进行了优化，并且加强了操作系统的安全性，下面就要对硬盘这个一启动计算机就要使用的关键部件进行优化了。

【任务实施】

硬盘是经常使用的部件，只要使用计算机就会对硬盘进行读写操作，因此硬盘的优化是很重要的。下面介绍以下 8 种对硬盘进行优化的方法，希望能对大家有所帮助。

1. 打开 DMA 传输模式

DMA 是快速的传输模式，开启后能增加硬盘或光驱的读取速度。如果硬盘支持 DMA 模式，就应该打开该模式。

打开 DMA 的方法：首先确定硬盘是否支持 DMA 传输模式（即支持 UDMA 33/66 或 UDMA/100），采用 VIA 芯片组的主板则需要安装 VIA 四合一驱动程序；如果支持 DMA，则可以在“设备管理器”选项的“磁盘驱动器”一栏，双击欲优化的硬盘驱动器，进入“设置”选项，在“选项”中确定选中 DMA；然后回到“系统属性”对话框中，选择“性能”下的“文件系统”，打开“文件系统属性”对话框，在“硬盘”的设置中，将“此计算机的主要用途”设为“网络服务器”，再将“预读式优化”的滑块拖到最右侧；重新启动系统，进入 BIOS 设置，确定已打开了对 DMA 的支持，这样就打开了 DMA 传输模式。

老硬盘（比如 4GB 以下的硬盘）因为不支持 DMA 方式，打开 DMA 模式后可能出现问题，建议不要打开 DMA。有些支持 DMA 的硬盘，打开 DMA 后也可能在 Windows 内部出现冲突，解决办法是：在 Windows\inf 目录下找到 Mshdc.inf 文件，在 [ESDI_AddReg] 小节的最底部加入以下两行：

```
HKR，IDEDMADrive0，3，01
HKR，IDEDMADrive1，3，01
```

2. 采用 FAT32 分区格式

在 Windows 98 之前，系统一般采用 FAT16 分区格式，其簇的大小为 32KB，这样无论写入磁盘的资料有多小，都会至少占据 32KB。因此如果磁盘中的小文件很多，浪费的空间将非常可观。于是 FAT32 格式应运而生，其簇大小已缩减为 4KB，这样可减少硬盘上浪费的空间。

如果硬盘是 FAT16 格式，则可以用 Windows 内的系统工具“驱动器转换器”，把它转换为 FAT32 格式。新买的硬盘，可在 Fdisk 分区时直接把它划成 FAT32 格式。一般 2GB 以上的分区，最好采用 FAT32 格式。

3. 主分区大小要适中

Windows启动时，要从主分区查找、调用系统文件，如果主分区过大，就会延长启动时间，所以有些用户的做法是将主分区尽量控制在 2~3GB，其他分区则按硬盘剩余大小平均划分为 2~3 个，然后再创建一个大小为 400MB 的分区作为备份分区。在主分区中只安装 Windows 操作系统和一些必需软件，在其他分区安装常用软件、游戏等，这样便于维护和管理。但还有一些用户重在考虑使用上的方便，习惯仅将硬盘分为 C、D 两个区。C 区比较大，除了存放软件系统外，还空余有很多容量的临时文件系统空间，这样便于一些大数据吞吐量的程序运行；D 区则放个人文件。总之，分区大小要根据个人的情况综合考虑。

4. 硬盘缓存的优化设置

可以用专门的软件，例如 Cacheman 来优化设置硬盘缓存。Cacheman 是 Outer 推出的硬盘缓存优化软件，内置了几套优化方案（无论是内存较少的系统，还是经常需要刻录光盘的系统），用户可以根据机器情况，选择最为接近的方案进行优化设置。

5. 优化虚拟内存

由于物理内存有限，Windows 执行的进程越多，物理内存的消耗就越多，以至于内存会消耗殆尽。为了解决这类问题，Windows 使用了虚拟内存（即交换文件），用硬盘来充当内存使用，不过由此而来的是速度要慢多了，因为硬盘存取速度比内存要慢得多，所以合理设置虚拟内存，可以为系统提速。

方法是：打开 Windows 的“控制面板”→“系统”→“性能”→“虚拟内存”，调整虚拟内存的设定值，决定虚拟内存的位置（在哪一个硬盘分区上），容量的大小建议选择“让 Windows 自行管理”，这样 Windows 会根据内存的使用情况自动改变交换文件的大小。

要注意：交换文件分区必须有足够的剩余空间，越多越好，至少需要 200MB 以上的剩余硬盘空间，否则 Windows 容易出现内存不足的错误；其次，如果机器有两个以上的硬盘，交换文件要设置在速度较快的硬盘上（例如 7200 r/min 的硬盘），这样可以提高虚拟内存的存取速度；最后，要经常整理虚拟内存所在的分区，如果该分区有太多的碎片，会影响虚拟内存的速度。

6. 磁盘碎片整理

因为硬盘上的文件不是顺序存放的，所以同一个文件可能存在几个不同位置上，这样删除文件时，就会在硬盘上留下许多大小不等的空白区域，再存文件时，就要优先填满这些区域，久而久之则产生很多的碎片，影响磁盘存取效率。要消除碎片，需要依靠一些工具软件，例如 Vopt99、Norton Uti-Kities 等，Windows 也内置“磁盘碎片整理”工具。建议你每隔一段时间，就用上述工具整理一下硬盘。

7. 硬盘垃圾大扫除

删除目录“C:\Windows\Temp”中所有文件，这些文件是安装软件时留下的；删除硬盘上的备份文件（后缀名为 .tmp、.001、.bak），可以先搜索这类文件，然后再删除；删除 Windows\Help 文件夹中的帮助文件；删除注册表中无用的注册项，这些是软件安装时留在注册表中的，如果软件卸载后不将其删除，就会使注册表过于庞大，影响系统速度。

在“HKET_LOCAL_MACHINE\Software”和“HKET_CURRENT_USER\Software”主键下找到那些已被删除的子键并将其删除。

在“HKET_LOCAL_MACHINE\Software\MicrosoftWindows\CurrentVersion\explore\Tips”下将这些子键全部删除，这是 Windows 的技巧提示。

在“HKET_LOCAL_MACHINE\Software\MicrosoftWindows\CurrentVersion\TimeZone”下删除多余的时区，只保留北京时区。

在“HKET_LOCAL_MACHINE\System\Current ControlSet\Control\Keyboardlayouts”中删除不用的输入法。

8. 调整回收站

回收站默认是所有驱动器都用相同的配置，而且容量为驱动器总容量的 10%。可以根据需要分别配置每个驱动器，将回收站最大空间设置为分区的 1%。对于非主分区还可以选择直接将文件删除，不将其转存在回收站中。

【任务小结】

本任务包含整机性能的优化与测试中的三个子任务，介绍了如何让一个“老弱病残”的计算机重新年轻、健康起来，如何让各类软件能够保护好计算机，如何让硬盘发挥最大的使用效率。

【思考与练习】

请简述 ADIA32 哪些功能可以使计算机保持最佳状态。

【实验一】

实验操作：小明的爸爸请你为小明配置一台学习用的计算机。

一、实验准备（准备材料）

二、实验过程

步骤一：

步骤二：

【实验二】

实验操作：周经理新配置了一台计算机，请你为他的计算机检测一下整体性能。

一、实验准备（准备材料）

二、实验过程

步骤一：

步骤二：

三、实验总结

【项目小结】

通过本项目的学习，我们初步掌握了组装计算机的技巧和方法。本项目主要介绍了计算机配置原则，计算机组装方法和检测方法等。

【练习与提高】

（1）假设现在有一位朋友来找你帮忙，他想配置一台计算机用来办公，请你给他一些建议，请利用你所学的知识帮他写一套配置清单。

（2）你公司的老板让你为他的计算机进行性能优化，你该如何做?

参 考 文 献

[1] 周洁波，王丁. 计算机组装与维护 [M]. 3 版. 北京：人民邮电出版社，2012.
[2] 李占宣. 计算机组装与维护 [M]. 北京：清华大学出版社，2012.
[3] 冉维原，杨新永. 计算机组装与维护 [M]. 北京：清华大学出版社，2013.
[4] 邓铁军. 计算机组装与维护 [M]. 沈阳：沈阳出版社，2011.
[5] 李文远. 计算机组装与维护 [M]. 北京：机械工业出版社，2013.